Philipp Unterweger (Hrsg.)

# Multifunktionale und nachhaltige Grünflächen

ulmer

Philipp Unterweger (Hrsg.)

# Multifunktionale und nachhaltige Grünflächen

Mit Gastbeiträgen von

Oliver Daxauer, Jochen Flenker, Peter Hagel, Jim Jeffrey,

Ingo Kowarik, Tamara Laterza, Julia Mack, Bastien Massias, Mona Merkle,

Uwe Messer, Matthias Nuß, Ernst Rieger, Maurice Schilling,

Robert Spreter, Ulrike Stephan, Reinhold Treiber,

Wolf-Dietmar Unterweger, Jens Wehner, Bernhard Willi

296 Abbildungen

**Für Moritz**

**Für Esther**

Ich widme dieses Buch meinem Sohn Moritz, so wie mir mein Vater sein Wiesenbuch widmete. Sein Buch war seine Liebeserklärung an eine Welt, die verloren ging. Meine Liebe zeige ich durch die biodiverse Welt, die wieder entsteht: meinen Traum vom Laubfrosch hinter der Kirche, von blühenden Landschaften und von einer wohlklingenden Natur, in der die Vögel bunt singen. Dieses Buch soll dazu beitragen, dass in dieser Welt Liebe jeden Tag Wirklichkeit für alle wird.

Danke an meine Eltern, die mir Buchkunst lehrten.

# Inhaltsverzeichnis

BW|Bank

# Vorwort

Multifunktionale und nachhaltige Grünflächen. Ein Buch über bunte Wiesen. Wer hätte sich diesen Titel vorstellen können, als ich mich 2010 über das permanente Rasenmähen ärgerte und der Initiative „Bunte Wiese Tübingen" beitrat. Was für eine Fügung, denn das Thema war mir schon davor quasi in die Wiege gelegt worden, denn bereits 1989 widmeten mir mein Vater und meine Mutter ihr Buch „Die letzten Bauernwiesen".

Die Grünflächenpflege ist heute ein Thema, das wieder Spaß machen soll. Wir holen uns das gestaltende Handeln zurück. Mit diesem Buch möchte ich die „Grüne Branche" motivieren. Sie ist, neben der Landwirtschaft, der zentrale Schlüssel für eine bessere Welt. Blumenwiesen und multifunktionale Grünflächen sind pures Lebenselixier im Siedlungsraum und unabdingbar für das Engagement gegen Klimawandel und Biodiversitätsverlust. Den Menschen, die dieses Grün pflegen, möchte ich an dieser Stelle danken und sie ermutigen, durch gutes Handeln aktiv zu gestalten. Nie war Selbstwirksamkeit und motivierende Arbeit so bunt. Albert Schweitzer lädt uns mit seinem Zitat ein:

„Auf die Füße kommt unsere Welt erst wieder, wenn sie sich beibringen lässt, dass ihr Heil nicht in Maßnahmen, sondern in neuen Gesinnungen besteht."

(ALBERT SCHWEITZER, 1971)

Diese Gesinnung möchte ich anregen. Sensibel pflegen. Biodiverse Produktivität fördern. Freude am urbanen Grün. Hingabe für das Leben unserer Umwelt. Ein Job für alle Sinne. Ich möchte Sie ermutigen, kreativ zu sein und lebendige Landschaften zu schaffen. Von der Pflasterfuge über die Staudenkomposition bis zur Weidelandschaft – biologische Vielfalt in Grün. Aber auch zur Interaktion mit den Menschen möchte ich ermutigen: Öffentlichkeitsarbeit. Genusslandschaften. Ruheräume. Vogelgezwitscher.

Dem gesamten Team vom Ulmer-Verlag gilt mein Dank für das Vertrauen, dass ich dieses Buch schreiben darf, für die gute Zusammenarbeit bis zum fertigen Buch. Mir war von Anfang an klar, dass dieses Buch erst so richtig bunt und bereichernd wird, wenn wir viele Stimmen von Menschen einfangen, die bereits wirken. Meinen Gastautoren möchte ich ganz herzlich für die Unterstützung danken. Es sind schöne Beiträge entstanden, die uns zeigen, dass wir gemeinsam sehr viel erreichen.

Ich habe versucht, ein breites Bild der Dynamik zu gestalten, welche in diesem Thema steckt. Wichtig sind mir auch die Bildwirkungen, die Gastbeiträge, das Literaturverzeichnis und die Links. Gerade im Literaturverzeichnis und bei den Links sollen möglichst verschiedene Herangehensweisen, Meinungen und Gruppierungen gezeigt werden und zu einer vertiefenden Recherche ermutigen.

Das Buch lebt von Ihrer Arbeit. Es wird sich weiterentwickeln. Es ist ein Lesebuch: Nehmen Sie es mit an den Ort, wo es am besten auf Sie wirkt.

Im Sommer 2025 Philipp Unterweger

# Die Geschichte des Offenlandes

Urbane Grünflächen sind das Thema dieses Buches und dennoch können wir uns diesem Thema nicht ohne einen umfassenden Blick auf die Ökologie des offenen Landes nähern. Offen heißt in diesem Zusammenhang frei von dichtem Wald. Ausschweifungen und zu detaillierte fachwissenschaftliche Abhandlungen wären hier fehl am Platz, daher gehen wir auf direktem Weg, aber durchaus mit einem weiten Blick geradewegs auf das Kernanliegen zu.

Zunächst verorten wir uns. Wo sind wir? In Europa. Das hat vor allem deshalb eine Bedeutung, weil wir dann von den klimatischen, den geografischen, den vegetationskundlichen und den faunistischen Grundeigenschaften eine konkrete Vorstellung haben. Europa erzeugt in unserem Kopf ein anderes Bild als Afrika, die Antarktis oder Australien. Dieses Bild gestalten wir nun und machen es lebendig, indem wir auch kulturhistorische, gesellschaftliche und soziale Entwicklungen der Landnutzung im Auge behalten. Natur- und Kulturlandschaft liegen eng beieinander.

## Entstehung: Warum und wo gibt es Offenland?

Dass Grünflächen und deren Bewirtschaftung keineswegs langweilig oder gar lästig sind, soll dieser Blick in die Geschichte zeigen.

Offenland ist in Europa eine sehr seltene Form der Landschaft. Eigentlich – und das gilt hier im speziellen für Mitteleuropa – ist die Zusammensetzung unserer Pflanzenwelt so gestaltet, dass immer eine Form von Urwald am Ende einer Entwicklung (Sukzession) steht. Auch in Südeuropa stand einst mehr Wald, aber durch den Schiffbau sind die Wälder verschwunden, die Böden degradierten ohne nachhaltige Aufforstung und der mediterrane Raum wirkt oft fälschlicherweise baumarm.

Die Verwitterung von Ausgangsgesteinen führt zur Bodenbildung. Dabei gibt es verschiedene Prozesse, die aus massivem Stein feinkrümeliges Material machen, welches in der Folge belebt wird. Hitze und Kälte, saures oder basisches Wasser, mechanische Kräfte sind nur einige dieser Prozesse. Böden sind lebensfördernde Substrate, daher siedelt sich auf ihnen Leben an. Einzelliges, Mehrzelliges. Über Algen, Moose, Farne, Gräser und Kräuter bis hin zu Bäumen. Dieses Leben bereichert den Boden durch die Biomasse, die durch die Photosynthese generiert wird und durch Wurzelwerk und Verrottung den Boden wiederum verändert.

In dieser fiktiven botanischen Welt gedeihen ausschließlich Pflanzen auf den Böden und sie überwuchern den Ausgangsuntergrund. Von der Alge über die anderen Pflanzen bis hin zum Baum bildet sich eine Abfolge. Es ist keine Hierarchie, wie wir gern glauben. Es geht dabei nicht um Intelligenz oder um Stärke, sondern es ist eine Abfolge und eine strenge Auswahl der richtigen Strategie für den jeweils richtigen Standort zur jeweiligen Zeit. Der Gedanke einer „scala naturae“ mit hierarchischen Strukturen ist in der Biologie längst überholt. Es ist keine Leiter mit unterschiedlich hohen Sprossen, bei der die Eiche auf das Moos eitel herabblickt, es ist eher ein waagerecht liegender Kamm, bei dem alle Lebewesen immer gleich weit sind, aber eben andere Strategien verfolgen. Das ausschlaggebende Argument für Erfolg und Lebendigkeit ist die Tatsache, dass man am Tag X lebt und in der gegenwärtigen herausfordernden Umwelt Nachwuchs aufziehen kann. Biologischer Erfolg bedeutet, dass man sich am eigenen oder fremden (emotional oder verwandtschaftlich nahestehenden) Nachwuchs freut und dazu beiträgt, dass dieser den Tag Y erlebt.

Die Vielfalt unserer Landschaft sorgt daher je nach Standort mal für einen essenziellen Vorteil für die Moose, andernorts für die Bäume. Prozentual wirkt der Lebensraum, an dem Bäume (also Wald) einen nennenswerten Vorteil haben, für uns sehr groß. Daher sprechen wir von der Klimaxvegetation „Wald“ als Endvegetationsstufe einer Sukzession in unseren Breiten. In Mitteleuropa ist das dann oft ein Mischwald aus Laubbäumen, wobei die Buche gern weit vorn genannt wird. Dieser Buchenmischwald überwuchert in einer botanischen Welt weite Teile Europas. Für Geologen sind diese alles überwuchernden Pflanzen ein Nachteil, denn plötzlich muss man an vielen Stellen zum Teil recht tief graben, um an die Gesteine, Mineralien und anderen Ausgangssubstrate zu gelangen. Auf der anderen Seite jubeln die Botaniker, denn Pflanzen sind ihr Hauptinteresse.

Doch schlagen das Klima, die Böden, die Gesteine und die geografischen Besonderheiten einer Landschaft den Pflanzen – insbesondere der Klimaxvegetation „Wald" – immer wieder ein Schnippchen. An diesen Stellen wird Offenland erhalten, obwohl ja eigentlich Büsche und Bäume stets bestrebt sind, sich in diese Bereiche auszubreiten. Wo sind diese instabilen Standorte? Fangen wir in den Bergen an. Oberhalb der Waldgrenze wachsen keine Bäume, erst nur noch Sträucher und dann auch diese nicht mehr. Hier ist aufgrund des Klimas Offenland der vorherrschende Landschaftstyp. Schnee und Kälte sorgen dafür, dass es Bäume und Sträucher schwer haben. Lawinen und die Schneeschmelze reißen und spülen Schneisen auf dem Weg ins Tal. Auch hier bleibt die Landschaft offen und alles, was zu hoch wächst, hat spätestens im Spätwinter oder Frühjahr ein Problem. Flussabwärts setzt sich dieses Phänomen fort. Überflutungsbereiche sind ebenfalls oft sehr baumarm und bleiben niedrig besiedelt. Das zieht sich fort bis zum Meer. Spannend ist aber, dass sich entlang dieser Wasserwege die Samen aus den Hochlagen ausbreiten. Auwälder und naturnahe Flusslandschaften sind daher oft sehr artenreich und die zentralen Ausbreitungswege der Pflanzen. Auf dem Weg zum Meer dürfen wir auch das Feuer nicht vergessen, das immer wieder neben Stürmen für offenes Land sorgt.

Am Meer angekommen, finden wir in den Salzwiesen, den Tidezonen, den Bereichen der Sturmfluten weiteres Offenland. Salz und Meer spielen hier eine besondere Rolle.

Im Landesinnern bilden Moore Extremstandorte, auf denen kein Baum fest steht. Die Substratstruktur, die pH-Werte und die Klimabedingungen sorgen für niedriges Wachstum. Der Bruchwald umgibt diese Lebensräume und es steckt bei ihm schon im Namen, dass alles umbricht, was zu schwer wird. Einige andere Sonderstandorte sind ebenfalls dauernd offen. So zum Beispiel die Brennen, deren Untergrund aufgrund des fehlenden Oberbodens und des schnell ablaufenden Regenwassers ungünstig für die Baumbesiedlung ist. Es sind Kiesgeschiebe, die oft Überbleibsel agiler Flussökosysteme oder von Gletschern sind.

Wenige Standorte sind in einer botanischen Welt von Natur aus offen, aber diese Standorte sind artenreich. Denn die vielen unterschiedlichen Standortbedingungen haben eine breite Radiation der Arten ermöglicht. Jedes Fleckchen gefällt einer anderen Art noch besser als den Mitbewerbern und so entstehen große Unterschiede und eben eine große Vielfalt.

In die scheinbar heile botanische Welt gerät so immer wieder eine klimatische, bodenkundliche oder physikalische Störung. Ansonsten sind die Pflanzen aber unter sich.

Nun muss den Freunden der Botanik hier leider eine bittere Pille verabreicht werden: die Tiere. Gern als Fauna bezeichnet und für die Zoologen ein tolles Betätigungsfeld. Tiere fressen in erster Linie Pflanzen oder andere Tiere. Die Dynamik wird dadurch enorm. Während oberirdische Pflanzenfresser die gesamte Vegetation durcheinanderbringen und sich auf der Flucht vor Beutegreifern durch das Unterholz bewegen, schaffen unterirdisch die Bodenorganismen riesige Erdbewegungen, die Bioturbation.

## Ökologie:<br>Welche Rolle spielen die wilden Tiere?

Die Tiere verändern das Offenland abermals. Es wird vergrößert. Ausgehend von den wenigen „natürlichen" offenen Standorten bewegen sich die Tiere an deren Rändern und drängen Bäume und Sträucher zurück. Die Standorte vergrößern sich. Durch die Wanderung der Tiere über große Distanzen und durch die Jahreszeiten induziert, entsteht eine offene Weidelandschaft mit vielen verschiedenen Ausprägungen. Vegetationsgeschichtlich ist es der Zeitpunkt für den Siegeszug der Gräser. Als Pflanze mit bodenständigen Meristemen (Teilungszonen) sind sie ideal an den Fraß angepasst. Alles, was oben abgebissen wird, wird von unten nachgeliefert. Weidetiere und Graslandschaften werden zu prägenden Landschaftselementen und die Bäume und Sträucher ergänzen das Bild.

Die blühenden Kräuter und Stauden haben es in einer intensiv beweideten Landschaft schwer. Sie reagieren mit konzertiertem Blühen (alle im gleichen Zeitraum – einige werden schon überleben und versamen) und einer frühen Blüte im Frühjahr (wenn noch nicht alle Weidetiere wieder aus den Wintergebieten zurück sind). Oder sie werden zu Einzelgängern und verstecken sich in der endlosen Weite und hoffen darauf, dass die flugfähigen Insekten sie schneller bestäuben als sie gefressen werden. Zugleich nutzen sie die Weidetiere, um den Samen transportieren zu lassen (siehe „Wie wandern Samen?", Seite 121).

Die mitteleuropäische Weidelandschaft war sehr bunt. Vom Mammut bis zum Pfeifhasen, alle Größen und Fraßstrategien waren vorhanden und schufen unsere Vielfalt. Diese großen Grünfutterfresser, die sogenannten Megaherbivoren, veränderten das Bild drastisch. Die sogenannte Megaherbivorentheorie

Offene Savannenlandschaft mit Bäumen in Ostafrika.

besagt, dass große Herden von Gras- und Blätterfressern durch die Ökosysteme Mitteleuropas zogen und durch ihre Störung weite Teile der Landschaft offen gehalten haben. Die bereits erwähnten Sonderstandorte wurden durch Megaherbivoren vergrößert. Zyklisch wandernde Herden von Wisenten, Hirschen oder auch Elefanten und Nashörnern sorgten für regelmäßige Störung. Nicht zu vergessen sind auch die Heuschreckenschwärme, die in regelmäßigen Abständen über das Land zogen. Diese Störungen sorgten für offene Flächen, viel offener als wir es uns denken können. Von der eingangs genannten Klimaxvegetation „Wald" war eigentlich nirgendwo etwas zu spüren. Europa war eine offene Weidelandschaft, so wie wir sie eventuell aus den Graslandsavannen Afrikas kennen.

## Landwirtschaftliches Offenland: Der Schlüssel menschgemachter Biodiversität

Dann kam der Mensch dazu: zunächst jagend. Auf den Freiflächen lebte er in Gruppen, da der Wald auch Gefahren barg. Die bejagten Tiere erhöhten abermals ihre Aktivitäten und nagten am Waldrand oder versteckten sich im Wald. Freilandarten gingen zurück, Waldarten profitierten. Die Domestikation von Vieh (das Züchten von Wildtieren als Haustiere) ist eine Schlüsselinnovation. Sie schaffte es, Grasfresser dicht an den Menschen zu binden. Durch diesen Schritt änderte sich die Welt stark. Die verstärkte Haltung von Rindern, Schafen, Ziegen und Pferden erweiterte die offenen Lebensräume erneut. Eine Struktur aus Weidelandschaften und Äsungsflächen entstand.

La chasse à la Licorne 1495–1505: Die Wildnis wird gezähmt und eingezäunt. Aus einer Naturlandschaft wird eine Kulturlandschaft.

In diesem Anblick in der Röhn hat sich die klassische Einteilung der Landschaft erhalten. Das Dorf. Das zahme Feld für Obst, Gemüse, Beeren, Getreide mit den Heuwiesen und Pferchen. Dann das raue Feld, die große Hirten-Weidelandschaft. Und schließlich der Weidewald, der schon hier stark zurückgedrängt wurde. Diese Landschaft ist das Sinnbild einer artenreichen Kulturlandschaft. Verschiedene Nutzungstypen ergänzen sich und lösen vielfältige Probleme.

Es wäre aber zu einfach, nur diese Veränderungen zu benennen. Von der Hirtenkultur zu einer mitteleuropäischen Siedlungskultur war es ein weiter Weg. Erst die Sesshaftwerdung machte den zentralen Unterschied, denn ziehende Hirten waren nur eine Erweiterung der natürlichen Weidebewegungen der wilden Großtiere. Die Sesshaftwerdung war eng mit einer nachhaltigen Landnutzung verbunden, denn wer selten oder nie weiterziehen möchte, der muss einen Weg finden, dauerhaft vor Ort satt zu werden. So entstand eine klassische Landschaftsgliederung wie wir sie an manchen Orten noch beispielhaft sehen. Die nachhaltige Landnutzung reduzierte die Migration des Menschen. Ein Aspekt, der gerade heute nicht unterschätzt werden sollte.

Hier sieht man bereits erste Schritte der Vereinfachung unserer Landschaft. Die naturnahen, extensiven Hirtenlandschaften fallen Wald oder Urbarmachung zum Opfer.

## Entwicklung der Landnutzung: Es geht bergab

Die Sesshaftwerdung, die Siedlungskultur und die Industrialisierung der Landnutzung dauern aus Sicht der Biodiversität nur einen Augenblick. Um das zu verstehen, muss man sich eine Grundannahme der Artentstehung vor Augen führen. Zwei Arten bilden sich aus einem gemeinsamen Vorfahren. Dieser Vorfahr wird aus irgendeinem Grund getrennt. Ein breiter Fluss, ein Berg, ein Tal, eine Insel. Nun dauert es etwa 1.000.000 Jahre, bis diese beiden getrennten Gruppen sich so weit auseinandergelebt haben, dass sie sich nicht mehr miteinander verpaaren können. Zwei neue Arten sind aus einer gemeinsamen Vorfahrart entstanden. Eine theoretische Annahme, aber derzeit die einzige, die unsere Vielfalt erklären kann. Da ist der Weg vom Hirten bis zum Agrar-IT-Fachmann wirklich nur ein kurzer Augenblick. Während Frosch, Eidechse, Heuschrecke und Schmetterling recht einfach vor einem grasenden Mammut fliehen können und das Maul eines Wisents mit 12 cm einen recht bescheidenen Einfluss auf die Wiese macht, verändert sich das in der industrialisierten Landnutzung drastisch. Ein Balkenmäher, eingeführt etwa 1920. Hoch modern für unsere Fauna. 120 cm sind zehnmal so breit wie das Maul des Wisents. Ein nahezu unlösbares Problem für Amphibien, Reptilien oder den Igel. Und nun die Gegenwart: 12 m (1.200 cm) Kreiselmäher mit großer Fahrgeschwindigkeit. Faktor 100 innerhalb von nur 100 Jahren. Wie sollen die Tiere sich da anpassen, da überleben? Frequenz der Mahd, Geschwindigkeit der Mahd, Düngung, Maschinengewicht … Eine wahre Katastrophe für unsere biologische Vielfalt. Der freie Fall, das Massenaussterben im Grünland. Doch dazu mehr im Kapitel „Die Mahd" (Seite 102).

**Störung ist essenziell: Wir müssen die Natur immer wieder stören, damit sie sich in ihrer vollen Vielfalt zeigt. Dabei unterscheiden wir: Störer und Zerstörer.**

| Störer | Zerstörer |
|---|---|
| Das Maul des Weidetiers: 12 cm breit. | Der Balkenmäher: 120 cm breit, Faktor 10 im Vergleich zum Tiermaul.<br>Der moderne Grünlandmäher: 12 m (1.200 cm) breiter Kreiselmäher, Faktor 100 innerhalb von nur 100 Jahren.<br>Wer kann da schon entkommen? |
| Diese Liste lässt sich beliebig ausbauen: Sprechen wir von Bibern und Kettensägen, von Rückepferden und Vollerntern. Beispiele finden sich überall. | |

## Offenland: Warum haben wir dafür eine besondere Verantwortung?

Offenland ist der zentrale Lebensraumtyp, der unsere regionale biologische Vielfalt exzellent abbildet. Die naturnahen Buchen- oder Eichenmischwälder und das Offenland sind unsere zentralen Lebensraumtypen für die regionale biologische Vielfalt.

**Ackerbauliche Flächennutzung**

Webcode: mungl2377

**Ökolandbau**

Webcode mungl2378

Wir haben nun mal keinen atlantischen Regenwald, kein Amazonasbecken, kein Korallenriff. Unsere Entsprechungen sind eben genau der angesprochene Mischwald und das Offenland. Daher muss sich beim Schutz der biologischen Vielfalt in unseren Regionen ganz viel um unser Offenland drehen. Für artenreiches Offenland haben wir eine besondere Verantwortung. Wo haben wir es noch? In der Landwirtschaft. Der landwirtschaftliche Produktionsraum ist Offenland, er war biodivers und könnte es wieder werden. Die UN-Dekade zur Wiederherstellung von Ökosystemen ruft uns dazu auf, diesen Landschaftswert wieder herzustellen. Derzeit sehen wir vor allem eintönige Landschaften, Traktorensteppen. Monotonie. Dieser Tinnitus ist weit entfernt vom Dreiklang. Das Ziel ist die Symphonie, denn auch ein Dreiklang kann schief klingen. Diese Baustelle ist riesig. Wir lassen sie in diesem Buch unbearbeitet.

Der zweite elementare Landnutzungstyp, welcher einen bemerkenswerten Beitrag für die Grundfunktionen des Biodiversitäts- und Funktionserhalts spielen kann, ist das urbane Grün. Grünflächen und Stadtnatur haben ein großes Potenzial zur Förderung der biologischen Vielfalt. Sie können in Stücken eine echte Ersatznatur sein. Freilich kein gleichwertiger oder ausreichender Ersatz, aber ein wichtiger Beitrag.

## Wo es heute noch Vielfalt gibt: Ohne Lupe und Fernglas findet man sie kaum noch

Auch wenn es für viele Leserinnen und Leser nicht so erscheint, große Teile Deutschlands sind weit von einer normalen Natur entfernt. Der Begriff der Natur wird oft für unsere „Postkarten-Urlaubsregionen“ verwendet, obwohl das meist noch nicht einmal gute Kulturlandschaften sind: für den Baggersee, den sonntäglichen Ausflug in die Natur, aber eben auch und besonders dann, wenn einmal eine Stechmücke auftaucht. „Dat is eben Natur“, heißt es dann. Es ist keine Entschuldigung, wenn wir Argumente wie Lebensstandard, Wirtschaftsstandort oder hart erarbeiteter Wohlstand für das gänzliche Fehlen von Natur ins Feld führen. Tot ist tot. Man kann auch in einer lebendigen Umwelt wirtschaftlich erfolgreich sein und seinen Belohnungswein trinken. Es beginnt allein mit der Skalierung: Großtiere fehlen gänzlich. Hirsch, Wolf, Wisent und Co. haben es schwer. Sie sind allenfalls nur noch – oder gerade wieder – geduldet. Aber auch kleine Tiere fallen schnell mal durch das Raster, nämlich dann, wenn sie extrem scheu sind und besondere Anforderungen an das Leben stellen. Unter dem Begriff „landscape of fear“ bezeichnen wir eine Angstlandschaft, die ein Überleben vieler Arten schlicht und einfach nicht mehr zulässt. Nehmen wir einmal an, dass ein Vogel immer mindestens 10 m vom nächsten regelmäßig auftauchenden Menschen – oder dessen Hund – weg sein möchte. Dann bedeutet das, dass ein 1 m breiter Weg plötzlich 21 m breit ist. Denn dieser Vogel findet das Umfeld des Weges absolut beängstigend und würde dort niemals brüten oder singen. Blühstreifen sind daher oft völliger Nonsens. Gerade, wenn sie entlang von Wegen und Straßen verlaufen. Aber auch für den Feldhasen sind sie keine Hilfe, wenn auf der einen Seite der Fuchs schnürt und auf der anderen Seite der Hund schnüffelt und markiert. Sehr schmal wird dann das Band des Wohlfühlens.

Wir wissen nicht, welche Abstände die einzelnen Arten wirklich brauchen. Beim Kranich geht man von 200 bis 500 m Fluchtdistanz aus. Das heißt, wenn zwei Wege mit einem Abstand von 1.000 m durch die Landschaft geführt werden, dann hat dazwischen unter Umständen kein Kranich mehr Platz, obwohl die Wege 1.000 m entfernt verlaufen. Strukturen, von denen wir es oft gar nicht ahnen, werden zu Angstorten für die Tierwelt. Ein Feldkreuz, auf dem der Falke sitzt, vertreibt die Maus. Ein Aussiedlerhof entwertet eine ganze Landschaft für scheue Tiere. Wege führen zur Biotopzerschneidung, Fragmentierung und Verinselung. Und flächenhafte PV-Anlagen? Wir wissen ja noch nicht einmal sicher, ob Insekten in diesem elektromagnetischen Feld wirklich glücklich sind oder ob es ihre Sinne trübt, ob diese glitzernden Flächen die Wasserinsekten in die Irre locken und so die reproduktionsfähigen Populationen bis zum Aussterben ausdünnen. Die Landschaft ist tot, obwohl wir es oft nicht merken. Das Grünland ist tot und „überfischt“, denn genau, wie die Überfischung der Weltmeere den Fischbesatz ausrottet, so nimmt jede Mahd und jede Befahrung negativen Einfluss auf die Populationsstärke der Insekten.

Wenige Lebensräume sind befriedigend. Selbst die meisten Naturschutzgebiete sind artenarm und lassen sich mit der Überschrift „Kennste eins, kennste alle“ zusammenfassen. Aber es gibt sie noch an manchen Ecken und das sogar in Deutschland. Mit diesem Buch können wir kaum eine Trendwende herbeiführen. Urbane Biodiversität wird keine scheuen Arten fördern. Kraniche und Großtrappen werden nicht plötzlich in der Jungfernheide oder auf dem Tempelhofer Feld landen – oder gar brüten. Das Ziel, welches wir mit diesem Buch anstreben, ist ein solides Grundrauschen. Jedes Insekt, welches in einer Stadt lebt, kann das Umland besiedeln, jedes Insekt dient als Futter für die Schwalbe, als Müllabfuhr für unsere organischen Abfälle. Wir tun das Beste, was wir können.

Und gerade für dieses Engagement ist es so unglaublich wichtig, dass wir wissen, von was wir eigentlich reden. Was ist Natur? Was ist naturnah? Was ist biologische Vielfalt? Was ist eigentlich eine Art? Und wer stirbt beim Artensterben? Nehmen Sie sich die Zeit und üben Sie derartige Begriffe. Die Trennschärfe ist wichtig für das Erkennen Ihres Erfolgs. Sie würden ja auch jeden auslachen, der zu einem Cabrio Kombi sagt und jedem Verkäufer misstrauen, der Tablet und Laptop verwechselt. Also warum sollte man Wiese und Saum verwechseln? Oder Spinne und Insekt? Dieses Thema ist ein wundervolles Aufgabenfeld, aber kein Spielplatz für Dilettantismus.

# Blühende Wiesen

**WOLF-DIETMAR UNTERWEGER**

## Die Realität – ein neues Denken und Handeln ist notwendig

*Margeriten, Hahnenfuß, Lichtnelken, Leinkraut, Wiesensalbei, roter und weißer Klee, Labkraut, Glockenblumen, Taubenkropf, Vergissmeinnicht – die Wiesen blühen über und über. An den Wegrändern drängen sich Kräuter und Blumen: die blaue Wegwarte, Wilde Möhre, Schierling, Kamille, Rittersporn und Königskerze. Von besonderer Schönheit leuchtet im zarten, lieblichen Rosa die Wilde Malve. Über den Grasweg krabbelt ein schwarzer Käfer von der einen Seite zur anderen. Eine Lerche nimmt ein Staubbad, die Eidechse sonnt sich auf einem erwärmten Stein, die Goldammer stillt in der Wasserpfütze ihren Durst und die Schwalbe holt hier den „Mörtel" für ihren Nestbau. Schlupfwespen wechseln sich im An- und Abflug vor ihrer Erdbehausung ab. Überlaut zirpen die Grillen und von Weitem hört man den Kuckuck rufen.*

So habe ich als Kind meine Umwelt wahrgenommen. Es war eine Selbstverständlichkeit, der Mutter zum Muttertag gleich hinter dem Haus einen bunten Wiesenblumenstrauß zu pflücken.

Aus heutiger Sicht mögen diese Schilderungen von der natürlichen Vielfalt, von der Lebendigkeit in der Natur als romantisch, übertrieben und einseitig erscheinen.

Die vergangene Zeit war in manchem freilich anders als sie in der verklärenden Erinnerung fortlebt. So möchte ich auch nicht die Welt von damals als eine heile Welt vorgaukeln, wohl aber bin ich bemüht, das aufzuspüren, zu zeigen und darzustellen, was meiner Meinung nach damals noch in Ordnung war, was das Leben lebenswert machte und was uns heute wieder Lebensqualität und Lebensfreude bringen könnte.

Die Schönheit der Blumenwiese rührt uns an mit der Ahnung, dass es Vollkommenheit geben muss: Gottes Geist, seine überwältigende Liebe zur Natur, in tausend Blumenblüten ausgedrückt. Verstoßen haben wir uns aus diesem Wiesenparadies, das bis in die 1960er-Jahre noch in seinem ganzen Reichtum vor unserer Haustür lag. Heute jedoch sind diese vielfältig blühenden Wiesen nur noch auf sehr speziellen, meist kleinflächigen Standorten zu finden. Mit Trauer sehen wir, was wir angerichtet haben. Immer noch wiederholt sich der Sündenfall, täglich werden wir aus dem Garten Eden vertrieben.

Nach dem Sündenfall verlor der Mensch seinen arglosen Geist, die Entfremdung von der Natur nahm ihren Anfang und setzt sich bis in die heutige Zeit fort. Mit kalter Vernunft begann er, die Natur zu beherrschen und das Aussterben von Tier und Pflanzen nicht als dramatisch zu empfinden.

Vielen derartigen Menschen ist die Feinfühligkeit gegenüber dem „Garten Welt" gänzlich verlorengegangen. Sie räumen unsere Landschaft weiter aus, asphaltieren, legen trocken, begradigen, wandeln blühende Wiesen in monotone Grünflächen um und schaffen sich so eine künstliche Welt, die ihnen zur Ablenkung von ihrer natürlichen Umgebung dient. Ein Großteil unserer Gesellschaft lebt dadurch nur noch von Ersatzbefriedigungen. Den anderen aber, den Sensiblen, nehmen sie so deren Lebensgrundlage, die auf den ungeheuren Reichtum der Natur, deren Formen, Farben, Düften und Eigenarten, aufbaut. Ihnen wird genommen, was das Leben für sie lebenswert macht.

Wir müssen unser Leben neu ausrichten und bedürfen hierzu dringend der Hilfe einer kritischen Theologie, um jenen falsch verstandenen göttlichen Imperativ „Machet euch die Erde untertan und herrscht über Tiere und Pflanzen", der so folgenschwere Wirkung auf die Entwicklung unserer Erde hat, neu zu begreifen. Es kann der Auffassung nicht zugestimmt werden, dass der Mensch, als Mittelpunkt und Krone der Schöpfung, das Recht hat, sich dieser Erde zu bemächtigen, sie nach seinem Willen, ohne Rücksicht auf ökologische Zusammenhänge, zu formen, zu gestalten, ja zu zerstören. Der über sich selbst erhebende, ausbeuterische, moderne Mensch bedarf einer ökologisch ausgerichteten Theologie.

Die geistige Wende ist noch lange nicht bei allen vollzogen. Ohne die mit einer weiteren Verschärfung der Umweltkrise und der Naturzerstörung zusammenhängenden Konsequenzen hier im Einzelnen erörtern zu wollen, darf und muss auf alle Fälle summarisch festgestellt werden, dass selbstverständlich das Rad der Geschichte nicht zurückgedreht werden kann.

Dennoch, wir müssen den rationalen Weg der Erkenntnis, wie auch den intuitiven Weg der Erkenntnis gehen.

Was wir gemeinsam zerstört haben, müssen wir auch gemeinsam versuchen, wieder aufzubauen und mit Leben zu erfüllen. Das wunderbare Netz, das wir zerreißen, gilt es neu zu knüpfen.

Vielfältig geknüpft war das ökologische Gefüge der Wiesen und Weiden, die allein schon wegen ihrer unterschiedlichen Standorte, von trocken bis feucht, zwischen nährstoffarm und -reich, eine Vielzahl unterschiedlicher Wiesenvegetationen entstehen lassen. Diese unterscheiden sich dann noch einmal, je nach dem Grad der Nutzungsintensität.

Der Mensch greift heute aber in das natürliche Gleichgewicht der Natur derart ein, dass es kaum noch ein Ökosystem gibt, das nicht Spuren seiner Einwirkungen zeigt. Der Eingriff des Menschen wiederum hat ungeahnte Auswirkungen zur Folge: Wildpflanzen und Tiere verschwinden aus der Nahrungskette.

Selten stirbt eine Wildpflanze oder Tierart aus, weil sie direkt bekämpft wird. Viel häufiger treten die Auswirkungen menschlicher Eingriffe infolge unsichtbarer Vernetzungen durch indirekte Wirkungen wie Rückkopplungen, zeitliche Verzögerungen und Umkippeffekte an anderer Stelle des Netzwerkes der Natur auf und bringen es dort zum Zerreißen. Ist das Netz aber einmal zerstört, dann hilft es auch nicht mehr, eine direkt bedrohte Pflanze oder Tierart in den Botanischen Garten oder in den Zoo zu bringen. Sie werden dennoch aussterben und andere Arten ebenfalls in den Untergang ziehen.

Die Wiesen in unserer Kulturlandschaft können nur durch landwirtschaftliche Nutzung entstehen und können nur erhalten werden, wenn sie, auch in der Stadt, landwirtschaftlich genutzt werden. Blumenwiesen, wie sie der Städter kennt, gibt es nur da, wo Gehölzaufwuchs verhindert wird. Eine extensive Beweidung mit Kühen, Schafen, Pferden ist somit auch in der Stadt notwendig und möglich.

Wo kann man noch bunte Wiesenblumensträuße pflücken mit Kuckucks-Lichtnelke, Margerite, Rundblättriger Glockenblume, Salbei, Storchschnabel und Wiesenbocksbart? Die Blumen haben sich zurückgezogen ins Bergland auf arme, flachgründige Böden, wo mit dem Düngen noch gespart wird.

Aufgrund der Tatsache, dass es kaum noch eine Wiese mit einer Vielzahl von Blumen, Kräutern und Tieren gibt, ist ein neues Denken und Handeln notwendig. Nicht nur das, sondern wie ALBERT SCHWEITZER (1971) meint: „eine neue Gesinnung“.

# Biodiversität

Eine typische Blumenwiese auf der Schwäbischen Alb in den 1980er-Jahren. So sahen bäuerliche Wiesen vor ihrer Intensivierung aus. Die Wiese war so, weil die Pflege der letzten Jahrzehnte – oder sogar Jahrhunderte – dafür sorgte, dass Blumen Platz haben. Heute ist hier ein Industriegebiet.

Biodiversität bedeutet auf Deutsch biologische Vielfalt. Diese lässt sich in drei Teile gliedern.

### I. Die Vielfalt der Ökosysteme

Ökosysteme sind zum Beispiel: Seen, Flüsse, Wälder, Steppen, Wüsten, Kulturlandschaften.

Wenn man sich vorstellt, dass ein See in Brandenburg ganz anders aussieht als ein See in der Schweiz, dann hat man einen Begriff davon, wie vielfältig selbst das Ökosystem „See" ist, wenn man global Seen betrachtet. Bei Kulturlandschaften ist das ganz ähnlich. Eine Weidelandschaft auf der Schwäbischen Alb sieht ganz anders aus als eine Weidelandschaft in Anatolien oder in der Nefud. Die Vielfalt der Ökosysteme ist riesig – innerhalb Deutschlands und innerhalb der Welt.

### II. Die Vielfalt der Arten

Was eine Art ist, müssen wir noch klären. Grob gesagt: Eine Art ist eine Gruppe von Lebewesen, die Enkel bekommen kann. Warum Enkel? Na, das Maultier ist eine Mischung aus Esel und Pferd und unfruchtbar. Somit ist es keine Art.

Eine gute Vorstellung von Arten machen wir uns zum Beispiel bei dem Lied „Alle Vöglein sind schon da". Amsel, Drossel, Fink und Star, das sind zwei Arten und zwei Artengruppen. Die Amsel kennen wir alle. Der Star ist bei uns heimisch und wir vernachlässigen die Starenarten, die es sonst noch so gibt. Drossel und Fink sind Artengruppen (Gattungen). Die Amsel heißt auch Schwarzdrossel. Zusammen mit Singdrossel, Wacholderdrossel, Misteldrossel, Rotdrossel und vielen anderen kann man sie zu den Drosseln zählen. Beim Fink ist es ebenso. Es gibt viele verschiedene Finkenarten. Es gibt unvorstellbar viele Arten. Allein 30.000 Insektenarten in Mitteleuropa. In Europa leben etwa 900 Vogelarten, in Peru allein über 1.600. Es sind unvorstellbare Mengen. Die wenigsten haben wir bisher entdeckt, nur wenige tragen einen deutschen Namen. Die Amsel zum Beispiel. Das Synonym Scharzdrossel zeigt, dass regionale Namen irreführend sein können, daher verwendet man in der Wissenschaft einen zweiteiligen Artnamen *Turdus merula* (*Turdus* steht für die Drosseln, *merula* bezeichnet die eine spezielle Drossel, die wir meinen: die Amsel). Der wissenschaftliche Artname wird immer kursiv geschrieben. Das ist seriös und man findet im Fließtext sehr schnell die Stellen, an der über eine Art gesprochen wird.

### III. Die Vielfalt der Gene

Der dritte riesige Baustein der biologischen Vielfalt ist die Vielfalt der Gene. Wir sind alle genetisch unterschiedlich – und doch sehr ähnlich. Das Genom ist eine lange Kette von Informationen. Am besten können wir uns die Vielfalt der Gene beim Apfel oder beim Hund vorstellen. Der Holzapfel oder Wildapfel ist sauer, klein und hart: Die Vielfalt der Tafeläpfel ist riesig. Sie stammen alle von diesem Wildapfel ab und sind doch durch ein paar Gene so verändert, dass sie süß, groß, lagerfähig, gelb, grün geworden sind. Die genetische Vielfalt einer Art bei den Nutzpflanzen nennen wir Sorten. Beim Hund ist es ähnlich: Der Wolf ist der gemeinsame Vorfahr. Dackel und Afghane unterscheiden sich aber dennoch maßgeblich. Bei Tieren sprechen wir von Rassen.

Aufgepasst: Begriffe nicht munter mischen oder verwechseln!
Art – Spezies – Sorte – Rasse

Die Frage vor dem zu Bett gehen: Was ist eine Art?

## Wie sieht sie aus und wie erkennt man sie?

Biodiversität ist divers und lebendig. Sie lässt sich nicht in Formen pressen und einfach typisieren. Allein durch ihre Dreiteiligkeit (siehe zuvor) spaltet sie sich enorm auf. In jedem System gibt es andere Arten und andere Gene. Die Vielfalt ist unvorstellbar. Wichtig ist aber, dass es sich um ein lebendiges und sehr agiles System handelt. Man kann es abtöten und ihm die Agilität nehmen.

Heute habe ich in einer Kulturlandschaft geschlafen, in der ich aus dem Bett heraus vier verschiedene Amphibien gehört habe: Seefrosch, Wasserfrosch, Laubfrosch und Rotbauchunke. Wenn diese vier Arten in Hörweite koexistieren können, dann muss das System sehr agil und vielfältig sein. Dieses Erkennen von Biodiversität muss man sich erarbeiten. Man fängt im Garten an. Dann geht es an den Baggersee, dann ins nächste gute Naturschutzgebiet. Erst kennen Sie drei Vogelarten. Dann zwölf. Dann 50. Dann werden Sie merken: Oh, wo leben denn dann die noch verbliebenen etwa 300 in Europa heimischen Arten? Sie werden merken: Artenvielfalt erfasst man nur, wenn man Systemvielfalt aufsucht. Man wird erstaunt sein, wie gut oder schlecht manche Landschaften sind. Erst dann – und das können Sie übrigens mit allen Artengruppen machen (mit Bäumen, mit Blütenpflanzen, mit Insekten, Libellen, Pilzen …) – werden Sie Biodiversität einschätzen können. Sie werden Unterschiede merken: von Bayern nach Österreich. Dann nach Slowenien. In die Schweiz. Die Artenlisten beim Sonntagsspaziergang werden sehr unterschiedlich ausfallen, obwohl es die gleichen Berge sind.

Sich in dieses Thema hineinzufuchsen, erfordert Begleitung durch einen Motivator (Einen Menschen? Eine App?). Es erfordert Zeit. Es erfordert Entbehrungen. Umso mehr müssen wir denen Gehör schenken und Beratungskompetenz zusprechen, die sich auskennen. Hier zählt die Erfahrung, das Weitgereiste, das Vernetzte, und es sticht Argumente wie „Aber hier war es doch schon immer schön“ oder „Als Bauer werde ich schon wissen, was meinem Land gut tut“ aus.

## Grundkurs Wirbellose und andere Wiesenbewohner: Das sind nicht alles Zecken

Für ein gutes Miteinander ist es wichtig, dass man über das Gleiche spricht. Daher müssen wir ein gewisses Grundwissen über die Lebensformen haben. Säugetiere, Amphibien, Reptilien und Vögel können wir alle relativ leicht zuordnen. Sie gehören aufgrund ihrer Wirbelsäule zu den Wirbeltieren. Manchen von uns ist sogar die Bestimmung der Art vergönnt.

Bei den kleinen Krabbeltieren, die wir aufgrund der fehlenden Wirbelsäule als „Wirbellose“ bezeichnen, wird es schon schwerer. Es lohnt sich ein genauer Blick auf die Tiere unserer Grünflächen:

Ist das Tier beinlos? Dann handelt es sich entweder um eine Schnecke (mit oder ohne Haus), einen Wurm oder eine Insektenlarve (segmentiert, aber weniger als 15 Segmente).

Tiere mit Beinen sind in drei große Gruppen aufzuteilen:

6 gegliederte Beine haben alle Insekten. Dabei darf man sich von den ungegliederten Stützbeinen der Raupen oder den optisch schwer zu erkennenden Putzbeinen der Edelfalter nicht verwirren lassen.

Spinnentiere, zu denen die Spinnen, die Milben, die Pseudoskorpione und die Weberknechte gehören, haben 8 Beine. Sie unterscheiden sich ein bisschen in der Gliederung ihres Körpers, aber die Zahl 8 ist ausschlaggebend dafür, dass sie eben keine Insekten sind.

Mehr als 8 gegliederte Beine haben die Asseln, die Hundertfüßler und die Tausendfüßler.

Die Zahlen 0 – 6 – 8 und mehr als 8 sind somit der zentrale Einstieg in eine faszinierende Welt.

Ein Buch über Grünflächen sollte Ihnen noch nahelegen, dass man Schmetterlinge, Libellen, Käfer, Wanzen, Fliegen, Hautflügler (Bienen, Wespen und Ameisen), Heuschrecken, Schaben und Ohrwürmer in jeweils eine extra Schublade packen kann. Diese Schubladen lassen sich dann je nach Interessensgebiet mit vielen, vielen kleinen Fächlein füllen:

| | |
|---|---|
| Käfer | Vorderflügel hart. Mundwerkzeuge beißend, kauend. |
| Wanzen | Vorderflügel mit einem harten und weichen Feld. Stechrüssel. |
| Fliegen | Zwei Flügel. Hinteres Flügelpaar zu Schwingkölbchen umgewandelt. |
| Hautflügler | Vorder- und Hinterflügel „weich“. Mundwerkzeuge beißend, kauend. |

Derartige Differenzialdiagnosen lassen sich für alle Insektenordnungen und selbst für die Insektenfamilien erstellen. Sie werden jedoch von Stufe zu Stufe komplexer.

Differenzialdiagnosen sind Merksätze aus Merkmalskombinationen, die mit möglichst wenigen Eigenschaften eine Gruppe von Pflanzen oder Tieren verwechslungsfrei charakterisieren.

**Mitmachtipp:**
Lernen Sie die Unterscheidungsmerkmale von Schmetterlingen, Libellen, Käfern, Wanzen, Fliegen, Hautflüglern (Bienen, Wespen und Ameisen), Heuschrecken, Schaben und Ohrwürmern.
Mit einfachen „Differenzialdiagnosen" lassen sich die häufigsten Insektenordnungen sehr schnell und ohne Hilfe im Feld erkennen. Bei einigen Insekten kommt man sogar sehr einfach auf das Familienniveau oder die Art.

Als Bestimmungshilfe können Sie zudem niederschwellige Lernhilfen und Bestimmungsschlüssel verwenden. Diese helfen Ihnen reich bebildert beim Einstieg in diese faszinierende Welt. Auch Wikipedia ist eine gute Hilfe, dort wird man aber auch oft abgelenkt und erhält oft zu viel Wissen.

Alles, was diese Insekten für uns tun, bezeichnen wir als Ökosystemdienstleistung (Schädlingsbekämpfung, Zersetzung, Bestäubung, Bodenbildung). Dabei dienen sie selbst wiederum als Futter und somit als Daseinsgarant für die noch größeren Unterstützer unserer Systeme (Vögel). Insekten werden als unangenehm oder schädlich wahrgenommen, wenn sie in Massen oder am falschen Ort auftreten. Eine vergessene Packung Müsli kann ein solches „Ungleichgewicht" darstellen oder eben ein Rapsfeld. Als Lästlinge nehmen wir sie meist dann wahr, wenn sie an Orten auftreten, an denen sie nicht natürlicherweise sind (Schlafzimmer) oder in Situationen, in denen wir normale, gesunde Naturzustände nicht mehr gewohnt sind (Stechmücken im feuchten Wald).

## Grundkurs Botanik: Pflanzen und ihre Strategien

Das botanische Verständnis von unserer Vegetation haben die meisten von uns aus Kindertagen und aus der Schule. Die Unterscheidung von Baum, Strauch und krautigen Pflanzen verläuft unterbewusst. Auch zwischen Gräsern, Einjährigen und Kräutern lassen sich leicht die Grenzen ziehen.

Die Bestimmung von Pflanzen verläuft klassisch über Bestimmungsbücher oder über die einschlägigen Apps. Man sollte aber nicht vergessen, dass man das Gelernte regelmäßig wiederholen muss, um wirklich nachhaltig etwas von seinem Wissen zu haben.

Auch hier glaube ich, dass es sich bereits sehr gut leben lässt, wenn man die Pflanzen zumindest in die Pflanzenfamilien einteilen kann und erst dann bei Bedarf das Artniveau ermittelt. Mit einfachen Differenzialdiagnosen lassen sich die häufigsten Pflanzenfamilien sehr schnell und ohne Hilfe im Feld erkennen:

| | |
|---|---|
| Rosaceae | Kelch- und Kronblätter 5-zählig. Nebenblätter an der Blattbasis. |
| Brassicaceae | Kelch- und Kronblätter 4-zählig. |
| Asteraceae | „Sammelblüte" ist aus vielen Einzelblüten (Röhren- und Zungenblüten) zusammengesetzt. |

Derartige Differenzialdiagnosen lassen sich für alle Pflanzenfamilien erstellen.

Für das ökologische Verständnis der Pflanzen wurden in den letzten Jahren sehr viele verschiedene und wirklich spannende Schemata und Zeigerwerte entwickelt. Es würde den Rahmen sprengen, alle diese hier zu erklären. Eine Beschäftigung mit den Zeigerwerten von ELLENBERG, den Klassifizierungen von Wiesentypen, den Strategieformen der Stauden ist höchst informativ und spannend. Wunderbar lesen sich die wissenschaftlichen Versuche, die diese Einteilungen oft erst möglich machten. Der Hohenheimer Grundwasserversuch ist ein Klassiker der Vegetationsökologie. In dieser Arbeit spielen die vegetationsökologisch begeisterten Staudenverwender ebenso eine maßgebliche Rolle, wie die wissenschaftlich aktiven Vegetationsökologen an Universitäten und Hochschulen. Sehr zu empfehlen ist das Buch „Pflanzenökologie" von SCHULZE, BECK und MÜLLER-HOHENSTEIN. Wenig ist über die wirklich empirische Arbeit zu erfahren. Maßgeblich lässt uns REINHARD WITT in seinen oftmals im Eigenverlag publizierten Büchern an den Erfolgen und Misserfolgen der Pflanzenverwendung heimischer Arten teilhaben und vermittelt uns anhand von Fotoreihen Erstaunliches.

## Biodiversität verstehen: Wer stirbt eigentlich beim Artensterben?

Vieles lässt sich mit dem Grundgesetz der Koexistenz erklären. Koexistenz zweier Arten ist möglich, wenn die innerartliche Konkurrenz größer ist als die zwischenartliche. Also, wenn sich zwei Naturschützer miteinander fachlich kappeln, dann kann der Naturzerstörer munter koexistieren. Andererseits kann man auch sagen: Solange der Mensch intern so viele Kämpfe austrägt, ist dem Mensch die andere belebte Umwelt egal.

Sprich, zwei sich zankende Menschen interessieren sich nur für ihren Streit, nicht aber für *Osmia bicornis*, die Rote Mauerbiene, die in unmittelbarer Nähe ihre Röhrchen füllt. Wir sehen das heute noch in Grenzregionen und Gegenden, die oft verheert (durch ein Heer zerstört) wurden. Hier ist die Biodiversität am höchsten. Koexistenz ist immer dann möglich, wenn andere Sorgen größer sind. Unsere Gärten zeigen das deutlich: aus purer Langeweile und Sorglosigkeit völlig tot.

Wir rotten lediglich Arten, die uns massiv stören, aktiv aus: Wolf, Biber, Filzlaus. Alle anderen Arten werden passiv ausgerottet, quasi als Kollateralschaden des innerartlichen, des wirtschaftlichen, des gesellschaftlichen, des menschlichen Wettbewerbs.

Beim Artensterben stirbt immer nur ein Individuum. Dieses Individuum merkt aber nicht, dass es der ganzen Art an den Kragen geht. Und dabei kommt es nicht darauf an, ob das Individuum völlig frei von Technik ist oder auf eine reich dokumentierte Geschichte, eine vielfältige Medienlandschaft und das Internet zurückgreifen kann. Das Aussterben der eigenen Art merkt man nicht.

Die Frage vor dem zu Bett gehen: Wer stirbt eigentlich beim Artensterben?

## Pflanzen und Tiere pflanzen, doch wie „pflanzt“ man Tiere?

Manchmal kommt die Frage auf, warum man Insekten nicht einfach nachzüchtet und dann in die Freiheit entlässt. Ja, warum eigentlich nicht? Fischer züchten doch auch Lachse und setzen diese aus – oder sie bringen Aale in die Gewässer ein, um sie dann fischen zu können. Jäger füttern Fasane, die sie vorher ausgesetzt haben. Gang und gäbe seit den Römern. Scheinbar kein Problem also, wenn man ein

Die Saumvegetation ist ein anderer Vegetationstyp als die Wiesenvegetation. Sie erfordert eine grundlegend verschiedene Pflege. Allein das Vorhandensein dieses Saums sichert Biodiversität. Fehlt er, fehlen die Individuen, die hier leben. Gibt es ihn nirgendwo: Dann fehlen sie alle.

Tier nachzüchtet und es dann in die Freiheit entlässt. Kein Problem? Falsch.

### Beispiel Aal

Lange wusste niemand, wie sich ein Aal vermehrt. Man glaubte, die Aalmutter (eine andere Fischart) hat wohl etwas damit zu tun. Falsch gedacht. Denn der Aal ist katadromer (Wander-)Fisch. Er schwimmt paarungsbereit den Fluss hinab und laicht in der Sargassosee. Die jungen Aale schwimmen den weiten Weg zurück und besiedeln die Gewässer als sogenannte Glasaale neu. Diese Glasaale werden von den Fischern gefangen und in die Gewässer entlassen. Keine Nachzucht demnach, sondern ein Umsetzen.

### Beispiel Vogel

Einige Vogelarten kann man zum Eierlegen animieren und ihre Eier künstlich ausbrüten. Bei den meisten Vögeln dieser Welt geht das nicht. Niemand weiß, wie die Eier temperiert werden; niemand weiß, wie gewendet, wann gelüftet. Noch nicht einmal Haustaubenküken kann der Mensch füttern, denn sogar diese brauchen den Kropfinhalt der Altvögel, um zu überleben.

### Und bei Insekten?

Die erfolgreichsten Insektenzüchter sind wohl Studenten und feine Damen. Ganze Heerscharen von Lebensmittelmotten entschlüpfen jährlich den Müslidosen der Studenten-WGs. Nicht weniger Pelzkäfer wohnen in den Fuchsschals und Pelzmänteln der feinen Damen. Auch die Jagdtrophäen der Jäger, Sammler und Biologen sind ideale Zucht- und Brutstätten.

Wer nun aufgepasst hat, merkt, es handelt sich nur um eine Handvoll Arten, die hier genannt werden. 20 vielleicht? Diese züchten wir passiv. Durch unsere Lebensgewohnheiten kommen wohl nochmals 50 Arten dazu (Stall, Misthaufen, Abfälle …). In unseren Gärten weitere 50. Berühmt und allseits bekannt ist die Fruchtfliege, sie wohnt nicht nur in Studenten-WGs, sondern überall im Biomüll, auf dem reifen Obst der Obstschalen und im Garten.

Nur wenige Arten lassen sich leicht züchten. 1.000 vielleicht? Es gibt aber 30.000 Insektenarten in Deutschland. Von den meisten wissen wir nichts. Wir wissen nicht, wo sie ihre Eier legen, wie die Eier überleben. Wir wissen nicht, wann sie schlüpfen, was die Larven lieben und wie die Tiere ins Leben starten. Nichts wissen wir über die meisten Insekten unserer Heimat, doch sind sie alle bedroht. Würden wir uns, vom ästhetischen Verlangen getrieben, auf die schönsten Insekten stürzen, würden wir uns darauf spezialisieren, Schwalbenschwänze, Prachtkäfer und edle Schwebfliegen zu züchten, so wäre das nur ein Tropfen auf den heißen Stein, weitere hundert Ausgewählte, die wir aus menschlicher Hybris bevorzugen (→ Problem). Macht das Sinn? Ich denke nicht, denn es kommt noch etwas dazu, was wir gern übersehen.

Die Schwebfliege Zenta wohnt in Oberbayern und ist gerade eben dort geschlüpft, weil ihr das Wetter und das Pflanzenangebot zusagt. Sie wird von einem Züchter gefangen und von ihm als Mutter aller Tiere bestimmt. Der Züchter lässt Zenta Eier legen, die er dann eintütet und bundesweit verschickt. Der Kunde A aus Friesland öffnet das Paket und lässt Zentas Kinder in seinem Garten in Spiekeroog schlüpfen. Woher weiß der Kunde A, ob die Art, zu der Zenta und ihre Kinder gehören, auf Spiekeroog überhaupt heimisch ist (→ Problem)?

Zentas Kinder sind echte Bayern. Sie stecken im Ei und warten auf den genetisch getriggerten Moment des Schlupfs. Dieser ist angepasst an die Tageslänge, die Temperatur und wohl auch an die Verfügbarkeit der Futterpflanzen – so genau weiß das niemand. Jahrtausendealte Erfahrung. Nun schlüpfen sie also im hohen Norden. Die Jahreszeit hinkt gegebenenfalls drei Wochen hinterher (Hunger!); die Futterpflanzen blühen auf Spiekeroog noch nicht (noch mehr Hunger!) oder kommen gar nicht vor (verhungern!).

Kalle ist eine männliche Schwebfliege von Spiekeroog, er gehört zur gleichen Art wie die Kinder von Zenta. Leider werden die hübschen Mädels von Zenta – sofern sie nicht verhungert sind – den Kalle nie kennenlernen, denn Kalle ist angepasst und schlüpft erst drei Wochen später (kein Nachwuchs!). Ausgestorben. (Stichwort: „Auszucht" – outbreeding depression – als Gegenteil von „Inzucht" – inbreeding depression). Auszucht ist der Verlust von Anpassung, wenn sich die Gene der Eltern zu stark unterscheiden.

**Regel 1:** Heimische Arten gelten auch bei Insekten. Nicht jedes Insekt ist überall heimisch.
**Regel 2:** Standortheimisch. Die Tiere müssen angepasst sein an Klima und Nahrungsverfügbarkeit.
**Regel 3:** Nur wenige Insekten sind Generalisten und lassen alles mit sich machen.

Zusammengefasst kann man sagen: 30.000 Insekten sind uns weitgehend unbekannt. Einige wenige zu bevorzugen, wäre vermessen. Die Zucht müsste regionalisiert sein und ist daher extrem aufwendig.

Es dürfte uns allen klar sein, dass derartige Flächen nicht mit dem Ziel der Förderung von Wiesenvögeln und dem Erreichen stabiler Heuschreckenpopulationen angelegt wurden. Es ist wichtig zu verstehen: Es geht nicht nur um Bienchen und Blümchen, sondern um ökosystemare Funktionen.

Wir können Tiere also nicht so einfach vermehren wie Pflanzen. Wir können aber Tiere durch die passenden Lebensraumgrundlagen aktiv anlocken, fördern, schützen. Es hat sich daher der Satz „Tiere muss man pflanzen“ etabliert (siehe Literaturtipp).

**Literaturtipp:**
ULRIKE AUFDERHEIDE, Tiere pflanzen – Faszinierende Partnerschaften zwischen Pflanzen und Tieren – 18 attraktive Lebensräume im Naturgarten gestalten.

**Aus Kleinem kann Großes entstehen**

Webcode mung12379

**Einfacher geht es**

- Anlegen und Erhalten von Lebensräumen.
- Vernetzen der Landschaft, damit die Tiere wandern und neue und verlorengegangene Lebensräume wieder besiedeln können.
- Einbringen von vielen verschiedenen standortheimischen Pflanzen. Für jeden etwas.
- Bereicherung der Strukturvielfalt.
- Mut zu Faulheit und Schlendrian. Unordnung ist der beste Lebensraum.
- Pflanzen kann man pflanzen.
- Tiere kann man nicht „tieren“, sondern muss über gute, ehrliche und langanhaltende Lebensräume das Vertrauen erwerben und dieses dauerhaft verdienen. Der Lohn ist die Schönheit und Vielfalt der Überraschungen der neuen Gäste, die sich aus Vertrauen und Dankbarkeit selbstständig ansiedeln.

# Nachhaltigkeit: Warum Biodiversität nicht alles ist

Der aus der Forstwirtschaft stammende Begriff der Nachhaltigkeit bezog sich ursprünglich auf die wiederkehrende Aufforstung und bedeutet heute, dass wir stets so handeln sollten, dass wir und auch unsere Enkel in Bezug auf die uns umgebende Mit- und Umwelt sorgenfrei leben können. Sorgenfrei zum Beispiel in Bezug auf Hochwasser, die Vermüllung, die Ressourcen, die Fluchtursachen, die Klimafolgen, den Frieden. Nachhaltigkeit ist somit kein Verkaufsprodukt, sondern ein Kernmerkmal des Handelns und das ernsthafte, teils auch schmerzhafte Bestreben, einen Grundrespekt zu pflegen. Diesen Grundrespekt könnte man mit Pietät umschreiben, wobei uns „pietätlos“ leichter über die Lippen geht, als eine gute Definition für das Pietätvolle zu beschreiben. „Tabu“ ist sicherlich in diesem Kontext ein essenzieller Begriff: Es muss Dinge geben, die man einfach nicht tut, auch wenn sie Geld bringen oder vordergründig Spaß machen. Dinge, die tabu sind.

Nachhaltigkeit ist das Bestreben, die Welt als Gesamtheit so zu behandeln, dass es auch noch unseren Enkeln gut geht.

**Rückwirkend betrachtet:**
Hätten die letzten drei Generationen (wir, unsere Eltern und unsere Großeltern) nachhaltig gehandelt, so hätten wir die meisten Probleme nicht.

## Die drei Bereiche der Nachhaltigkeit

Das Brezelbeispiel ist zumindest für die Menschen im süddeutschen Raum sehr verlockend. Immerhin ist hier die Hauptverbreitung dieser beliebten Backware. Aber auch für alle anderen kann die Brezel hilfreich sein. Immerhin taucht sie als Salzbrezelchen, Lebkuchenbrezel und als Türgriff für Bäckereien weit über das Verbreitungsgebiet der klassischen Brezel hinaus auf. Was hat es also mit der Brezel auf sich? Nun geht es tatsächlich um das Unspektakulärste der Brezel: die drei Löcher. Oben ein großes Loch und unten links und rechts jeweils ein kleineres Loch. Diese drei Löcher erklären die Dreiteiligkeit der Nachhaltigkeit am besten. Oben groß und etwas überlagernd die Ökologie, dann in gleichen Teilen Soziales und Ökonomie als die drei Bausteine der Nachhaltigkeit. Nun weiß jeder Brezelesser, wie unterschiedlich die Löcher bei handgemachten Brezeln sein können. Daher muss man sich zudem mit der Pyramide beschäftigen. Da ist zunächst die Ökologie (von altgriech.: oikos = Hausgemeinschaft) als Grundlage des Lebens, auf welcher die sozialen Strukturen einer Gesellschaft aufbauen und schließlich die Ökonomie (auch hier von altgriech.: oikos = Wirtschaftsgemeinschaft), die nur funktioniert, wenn die Lebensgrundlagen und das soziale Gefüge stimmen. Zugleich beeinflusst die Ökonomie das soziale Gefüge maßgeblich und somit auch die Ökologie.

Aus Sicht des Menschen sind diese sich gegenseitig beeinflussenden drei Kenngrößen der Nachhaltigkeit eng miteinander verzahnt und bedingen sich gegenseitig. Erst die menschliche Reflexionsfähigkeit und das Streben haben Konstrukte wie Ökonomie und Soziales geschaffen.

**To-do:**
Machen Sie einen Termin mit der Nachhaltigkeitsabteilung Ihrer Kommune oder Ihres Betriebs, stellen Sie Ihr Projekt vor und bitten Sie um Kooperation.
Die nachhaltig ökologische Grünflächenpflege ist ein elementarer Bestandteil jeder Nachhaltigkeitsstrategie. Sie können (1) durch Ihr Handeln maßgeblich dazu beitragen, dass die Nachhaltigkeitsstrategie funktioniert und ein Erfolg wird. Außerdem (2) können Sie die Nachhaltigkeitsabteilung als Partner für Ihr Projekt einbinden. Die Kommunikation, die Medienarbeit und mögliche Rückfragen werden so gemeinsam erledigt und es wirkt professionell. Nutzen Sie gegenseitig die Synergien.

Für die Nachhaltigkeit bedeutet das aber, dass wir uns mit diesen drei Teilen beschäftigen müssen, wenn wir nachhaltige Städte und Gemeinden anstreben, wenn wir nachhaltige Projekte initiieren,

Biodiversität ist Liebe. Nichts wirkt falsch oder befremdlich, wenn zwei Liebende von Kühen beobachtet werden. Ökologie, Ökonomie und soziale Interaktion in lieblicher Harmonie.

nachhaltige Maßnahmen planen, ja generell nachhaltig sein wollen. Dann bedeutet das, dass wir die ökologischen Grundlagen beherzigen, das soziale Gefüge pflegen und uns bewusst machen, dass wir aus wirtschaftlicher Sicht ein solides und minimalschädliches Konzept anstreben sollten. Aber was bedeutet das konkret? Wo finden wir zu diesen Forderungen hilfreiche Leitfäden?

Dass es sich bei diesen Forderungen eben nicht um reine Absichtsversprechen, um Papiertiger, um hehre Ziele oder gar um „Blabla" handelt, zeigen die unterschiedlichen Aktionspläne, die einer Verwirklichung den Weg ebnen und uns direkt beauftragen zu handeln.

Schwammbeete sammeln Regenwasser und kühlen durch die Verdunstung.

## Der Auftrag

Wir haben den Auftrag! Ein Satz, der allen Unternehmern eine gewisse Spur der Freude ins Gesicht zaubert. Nun haben wir hier aber wirklich einige anspruchsvolle Aufträge. Generationenverantwortung, ohne konkret Rechnungen stellen zu dürfen. Die Aufträge sind vielfältig, groß, spannend, weitreichend und genau deshalb ein wirklich kreativer Raum für unsere Ideen.

Auch, wenn wir im Wald der Herausforderungen, die wir manchmal genervt Probleme nennen und die uns abstumpfen, überfordern und in Gleichgültigkeit abrutschen lassen, oft nicht konkret wissen, wie der nächste Schritt geht, so lohnt sich aber genau dieser Schritt. Und wenn er noch so klein ist. Immer wieder. Schritt für Schritt. Den Widrigkeiten und der empfundenen Gleichgültigkeit trotzend.

Was ist zu tun? Was steht an? Was sollen wir lösen?

### Die 17 SDGs: Überall sieht man Kacheln, aber wer beherzigt sie?

Die bunten Kacheln, die wir immer wieder überall und unverhofft sehen, sind es wert, betrachtet zu werden. Die sogenannten 17 Nachhaltigkeitsziele der Vereinten Nationen fassen in wenigen Worten zusammen, wo unsere Hauptaufgaben liegen sollten. 17 Tätigkeitsfelder, die sehr gut aufsplitten, wie man die drei Hauptbausteine der Nachhaltigkeit angehen kann und soll.

Bei der näheren Betrachtung gerade im Zusammenhang mit einer nachhaltigen Stadtnatur und der ökologischen, nachhaltigen Grünflächenpflege im Speziellen, werden wir merken, dass auf all unsere Projekte stets mehrere dieser Ziele passen.

Die Tatsache, dass wir bei allem, was wir betrachten, mehrere Ziele verfolgen können und sollten, nennt man Multicodierung. Eine Grünfläche verfolgt eben nicht mehr nur das Ziel „Rasen zu sein", sondern sie kann im Nachhaltigkeitskontext verschiedene Ziele verfolgen. Eine nachhaltige Grünfläche liefert uns „saubere Luft", „sauberes Wasser", „Leben an Land", „Klimaschutz" …

Diese Multicodierung betrifft unser gesamtes Leben. Unser Haus – unseren Garten – unseren Arbeitsplatz. Aber auch das Maisfeld nebenan. Momentan kann es nur „Maisfeld" – wie müssen wir es umbauen, dass es mehrere Ziele erfüllt?

Die Vorstellung der 17 Ziele ist wichtig. Man kann sich einfach nicht oft genug mit ihnen beschäftigen.

**Die 17 Ziele mit Erklärung**

Ziel 1: Armut in jeder Form und überall beenden.
Ziel 2: Ernährung weltweit sichern.
Ziel 3: Gesundheit und Wohlergehen.
Ziel 4: Hochwertige Bildung weltweit.
Ziel 5: Gleichstellung von Frauen und Männern.
Ziel 6: Ausreichend Wasser in bester Qualität.
Ziel 7: Bezahlbare und saubere Energie.
Ziel 8: Nachhaltig wirtschaften als Chance für alle.
Ziel 9: Industrie, Innovation und Infrastruktur.
Ziel 10: Weniger Ungleichheiten.
Ziel 11: Nachhaltige Städte und Gemeinden.
Ziel 12: Nachhaltig produzieren und konsumieren.
Ziel 13: Weltweit Klimaschutz umsetzen.
Ziel 14: Leben unter Wasser schützen.
Ziel 15: Leben an Land.
Ziel 16: Frieden fördern.
Ziel 17: Globale Partnerschaft.

## Die 5 Punkte der Nachhaltigkeit: Für alle, denen 17 zu viel sind

Dass 17 eine recht sperrige Zahl ist, ließ einige findige Menschen dazu übergehen, die Ziele in 5 Übergruppen zu gliedern. Praktischerweise alle mit dem Anfangsbuchstaben P. Die 5-P der Nachhaltigkeit wurden geboren. Sie sollen hier nur genannt werden. Für die konkrete Arbeit an der Basis und bei Entscheidungen sind diese Kategorien zu wenig spezifisch:
P – Planet (dt.: Planet),
P – People (dt.: Menschen),
P – Prosperity (dt.: Wohlstand),
P – Peace (dt.: Frieden),
P – Partnership (dt.: Partnerschaft).

**Nachhaltigkeitsziele der Vereinten Nationen**

Webcode mung12380

**Ein Fahrplan zum Insektenschutz**

Webcode mung12381

Die Sitte Baumscheiben freizustellen, ist vielfach eine Unsitte. Manchmal steht der Sport im Mittelpunkt. Dennoch bleibt Raum für Biomasse unter den Bäumen. Sie sorgt für frische und kühle Luft und Leben.

## UN-Dekade Biologische Vielfalt: Wir lernen, was Vielfalt ist

2011-2020
United Nations Decade on Biodiversity

Die UN-Dekade Biologische Vielfalt beschäftigte sich in den Jahren 2011 bis 2020 mit allen Aspekten der biologischen Vielfalt. Ziel war es, dass dieses Thema einer breiten Öffentlichkeit bekannt wird. Weltweit wurden dazu Maßnahmen, Aktionspläne und Fördertöpfe ins Leben gerufen. Das Bundesprogramm „Biologische Vielfalt“ zeugt von diesem Engagement. Besondere Fahrt nahm die UN-Dekade zur Biologischen Vielfalt im Jahr 2017 auf, als die Krefelder Studie das Sterben der Insekten medienwirksam in den Diskurs rückte. Ausgehend von dieser Studie, entstanden bundesweit viele weitere Aktionen mit dem Schwerpunkt „Rettet die Bienen“ und andere Programme gegen das Insektensterben. Den Biologinnen und Biologen war das Problem des Artensterbens und der drastische Rückgang der Insektenvielfalt schon lange bewusst. Zahllose Studien belegen den dramatischen Aussterbeprozess eindrücklich. Durch die Sensibilisierung der Öffentlichkeit für die Biologische Vielfalt durch die UN-Dekade konnte die Krefelder Studie überhaupt erst wahrgenommen werden. Eine hohe Sensibilisierung sorgte dafür, dass sehr viel Energie und Engagement für das Thema hervorgerufen werden konnte.

leben.natur.vielfalt

die UN-Dekade

Eingebettet in den Kontext der vorangegangenen UN-Dekade „Bildung für nachhaltige Entwicklung" erreichte die UN-Dekade für die Biologische Vielfalt eine wirkliche Verbesserung des Bewusstseins und der Wahrnehmung für dieses Thema. Die Gleichgültigkeit hat, so zeigen es auch die in den Jahren 2009, 2011, 2013, 2015, 2017 und 2019 durchgeführten Naturbewusstseinsstudien, abgenommen und ist einem größeren Bewusstsein für das Thema gewichen.

Natur in der Stadt ist meist nicht geplant. Sie tritt spontan auf (in Mauerritzen, Brachgrundstücken ...) oder ist eine Folge einer sekundären Verwilderung von getrimmten Parks. Eine Wiederherstellung im engeren Sinne ist also nur möglich, wenn wir uns darum bemühen, den Zustand vor der Stadtgründung herzustellen. Da das meist unrealistisch ist, ist der zentrale Hebel, die generelle Ersteinführung von Natur auf bestehendem städtischem Grund. Wir sprechen dann von „naturnaher Gestaltung".

## UN-Dekade Wiederherstellung von Ökosystemen: Was hatten wir und was brauchen wir davon wieder?

Von 2021 bis 2030 widmet sich die neue UN-Dekade zur Wiederherstellung von Ökosystemen der Erneuerung und Wiederherstellung von Natur in den verschiedenen Bereichen unserer Welt. Unter der Fragestellung: „Was hatten wir und was brauchen wir davon wieder?" sollen ökosystemare Zusammenhänge wiederhergestellt werden.

Für dieses Buch ist vor allem der Aspekt der „Stadtnatur" essenziell. Die Wiederherstellung, aber gerade auch die Ersteinführung von mehr Natur im Siedlungsraum, wird einer der Aktionsschwerpunkte sein. Analog zur UN-Dekade Biologische Vielfalt werden auch hier in Zukunft vermehrt Fördermittel und Aktionspläne bei der Umsetzung helfen. Den Begriff der „Biologischen Vielfalt" muss man hier in seiner vollen Tiefe erfassen und sowohl auf die Förderung von Systemen, Arten und Genen setzen, aber auch die volle Ausnutzung der ökosystemaren Dienstleistungsangebote unserer heimischen Natur berücksichtigen.

Welche Dienste kann uns die Natur erbringen? Wie integrieren wir diese „Nature-based solutions" (naturbasierten Lösungen) in die Lösungskonzepte für die Herausforderungen eines kommunalen Umfelds unserer Zeit?

## Klimaschutz: Naturbasierte Lösungen für ein Leben in Zeiten des Klimawandels

Diese naturbasierten Lösungen spielen zum Beispiel im Kontext des Klimawandels eine große Rolle. Wie schaffen wir Kühlung durch Vegetation? Wie reinigen wir die Luft? Welche Maßnahmen ermöglichen es, die Zahl der hitzebedingten Herz-Kreislauf-Erkrankungen im Stadtgebiet zu reduzieren?

Gerade im kommunalen Kontext geht es also nicht in erster Linie darum, wie wir Habitate für die Wechselkröte schaffen oder die verbliebenen Biotop- bzw. Schutzgebietsschnipsel praktisch oder formal schützen, sondern darum, welche Bedarfe wir zu bearbeiten haben. Hier: Die Anpassungen an den Klimawandel.

Dieses Bild spricht Bände. Ein sehr wertvoller Lebensraum mit guter Pflege und frisch nachgepflanzten Kopfweiden befindet sich unmittelbar an der Endhaltestelle der U-Bahn und verschiedener Buslinien. Hier können alle Menschen Natur wahrnehmen. Teilhabe in Vollendung. Die Fläche könnte übrigens auch wunderbar beweidet werden.

## Enkeltaugliche Städte und Gemeinden: Heute schon für morgen sorgen

Dass Biodiversitätskonzepte längst umfassend sein sollten, wurde bereits erwähnt. Die 17 Sustainable Development Goals (SDGs), die Nachhaltigkeitsziele der Vereinten Nationen, sind die Schlüsselfaktoren für diese Maßnahmen. Jedes einzelne Biodiversitätsprojekt erfüllt eine oder meist mehrere dieser 17 Ziele. Die passenden Begriffe sind der Fachwelt auch längst bekannt und warten nur noch auf die Umsetzung: Das AnimalAidedDesign versucht, unsere Planungen und alle Baumaßnahmen auch im Sinne der Biologischen Vielfalt zu spiegeln. Barrierefreiheit für den Igel, Nisthilfen am Gebäude, Lücken für die Eidechsen und eine Rampe aus dem Schacht für die Kröten. Zentral auch die Klimafolgenanpassung, denn viele Kommunen klagen über überhitzte Stadtzentren und Rathäuser, die nahezu nicht mehr genutzt werden können, wenn die Sonne scheint. Mit den sogenannten Nature-based solutions erreichen wir Vieles ganz einfach, woran die Ingenieure verzweifeln. Feinstaubbindung, Schatten und gute Luft. Die Antwort heißt: Vegetation. Viele Herausforderungen unserer Gesellschaft haben in der Natur eine gute Antwort gefunden, die wir nutzen sollten. Die ökosystemaren Dienstleistungen fassen zusammen, was die Natur für uns leistet. Aber auch gesellschaftliche Themen wie Partizipation/Teilhabe sind essenziell. Auch Menschen mit eingeschränkter Mobilität und stark eingeschränkten Finanzmitteln haben ein Recht auf Naturerlebnis. Also brauchen wir innerstädtische oder stadtnahe Naturräume. Das Biodiversitätskonzept arbeitet größtenteils jenseits der Rechtspflichten, denn es geht nicht um Eingriff-Ausgleichs-Regelungen oder Ökopunkte. Es geht um einen ganzheitlichen Blick auf das Leben im Siedlungsraum.

# Die Lösung des Problems

## Das Trilemma der Landnutzung

Der Wissenschaftliche Beirat der Bundesregierung formulierte das sogenannte Trilemma der Landnutzung. Das Zurverfügungstellen von Biodiversität, Nahrungsmitteln und Energie ist eine Kernaufgabe der Landfläche, die wir beleben. Allerdings kommt dieser steigende Bedarf dadurch an seine Grenzen, dass die zur Verfügung stehende Landfläche endlich ist. Wir können nirgendwo Erde nachkaufen oder neue Flächen herstellen. Die Erdfläche bleibt auch bei wachsenden Ansprüchen gleich. Dass die oben genannten drei Aspekte aber Grundlagen für unser Überleben sind, steht außer Zweifel. Somit muss all unser Handeln darauf bedacht sein, dass wir auf der uns zur Verfügung stehenden Fläche sowohl Biodiversität als auch Ernährung und Energie produzieren. Die Herausforderung nennen wir Trilemma der Landnutzung.

Gehen wir in den urbanen Raum, so kommt noch der Wohnraum dazu. Es entsteht ein Quadrilemma. Vier Nutzungsgrundbedürfnisse treffen auf den begrenzten Raum.

## Umwidmung der Raumnutzungsstrategien

Die Lösung für eine optimale Raumnutzung liegt daher im Umsetzen der zeitgenössischen nachhaltigen Transformation. So müssen

- Bedarfe reduziert,
- die verbleibenden Bedürfnisse ökologisch gestillt und
- allfällige Schäden kompensiert werden.

Zeitgenössische Transformation bedeutet:
Reduzieren – Ökologisieren – Kompensieren

**Was darf Natur in der Stadt**

Webcode mung12382

Die derzeit übliche Aufteilung des Raums in Nutzgebiete, Schutzgebiete und Schmutzgebiete muss als überholt angesehen werden. Die Fehler dieser bisherigen Klassifikation können nur durch ein regeneratives Umfeld behoben werden, welches zwar Kern- oder Tabuzonen für den ungestörten Prozessschutz

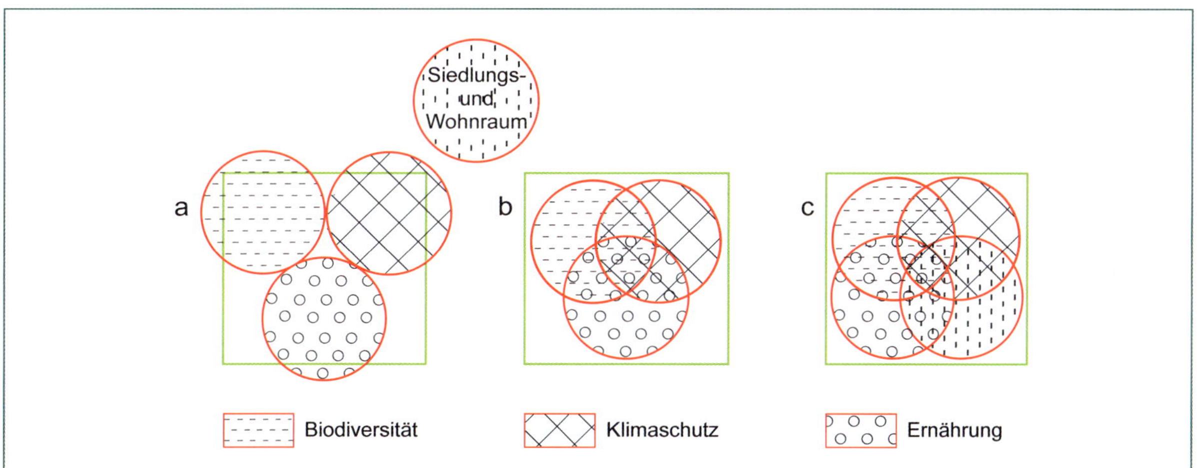


Klimaschutz/Energiegewinnung, Biodiversität, Ernährung und Wohnraum – all das muss auf der Fläche gehen, die uns zur Verfügung steht: a) zeigt die derzeitige Situation, b) das angestrebte Ziel der Landnutzung, c) das Quadrilemma (nach WBGU 2020, ergänzt).

kennt, sonst aber Nutzungsformen kombiniert. Kern- und Tabuzonen sind Räume, wo für die belebte Natur eine Anpassung und unbeeinflusste Evolution an eine sich verändernde Umwelt stattfinden können, ohne dass der Mensch als Stimulus quasi züchtend und manipulierend eingreift.

Die zentralen Herausforderungen unserer Gegenwart sind somit das Auflösen des Quadrilemmas. Grundlage ist die Definition des Raumes als multicodierter Raum.

## Vom Rechteck, zur Wabe, zum Kontinuum – dem Ökoton

Die heutige Einteilung von Flächennutzung in meist rechtwinkelige Flächentypen ist sehr jung. Die Quadratisierung und Standardisierung der Landschaft beginnen erst vor etwa 200 Jahren mit der Vermessung der Welt. Harte Grenzen der Landnutzung entstehen, ein Austausch ist meist nicht gewünscht. DIETER WIELAND beschreibt die Landschaft in seinem sehr sehenswerten Film „Grün kaputt – Landschaft und Gärten der Deutschen" 1983 mit den Worten (Zitat) „... Begradigung, Bereinigung, Erschließung, Beschleunigung, Kanalisierung, Neuordnung (...) das Land wird hergerichtet, abgerichtet, hingerichtet. Am Ende bleibt nur das Korsett des öden Rasters, der Triumph des rechten Winkels. Serienlandschaft." Die sich daraus ergebenden Probleme einer nicht verzahnten Welt und eines flurstücknummerngebundenen Einteilens in Schutz, Nutz, Schmutz versuchen verschiedene Ideensammlungen zu beheben. Ränder, die durch ihre Grenzfunktion so wichtig für die Vielfalt sind, lassen sich durch wabenförmige Flurstücke optimieren. Das Auflösen derartiger Grenzen zu einem flächigen Nutzungskontinuum ist sicherlich eine historisch belegbare Lösung für das Beheben von vielerlei Herausforderungen. Auf der anderen Seite ist es natürlich nur verständlich, wenn wir heute nicht alle Flurgrenzen per Knopfdruck auflösen können.

Dennoch leitet sich genau aus dieser Idee und der Idealvorstellung des funktionalen Kontinuums der Begriff der multicodierten Landschaft heraus. Und gerade dieser Begriff lässt sich in kommunalen Kontexten sehr gut beherzigen und umsetzen.

## Der multicodierte Stadtraum

Sie haben dieses Buch zu lesen begonnen, weil Sie etwas über die nachhaltig ökologische Grünflächenpflege lernen wollten. Man hat Ihnen unter Umständen gesagt: „Es gibt da ein Insektensterben. Und alle tun da was, tu du da auch was!" Aber seien wir ehrlich. Auch wenn das Insektensterben unvorstellbar drastisch ist. Auch wenn das gar nicht jeder selbst erfassen kann. Auch wenn wir um den Nutzen der Insekten Bescheid wissen. Und gerade, weil uns jeder vorbetet, wie wichtig und nützlich und unabding-

bar Insekten sind, wir werden dennoch nicht alle zu Insektenfreunden. Selbst wenn wir es sind, unser Umfeld werden wir nicht zu 100 % für Insekten begeistern. 10 % etwa werden aufrichtige Sympathien teilen, weitere 15 % erreichen wir, wenn wir sagen: „Mensch. Die Mücke, da freut sich das Rotkehlchen.“ Vogel- und Insektenfreunde reichen aber nicht aus, um die Herausforderungen und die Aufträge zu erfüllen, die wir erfüllen müssen, um eine enkeltaugliche Welt zu erreichen.

Daher erweitern wir unsere Argumentation.

Auf einer extensiv und gut gepflegten Wiese leben Insekten. Sie helfen uns durch ihre ökosystemaren Dienstleistungen. Sie bestäuben unser Obst, vertilgen Schädlinge und zersetzen organischen Müll. Die Blumen der Wiese erfreuen uns und bereichern unser Leben.

Und dann geht es aber erst los. Die sogenannten Ökosystemdienstleistungen sind Dienstleistungen, die die Natur für uns erbringt, ohne uns dafür eine Rechnung zu stellen: saubere Luft, kühle Luft, frische Luft, $O_2$-Bereitstellung, $CO_2$-Fixierung. Freude, Genuss, Wasserreinigung, Wasserrückhalt, Schatten, Bodenschutz, Bestäubung, Müllentsorgung, Schädlingsmanagement, Bioakustik …

Für all das zahlen wir nichts und dennoch nutzen wir es ständig. Und gerade die Blumenwiesen einer Stadt sind die Hauptdienstleistungsorte. Eine taufrische, morgendliche Blumenwiese in einer Luftschneise kühlt die Luft und reinigt sie. Sauerstoff wird angereichert. Wiesen sind Filter und Katalysatoren.

Es geht aber längst nicht nur um Bienchen und Blümchen.

Beachten wir die vielfältigen Gestaltungsmöglichkeiten des urbanen Grünraums, so merken wir, dass wir dem Quadrilemma der Landnutzung wirklich in drei von vier Aspekten gerecht werden können. Wir schützen die Biodiversität, sorgen durch Heu und Beweidung für eine nachhaltige Ernährung, bereichern das Leben der Wohnanlieger durch ein Mosaik an Nutzungsmöglichkeiten.

**Biologische Vielfalt**

Webcode mung12383

Von der Liegewiese, über den urbanen Garten, die Blumenwiese, die Weide, den Spielplatz – jeder dieser Räume ist multicodiert und erfüllt vielfältige Nutzungsmöglichkeiten.

Das ist der Punkt, warum Sie nicht allein sind oder allein sein sollten. Jeder, der diese Multifunktionalität versteht, ist Ihr Partner. Nicht das Grünflächen- oder Umweltamt ist der Treiber für diese Transformation, sondern der bürgerschaftliche Wille, eine nachhaltige und enkeltaugliche Landschaft zu gestalten und zu lieben.

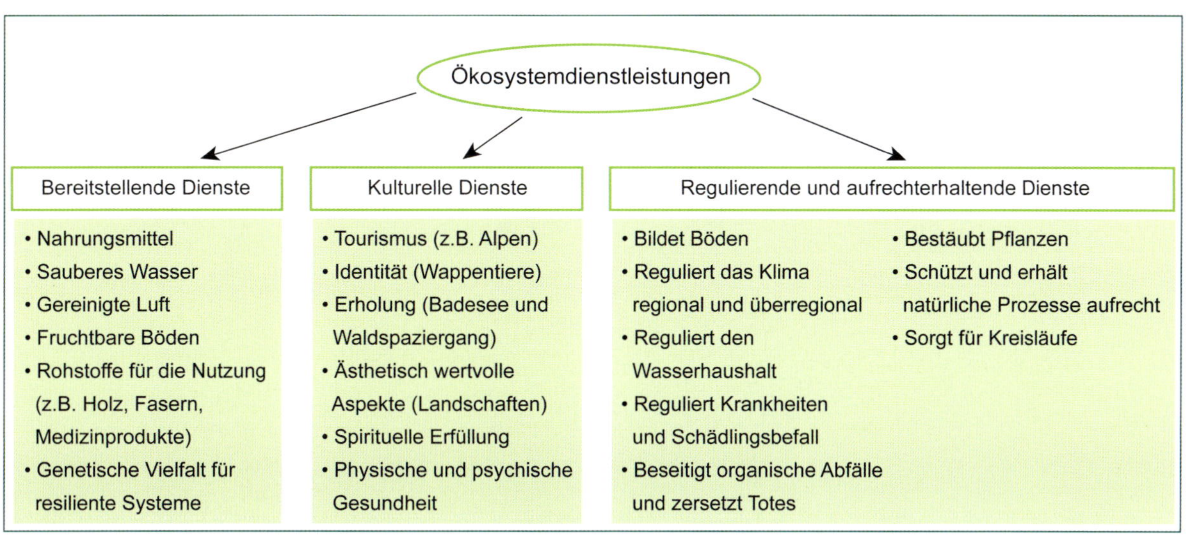


Ökosystemdienstleistungen sind Dienste, die wir täglich nutzen, ohne dass die Natur uns dafür eine Rechnung stellt. Sie sind essenziell für ein gutes Leben auf der Erde (diverse Quellen, z. B. Millennium Ecosystem Assessment (2005), The Economics of Ecosystems & Biodiversity (2010), ergänzt um eigene Angaben).

# NatureScot

JIM JEFFREY

**Der Text wurde von Philipp Unterweger mit Unterstützung von Deepl und Google-Translate übersetzt (zur Originalfassung siehe Seite 233).**

Schottlands strategische Intervention zur grünen Infrastruktur hat bessere Orte geschaffen und die Lebensqualität in einigen der am stärksten benachteiligten Gebiete Schottlands verbessert. Dies geschah durch Investitionen in die städtische grüne Infrastruktur und deren Verbesserung.

Das Gesamtbudget für den Zeitraum 2014 bis 2020 umfasste rund 15 Millionen Pfund aus dem Europäischen Fonds für regionale Entwicklung (EFRE), der 1975 speziell zur Beseitigung drängender sozialer und wirtschaftlicher Ungleichgewichte innerhalb und zwischen Regionen der Europäischen Gemeinschaft eingerichtet wurde. NatureScot, die Naturschutzbehörde der schottischen Regierung, war die federführende Behörde bei der Bereitstellung des Green Infrastructure Fund.

Was ist grüne Infrastruktur? Bei grüner Infrastruktur handelt es sich um strategisch geplante Netzwerke natürlicher und naturnaher Gebiete, die so konzipiert und verwaltet werden, dass sie ein breites Spektrum an Ökosystemleistungen erbringen, die das Wohlergehen und die Lebensqualität der Menschen unterstützen. Es ist ein Instrument zur Erzielung ökologischer, wirtschaftlicher und sozialer Vorteile durch naturbasierte Lösungen.

Sobald eine gute grüne Infrastruktur geschaffen ist, bietet sie sowohl Vorteile für Menschen jeden Alters und jeder Herkunft als auch einen willkommenen Aufschwung für die Natur.

Nehmen wir ein Beispiel: Fernbrae Meadows, südlich von Schottlands größter Stadt Glasgow, wo das Gelände eines ehemaligen privaten Golfplatzes umgestaltet und der Gemeinde zugänglich gemacht wurde. Vor dieser Intervention lag es brach und der Zaun behinderte den Zugang. Darüber hinaus war es ein Magnet für asoziales Verhalten und alles andere als ein Gewinn für die Gemeinde.

Die Wiederherstellung des vernachlässigten ehemaligen Golfplatzes in einen Gemeinschaftspark war eine Herausforderung. Glücklicherweise wurde sie von einfallsreichen Mitarbeitern des South Lanarkshire Council und einer tatkräftigen und ehrgeizigen Gemeinde vor Ort vorangetrieben.

Das Areal überblickt Glasgow und bietet ehrlich gesagt eine fantastische Aussicht. Der Rat hat dies schnell erkannt und eine Reihe von Aussichtspunkten eingerichtet. An einem klaren Tag kann der Besucher die Campsie Fells, Ben Lomond und eine Vielzahl von Wahrzeichen Glasgows sehen. Diese Schwerpunkte sorgen ebenso wie zahlreiche Kunstinstallationen und Bewegungsstationen für Abwechslung im Park. Schnell übertraf die Besucherzahl die Schätzungen der Gemeinde bei Weitem. Aber es war zunächst kein Selbstläufer, die Menschen zu einem Besuch zu bewegen, sondern erforderte Vision und Planung.

Eine anfängliche Herausforderung bestand darin, das Wasser auf dem Gelände zu halten, denn wie Sie sich vorstellen können, ist ein Golfplatz so konzipiert, dass er genau das Gegenteil bewirkt und Wasser so schnell wie möglich ableitet. Um diesen Prozess umzukehren, mussten die natürlichen Mäander lokaler Bäche wiederhergestellt und Teiche und Feuchtgebiete einbezogen werden, um den Wasserfluss zu verlangsamen. Eine in jeder Hinsicht naturbasierte Lösung und ein äußerst gelungener Beweis für eine gute grün-blaue Infrastruktur an diesem Standort.

Obwohl der Rat die Schaffung des Gemeinschaftsparks beaufsichtigte, war es ihm stets wichtig, den Park in die örtliche Gemeinschaft einzubetten, die vom ersten Tag an an der Gestaltung und Planung des Geländes beteiligt war. Eine „Friends of Fernbrae"-Gruppe hilft nun bei der Pflege des Geländes und das Wegenetz durch Fernbrae Meadows spiegelt die Wunschlinien wider, die die Gemeinde in den letzten Jahren entwickelt hat. Die Erhaltung der guten natürlichen Elemente des Parks, wie Hecken und Bäume, war ein entscheidendes Ziel, ebenso wie die Schaffung neuer naturnaher Elemente, wie Wiesen und Feuchtgebiete.

Die Community Meadow war ein durchschlagender Erfolg in Fernbrae. Natürlich gleicht bei Wiesen kein Jahr dem anderen, und in einem schwierigen zweiten Jahr dachten viele in der Gemeinde, die Wiese sei gescheitert. Dies war eine Frage der Wahrnehmung. Das Problem bestand darin, dass die Wiese nicht mehr so „hübsch" war, wie im ersten Jahr, als das farbenfrohe Bild durch die Einbeziehung einjähriger Ackerwildkräuter unterstützt wurde. Doch schließlich erwachte die Wiese zum Leben mit einer Vielzahl von Blumen und summenden Bienen und die Gemeinde begann zu akzeptieren, dass es bei Wiesen keine Garantien gibt.

Dieses Beispiel ist wichtig. Es zeigt, wie wertvoll der Dialog zwischen Ökologen und Gemeindemitarbeitern mit der Bevölkerung und die Zusammenarbeit im Freundeskreis sind. Es war wichtig, die Menschen davon zu überzeugen, dass die Wiesenanlage ein Erfolg war und dass hohes Gras und Wildblumen ein Paradies für Bestäuber und andere Wildtiere sein können.

Überzeugt unterstützte die Gemeinde eine Samensammelübung zur Aufwertung der Wiese. Im August 2021 veranstaltete sie eine „Meadow Maker"-Sitzung, um Saatgut von der bestehenden Wiese zu ernten. Dies war wertvoll, da es nicht nur eine Saatgutquelle für die kommenden Jahre darstellte, sondern es den Anwohnern auch ermöglichte, den Prozess hinter der Bewirtschaftung und Erhaltung eines Wiesenlebensraums zu sehen.

Eine Gruppe namens „Lunchtime Heroes" harkte und entfernte im Oktober das geschnittene Gras von der Wiese und verteilte dann Samen von Kleinem Klappertopf. Als Belohnung gab es Kleinen Klappertopf (*Rhinantus minor*), Butterblumen (*Ranunculus acris*) und dann ein Schauspiel aus Kuckucks-Lichtnelken (*Silene flos-cuculi*), leuchtenden Margeriten (*Leucanthemum vulgare*) und den leuchtenden Purpurtönen von Rot-Klee (*Trifolium pratense*) und Vogel-Wicke (*Vicia cracca*). Diese veränderte Bewirtschaftung des Grases führte dazu, dass die Natur überall eindringen konnte und die Einheimischen bemerkten, dass sich der Kleine Klappertopf auf natürliche Weise über die ursprünglichen Aussaatstellen hinaus ausbreitete.

Überall, wo man Fernbrae betrachtet, gibt es Erfolge. Ein gutes Beispiel hierfür ist, als eine Gruppe, die den Standort überwachte, am Waldrand Buschwindröschen (*Anemone nemorosa*) entdeckte, eine wunderschöne alte Waldindikatorart, die früher ständig abgemäht wurde, und nicht zur Blüte kam.

Während der Covid-Pandemie kam dieser Park erst richtig zur Geltung. In einer Zeit, in der das Reisen eingeschränkt war, war eine gute grüne Infrastruktur vor der Haustür für die körperliche und geistige Gesundheit der Anwohner von entscheidender Bedeutung.

Mittlerweile wird der Park vielfältig genutzt. Kleingärten und ein gemeinschaftlicher Obstgarten sind ein wichtiger Bestandteil von Fernbrae Meadows, das Wegenetz ermöglicht vielfältige Spazierrouten, Hundebesitzer genießen die offenen Grünflächen und diejenigen, die sie einfach zum Spielen oder Entspannen nutzen, genießen die gesundheitlichen Vorteile, die sie bieten. Im Park wurde ein grünes Gesundheitstreffen gegründet, in deren Rahmen wöchentliche Gesundheitsspaziergänge stattfinden. Ein Pluspunkt ist nicht nur die körperliche Aktivität, sondern auch die Tatsache, dass die Bewohner die Fähigkeiten erworben haben, selbst Übungsleiter zu sein und Aktivitäten anzubieten.

Es besteht ein wachsendes Gefühl der Eigenverantwortung und des Respekts für diese lokale Grünfläche. Der Rat stellt fest, dass er nicht so viele Wartungsarbeiten durchführen lassen muss, wie einige vorhergesagt haben, da Anwohner und Hundebesitzer regelmäßig Müll aufsammeln.

Vielleicht sollten wir abschließend die Verbindung zwischen der nahegelegenen Cathkin Primary School und Fernbrae Meadows hervorheben. Die Schullehrer betrachten den neuen Gemeinschaftspark als wertvolle Bildungsressource und regelmäßige Besuche gehören mittlerweile zu ihrer Routine. Für die Kinder wird das Lernen im Freien zu einem Teil ihrer Ausbildung. Fernbrae Meadows ist eine willkommene grüne Oase vor ihrer Haustür.

# Grünflächen im besiedelten Raum: Flächendeckend nachhaltige Vielfalt

Offenland offen zu halten, Grünland produktiv zu machen und Verbuschung zu regulieren, das sind seit jeher die Kernanliegen eines jeden Landwirts, Gärtners und Grünflächenamtes. Die Aufgaben bleiben scheinbar gleich, aber die Schwerpunkte und Ziele haben sich verändert und werden bewusster, fundierter und reflektierter wahrgenommen und beherzigt. Während in der Landwirtschaft immer noch ausschließlich die Ertragsmaximierung des Grünlandes im Fokus steht, so wurde im urbanen Bereich und auf den Ausgleichsflächen das Ziel von bunten Wiesen (bunt, das heißt artenreich und ökologisch produktiv) in den Fokus gerückt. Die Phase der reinen Pflegekostenoptimierung scheint überwunden und die drängenden Probleme unserer Gesellschaft finden vermehrt Niederschlag in den Zielen der Grünflächenpflege. Der Klimawandel spiegelt sich auch auf den Grünflächen wider. Das Artensterben ist zu einer globalen Bedrohung geworden, derer sich die Bevölkerung und die Verantwortlichen bewusst werden und die in Aktionsplänen, wie dem Masterplan Stadtnatur, Eingang findet. Die immer weitere Verdichtung der Ballungsräume, das Wachstum der Städte und die voranschreitende Urbanisierung stellen das Klimafolgenmanagement, die Bereitstellung sauberer Luft und von ökosystemaren Funktionen als zentrale Aufgaben des Grünlandes in den Vordergrund. Erholung, Freizeitgestaltung, psychosoziale Balancefindung, Gesundheitsförderung sind weitere Aspekte, mit denen unsere Grünflächen zukünftig vermehrt umgehen müssen. Ein multifunktionaler Aufgabenhorizont tut sich auf. Schnell wird klar: Der Rasen wird das nicht allein schaffen. Das Modell „Rasen" als Minimalkonsens der Grünflächenpflege ist mit den gewachsenen Aufgaben überfordert und somit als Allheilmittel gescheitert.

Rasenszene im Englischen Garten München.

**Klimaregulation in Städten**

Webcode mung12384

Die Entwicklung der letzten Jahre ist grundsätzlich eine Bewegung in die richtige Richtung. Erstmals wurden Rasen infrage gestellt und alternative Mähkonzepte diskutiert. Die Krefelder Studie zeigte den enormen Verlust unserer heimischen Insektenvielfalt und verstärkte diesen Trend abermals. Leider wird vielerorts immer noch gekniffen, wenn es darum geht, eine extensive Mahd auf möglichst vielen Flächen zum Standard zu machen. Die zweifache Mahd pro Jahr mit Abräumen des Schnittgutes erhöht nachweislich die Anzahl der Insektenarten und der Insektenindividuen. Dem Auftrag, „etwas gegen das Insektensterben zu tun", leistet man also schon dadurch Folge, dass man auf möglichst vielen Flächen nur zweimal mäht und das Schnittgut abräumt. Dass es verschiedene Möglichkeiten gibt, die Vielfalt der Blütenpflanzen zu erhöhen – und dass dies in der Fläche geschehen sollte – und einzelne Blühstreifen, Blühinseln oder „Blühprojektchen" nicht ausreichen, sollte klar sein.

In vielen Beratungsgesprächen habe ich eine erschreckende Beobachtung gemacht: Modellflächen für Ansaaten und Blühprojekte befinden sich oft an hochfrequentierten Stellen des Stadtgebiets. Es fällt auf, dass nach einer anfänglichen Euphorie und der ersten Umsetzung oft keine weiteren Flächen angelegt werden. Entweder sie floppten botanisch oder die angewendete und empfohlene Methode war sehr aufwendig und kostenintensiv und günstigere – unter Umständen weniger effekthascherische Methoden – wurden vom Berater nicht empfohlen. Sobald die Beratung oder die Maßnahme durchgeführt ist, stocken die Bemühungen. Es fehlt die Begleitung der Projekte – und sobald die Schilder vergilbt sind, wird wieder Rasen gemäht. Dies deutet auf unnachhaltigen Aktionismus.

Das zweite Auffällige ist, dass die Bereitschaft zur insektenfreundlichen Mahd abnimmt, je weiter man sich von der Stadtmitte entfernt. Die kommunalen Flächen außerhalb des engeren Stadtgebietes werden dann weiterhin gemulcht. Es würde ja niemand sehen und wäre schlicht zu aufwendig, dort Langgrasschnitt zu praktizieren und das Schnittgut abzuräumen.

Der Schutz unserer heimischen Biodiversität scheint also vielerorts immer noch als einmalige Angelegenheit missverstanden zu werden. Wie bei einem Weltspartag oder in einer Projektwoche wird punktuell zwar etwas getan, aber eine Verstetigung der Projekte scheint noch in weiter Ferne. Selbst Städte, die schon seit zehn Jahren Blühwiesen anlegen, investieren immer noch in ferngesteuerte Raupenmulcher, anstatt in zukunftsfördernde Technologien. Der Schutz unserer biologischen Funktionen muss sich verselbstständigen. Es muss selbstverständlich sein, dass man bei seinem Handeln und bei Investitionen an Schmetterlinge denkt. Wenn Sie heute Abend die Zähne putzen, machen Sie sich bitte bewusst: So selbstverständlich es ist, dass Sie das Wasser beim Zähneputzen abdrehen, so selbstverständlich muss es werden, dass wir die Grünflächen flächendeckend mit Verantwortungsbewusstsein für unsere Mitlebewesen pflegen.

**Schon ein Anfang – Pflege ändern**

Webcode mung12385

**Mäh- und Abräumtechnik**

Webcode mung12386

**Naturfreundlich mähen**

Webcode mung12387

**Blühende Wegränder und Feldsäume**

Webcode mung12388

**Nachhaltige kommunale Grünflächenpflege**

Webcode mung12389

**Checkliste kommunale Biotope**

Webcode mung12420

**Mindeststandards**

Als Faustregeln für die nachhaltige ökologische Grünflächenpflege können folgende Richtgrößen gelten:

- Mindestens 20 % der Freiflächen (zur Gesamtflächengröße zählen auch versiegelte kommunale Flächen wie Plätze, Wege und Straßen) müssen nachhaltig, biodivers gepflegt werden.
- Je nach Zertifizierungsziel müssen 80 % der verwendeten Arten standortheimisch sein, während 20 % der Arten aus Sorten oder nicht heimischen Arten bestehen dürfen. Das ermöglicht es, in Staudenmischpflanzungen, bei Fassadenbegrünungen und bei der Auswahl von Bäumen auf besondere Anforderungen einzugehen.
- Die Benutzung von invasiven und potenziell invasiven Neophyten ist nicht gestattet.
- Eine fachliche Begleitung und Steuerung ist in jedem Fall nötig.
- Pflegeverträge und Selbstverpflichtungen müssen mindestens für die Laufzeit von Zertifizierungen verbindlich fixiert werden.
- Ein Pflegekonzept wie auf Seite 80 ist sehr zu empfehlen.

Das Scheitern des Rasens als Allheilmittel ist auch in den Fachbetrieben des Garten- und Landschaftsbaus angekommen. Die zeitgenössische Transformation zum nachhaltigen und fachkompetenten Dienstleistungs- und Beratungsbetrieb ist für viele Firmen die Herausforderung der nächsten Jahre. Ein besonders gutes Beispiel ist die Firma „Daxauer – Naturnahe Landschaftsgestaltung“. Den Werdegang vom Rasendienstleister zum naturnahen Landschaftsgestalter lesen Sie in folgendem Gastbeitrag.

# Wie 60 Meter Thujahecke einen Betrieb verändern können

OLIVER DAXAUER

## Einleitung

Disruptive (störende) Ideen verändern die Welt. Meistens handelt es sich dabei um global agierende Milliardäre. Doch Disruption ist nicht nur den 1% vorbehalten, die mit finanziellen Mitteln viele Widrigkeiten aus dem Weg schaffen können. Auch im Kleinen kann man disruptiv agieren. Manchmal sogar, indem man sich auf die eigenen Werte besinnt, das Geleistete reflektiert und Überzeugungen kanalisiert. Auch wenn eine solche Vorgehensweise im ersten Moment nicht den disruptiven Charakter gewagter Weltraumvorhaben oder technischer Revolutionen aufweist, so kann sich etwas in den Köpfen der Außenstehenden verändern. Sie werden Zeuge, wie sich Unternehmen sozial und ökologisch neu erfinden. Das bringt wiederum jene in Zugzwang, die sich solchen gesellschaftlichen Tendenzen strikt verwehren. Im Kleinen alles neu zu denken bedeutet, die eigene Vergangenheit zu analysieren und aus dem vorhandenen das Maximum herauszuholen. Wie man sich vor dem Hintergrund des zunehmenden Bewusstseins für Biodiversität und Nachhaltigkeit neu erfindet und seiner eigenen Tradition trotzdem treu bleibt, lässt sich in der folgenden Schilderung nachvollziehen.

## Geschichte

Seit der Gründung beschäftigt sich das Unternehmen mit der Aussaat, der Pflanzung und der Pflege von Grünflächen. Während es sich bei den Pflanzmaßnahmen in erster Linie um Ausgleichsflächen in der freien Landschaft handelte, fand die Pflege, welche einen sehr großen Anteil an Umsatz und Auslastung abdeckte, in den Grünanlagen eines weltweit agierenden Automobilkonzerns statt. Im Mittelpunkt stand hier die Sauberkeit, das gepflegte, akkurate Erscheinungsbild. Die Auswirkungen einer solchen (Vermeidungs-)Pflege für die Biodiversität und den Ressourceneinsatz spielten dabei keinerlei Rolle.

Doch veränderten sich im Lauf der Zeit die marktwirtschaftlichen Rahmenbedingungen. Das Pflanzen von Landschaftsgehölzen ging immer öfter an Firmen mit angelernten Niedriglohn-Arbeitskräften. Zugleich zeichnete sich ab, dass eine Weiterführung des bereits benannten großen Pflegeauftrags immer größeren Personal- und Kapazitätseinsatz erfordern würde. Letztlich ausschlaggebend für die Neuausrichtung der Firma war seinerzeit jedoch ein Privatgarten. 60 m Thuja-Hecke, Rollrasen, Kirschlorbeersträucher und Liguster, der Rest blanker Schotter. Alles in allem sollten sich möglichst keine Insekten in den Garten verirren.

Aus dem Impuls etwas nicht mehr machen zu wollen, entschlossen wir uns, uns auf die Anlage und Pflege von naturnahen, biodiversitätsfördernden Grünanlagen und Gärten zu spezialisieren und somit die Firma neu zu erfinden.

Hierbei rückte die firmenhistorische Kernkompetenz der Anlage von Ausgleichsflächen in den Fokus. Zwar wurden bis dato biodiversitätsfördernde Flächen angelegt, jedoch nicht aus naturschutzfachlichen Gesichtspunkten, sondern aus dem routinemäßigen Leistungsspektrum, welches die Firma seit der Gründung abdeckte. Dies änderte sich jedoch mit meiner Fortbildung bei der Naturgarten-Akademie zum Naturgarten-Profi, welche für die Bildung des Wertekanons, der sich verändernden Firma von zentraler Bedeutung war.

Parallel zu dieser Entwicklung wurde mit einem Unternehmens-Coach externe professionelle Unterstützung zu Rate gezogen. Hierbei wurde ganz zu Beginn die Frage nach den Werten, für die die Firma Daxauer steht, gestellt und in eine konkrete Formulierung überführt.

Im Vordergrund steht der ganzheitliche Bezug zur Natur. Im Mittelpunkt steht der Kunde, welcher die finanzielle Lebensgrundlage der Firma und deren Arbeitsplätze garantiert. Die Akquise der Kundschaften gelingt mithilfe des größtmöglichen Nutzens, welche unsere Leistung, eine naturnahe Gestaltung, bietet. Um eine solche Leistung anbieten zu können, bedarf es jedoch den Mitarbeitern, welche das Rückgrat der Firma bilden. Sie sichern die Qualität der Leistung, präsentieren die Werte nach außen und leben diese auf der Baustelle.

Während diese Werte von oben, also aus der „Führungsetage" vorgegeben wurden, findet die Implementierung in demokratischer Weise statt. Wichtig war hierbei, dass bei den Mitarbeitern ein Verständnis für die zu lebenden Werte und deren Bedeutung entsteht. Begrifflichkeiten wurden in einem Meeting erklärt und hinterfragt. Hierbei fiel auf, dass manche, eigentlich selbstverständlich erscheinende Begriffe im Detail und in der Konsequenz für jeden Einzelnen etwas anderes bedeuten können.

Mithilfe des externen Unternehmens-Coaches wurde der gesamte Betrieb analysiert und auf seine Stärken und Schwächen hin abgeklopft. Zudem stellten wir uns die grundlegende Frage, wer überhaupt unser Kunde sein würde, also auf welche Zielgruppe das „Change-Management" sich ausrichten müsste, um eine nachhaltig stabile Auftragssituation zu kreieren. Dabei kristallisierten sich für uns die übergeordneten Handlungsfelder Organisation, Mitarbeiter und Außenwirkung heraus, für die es galt, sie an die bestehenden Werte und neuen Anforderungen anzupassen.

## Handlungsfeld Organisation und Mitarbeiter

„Wie läuft der Kundenauftrag durch die Firma?". Von der Akquise über die Angebotserstellung, Auftragsbearbeitung, Rechnungsstellung und Abnahme finden sich zahlreiche Schnittstellen zwischen dem Kunden und den verschiedenen Mitarbeitern in der Firma. Es galt den Gang des Kunden durch die firmeninternen Abläufe zu simulieren, um dessen Perspektive auf die Auftragsabwicklung nachvollziehen zu können. Hieraus ließen sich konkrete Verbesserungen der Prozesse ableiten. Vor allem die Klärung, wer für welche Aufgabe verantwortlich ist und wie vermieden wird, dass wichtige Informationen an einer Stelle hängen bleiben, war für diese Reflektion maßgeblich.

Um die organisatorischen Verbesserungsmaßnahmen umzusetzen, bedarf es der Übertragung von Verantwortlichkeiten und Aufgaben an konkrete Personen. Hierbei sind die Akzeptanz sowie die persönlichen Neigungen, Präferenzen und Fertigkeiten der Mitarbeiter von zentraler Bedeutung.

Mithilfe von Einzelgesprächen, die es bis zu diesem Zeitpunkt in der Firma noch nicht gab, wurden die Mitarbeiter individuell befragt. Hierbei konnten wir zahlreiche Diskrepanzen zwischen der Wahrnehmung der Betriebsführung und dem tatsächlichen Befinden der Mitarbeiter feststellen. Entsprechende Wünsche konnten im Zuge der Umstrukturierung berücksichtigt werden. Da sich das Einzelgespräch als sehr wirksames Mittel zur Erhöhung der Mitarbeiterzufriedenheit und zur Vermeidung von Konflikten bewährt hat, wurde es in den Turnus der halbjährlichen Besprechungen mit aufgenommen. Anhand dieser Schilderung lässt sich auch gut ablesen, dass die Handlungsfelder Organisation und Mitarbeiter eine Einheit bilden. Die bloße Implementierung von Gedankenkonstrukten in den laufenden Betrieb ergibt wenig Sinn, da die Umsetzung letzten Endes an den einzelnen betroffenen Menschen hängt. Bei solchen partizipatorischen Prozessen beschreitet man jedoch einen schmalen Grat, der sich zwischen der Mitsprache der Mitarbeiter und mangelnder Teilhabe an wichtigen, für den Betrieb zukunftsweisenden Entscheidungen erhebt. Das richtige Maß an Mitsprache sowie die Definierung der Bereiche, welche eine Mitsprache der Mitarbeiter erlauben, sind es, die ein erfolgreiches Change-Management ausmachen.

In Bezug auf die bestehenden Mitarbeiter sowie den Erhalt einer geeigneten Belegschaft zur Bewältigung der gewünschten Aufträge darf auch die Fort- und Ausbildung nicht vergessen werden. Das durch die Neuausrichtung veränderte Anforderungsprofil an die angestellten Vorarbeiter, Facharbeiter, Helfer und Lehrlinge erfordert auch eine entsprechende Bildungsstrategie. Interne Fortbildungen ermöglichen die Einführung betriebsinterner Standards, die gleichbleibende Qualität in der Leistungserstellung sicherstellen. Zudem erleichtert ein gemeinsamer „Gärtnerjargon" die Zusammenarbeit unter den Kollegen. Es erleichtert die Kommunikation auf der Baustelle ungemein, wenn jeder mit den gleichen Begriffen dasselbe meint. Besonders in der Ausbildung ist es wichtig, die richtigen Impulse bereits so früh wie möglich zu setzen, um die Entwicklung der Lehrlinge in Richtung der firmenspezifischen Werte zu lenken und entsprechende Kompetenzen zu vermitteln.

## Handlungsfeld Außenwirkung

Während früher Werbung keine Rolle spielte, da Aufträge fast ausschließlich über Ausschreibungen generiert wurden, war es durch die Neuausrichtung wichtig, die für uns passenden Vertriebskanäle zu identifizieren und zu aktivieren. So haben wir den Internetauftritt überarbeitet und auf Initiative der jüngeren Mitarbeiter ging die Firma bei Instagram und Facebook online. Die Social-Media-Präsenz und vor allem die spezielle Bewerbung von zu besetzenden Stellen zahlte sich auch bereits für die Mitarbeitergewinnung aus.

Jedoch erfordert die erfolgreiche Kundenansprache im speziellen Fall unseres Betriebes eine etwas differenziertere Herangehensweise. Während oben benannte Social-Media-Plattformen in erster Linie Privatleute ansprechen sollen, erreicht man öffentliche Auftraggeber am besten, indem man den persönlichen Kontakt zu den Verantwortlichen für die Ausschreibung und Umsetzung der landschaftspflegerischen Maßnahmen pflegt.

Die Herausforderung an der Kundenansprache ist die glaubhafte Vermittlung der Firmenwerte. Das bedeutet auch potenzielle Aufträge, die nicht dem eigenen Leistungsspektrum und dem, in unserem Falle naturnahen Leitbild entsprechen, abzulehnen. Wichtig ist, das eigene Profil möglichst scharf nach außen zu transportieren, um die Nachfragesituation in die gewünschte Richtung zu lenken. Besonders im Bereich naturschutzfachlicher Dienstleistungen ist es zudem wichtig, die eigene fachliche Kompetenz und die dahinterliegende Überzeugung so glaubwürdig wie möglich zu leben, da die Kunden dies erwarten. Oftmals haben die Nachfrager selbst einen entsprechenden Hintergrund, Fachkenntnisse und sind überzeugt von der Wichtigkeit der Biodiversität. Deshalb können die Handlungen und Äußerungen der Mitarbeiter, sofern diese konträr zu den zu vermittelnden Werten stehen, sehr schnell das Verhältnis zum Kunden belasten.

## Fachliches – konkrete Veränderungen

Das Change-Management bildet die eine Seite der Münze, die andere stellen die konkreten Veränderungen in der Wirtschaftsweise des Betriebes dar. Hier gilt es, Produkte zu entwickeln, die dem Wertekanon der Firma entsprechen und ausreichend nachgefragt werden.

Parallel zur Fortbildung bei der Naturgarten-Akademie begannen wir zum Beispiel die Idee der kommunalen Beratung über Vorträge auszubauen. In den Kommunen gilt es, die richtigen Ansprechpartner zu finden, die sich auf den Wandel einlassen, Grünflächen hin zu mehr Biodiversität zu entwickeln. Hindernisse gibt es zuhauf: eingeübte Abläufe, vorhandene Maschinentechnik und mangelndes Bewusstsein. Viel wichtiger als die Maschinenausstattung ist jedoch das Bewusstsein.

Dies gilt ebenso für die Mitarbeiter. Gewohnte Arbeitsabläufe müssen überdacht und angepasst werden, im Zweifelsfall sogar vermieden. Ein gutes Beispiel hierfür bietet die Pflege von Blumenwiesen. Wo früher noch gemulcht wurde und das allgemeine Interesse für die vorkommende Flora und Fauna gering bis nicht vorhanden war, lässt sich heute eine klare Veränderung erkennen. Der Balken-

mäher wird standardmäßig zum Mähen verwendet, es gibt Diskussionen um den richtigen Mähzeitpunkt und Fotos seltener und interessanter Arten der Tier- und Pflanzenwelt, die in den Flächen vorkommen, werden untereinander geteilt. Dies hilft den Mitarbeitern auch, die Frage nach dem Sinn der eigenen Arbeit zu beantworten. Der Prozess wird bestmöglich durch die internen Fortbildungen befeuert.

## Fazit

Den Kern des Change-Managements bildet die trennscharfe Definition der eigenen Werte und des Leitbilds, auf welche jede Veränderung im Betrieb ausgerichtet ist. Dies glaubwürdig nach außen zu tragen und zu leben, ist wohl die schwierigste Aufgabe, die es zu bewältigen gilt. Dazu müssen die Mitarbeiter mit ihren individuellen Ansichten und Neigungen mit ins Boot geholt werden, um solch eine Veränderung mitzutragen. Hier kommt die Führungskraft ins Spiel, welche im Zuge des Change-Managements die zentrale Rolle einnimmt. Deren Aufgabe ist es, den Umfang der Veränderungen festzulegen, die Ansatzpunkte zu definieren und die Partizipation der Mitarbeiter zu orchestrieren. Transparenz und Authentizität gegenüber Kollegen und Kunden stehen hierbei sowie auch im sonstigen Handeln im Vordergrund. Es gilt, die Barrieren in den Köpfen der Akteure zu durchbrechen. Ob beim Mitarbeiter, der sich fragt, warum er dies und jenes nun anders machen muss, als er es schon 1.000-mal gemacht hat, oder beim Kunden, der sich täglich mit der engstirnigen Sichtweise auf die falsch verstandene deutsche „Gartenkultur“, wie sie zuhauf in Neubaugebieten zu finden ist, konfrontiert sieht.

Wer sich in einer Nische ansiedelt, die sich mit naturschutzfachlichen Themen befasst, sollte immer im Hinterkopf behalten, dass diese Arbeit einen hohen ethischen Wert suggeriert und somit eine gewisse Kompromisslosigkeit erfordert. Die eigenen Werte zu leben, bedeutet auch, auf potenziellen Umsatz aus Aufträgen zu verzichten, welche nicht dem eigenen Leitbild entsprechen. Dies ist jedoch eine Investition in die Zukunft, wenn sich die Marke der Firma etabliert hat und das Produkt in seiner Einzigartigkeit wahrgenommen wird. Ziel ist die Entkoppelung vom Markt, welche zur Folge hat, dass man sich dem täglichen Preiskampf mit anderen Generalisten entziehen kann.

Die Steigerung der Biodiversität ist eine gemeinschaftliche Aufgabe, eine Aufgabe des „Change-Managements“, die neue Wege und Strukturen dauerhaft als gutes Handeln etabliert. Die Firma Daxauer praktiziert diesen Weg aus Sicht eines Unternehmens. Die Naturparke sind ein gutes Beispiel dafür, wie ganze Regionen auf den Weg zu einem biodiverseren Handeln gebracht werden können.

# Blühende Naturparke in Baden-Württemberg

JULIA MACK

## Das Projekt im Überblick

Die Naturparke Baden-Württembergs engagieren sich seit 2018 gemeinsam im Projekt „Blühende Naturparke" für den Schutz der heimischen Insekten.

Zentrale Ziele des Projekts sind der Ausbau notwendiger Habitate und die Sensibilisierung der Bevölkerung. Von 2018 bis 2025 erfolgte die Förderung über das Sonderprogramm zur Stärkung der biologischen Vielfalt des Landes Baden-Württemberg. Die Federführung übernahm der Naturpark Schwarzwald Mitte/Nord e.V. Bisher (Stand 02/2025) engagierten sich 489 Projektteilnehmende auf 1.580 Flächen und haben somit rund 137 ha aufgewertet und extensiviert. Die Monitoringarbeiten bestätigen dem Projekt eine Stärkung der faunistischen und floristischen Vielfalt auf den Projektflächen.

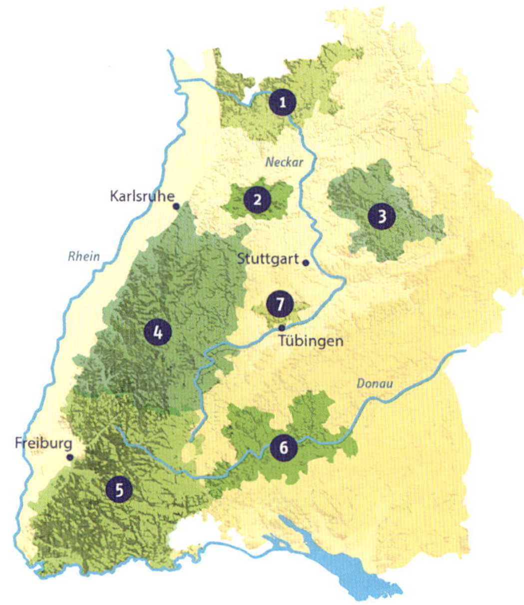


Diese Karte zeigt die am Projekt „Blühende Naturparke" beteiligten Parks: 1 = Naturpark Neckartal-Odenwald, 2 = Naturpark Stromberg-Heuchelberg, 3 = Naturpark Schwäbisch-Fränkischer Wald, 4 = Naturpark Schwarzwald Mitte/Nord, 5 = Naturpark Südschwarzwald, 6 = Naturpark Obere Donau, 7 = Naturpark Schönbuch.

## Das Projekt in den Naturparken

Ziel des Projekts „Blühende Naturparke" ist es, durch die Anlage von Wildblumenwiesen ganzjährig Lebensraum und ein reichhaltiges und vielfältiges Nahrungsangebot für Insekten zu schaffen. Das Projekt richtet sich an alle Flächenbesitzer, wie Städte und Gemeinden, Unternehmen, Vereine, Verbände, Landwirte und Privatleute:

- KOMMUNEN können inner- und außerörtliche Flächen wie Straßenrandstreifen oder Verkehrsinseln einsäen. Pflegemaßnahmen können extensiviert werden.
- UNTERNEHMEN können ihre Firmenareale oder Gewerbegebiete durch eine Wildblumenwiese bereichern und durch firmeninterne wie auch -externe Kommunikation als Multiplikatoren fungieren.
- VEREINE UND VERBÄNDE können Kommunen unterstützen oder auch deren Vereinsgelände ökologisch umgestalten.
- LANDWIRTE können entlang des Ackers Blühstreifen gebietsheimischer Arten anlegen.
- PRIVATLEUTE können auch durch kleine Wildwiesenstücke oder blütenreiche Balkonkästen wertvolle Nektarquellen bieten, um Fluginsekten die Wanderung in der Landschaft zu erleichtern. Richtig angelegte Nisthilfen werden dankend angenommen.

Straßenbegleitgrün mit gebietsheimischer Wiesengesellschaft.

Anlageseminar, umgesetzt von einem beauftragten Biologen.

## Beschreibung des Vorgehens

In allen Naturparken wird das Projekt nach einem gemeinsamen Konzept mit wiederkehrenden Ablaufschritten umgesetzt (eine detailliertere Beschreibung ist im Leitfaden des Projekts einsehbar: https://bluehende-naturparke.de).

### 1. Projektvorstellung

In den ersten Förderjahren wurde zu Beginn eines jeden Jahres das Leitkonzept in der jeweiligen Mitgliederversammlung oder einer eigens organisierten Veranstaltung der Naturparke vorgestellt. Netzwerke entstehen.

### 2. Flächenmeldung

Flächen können innerhalb der Naturpark-Kulissen grundsätzlich immer dem örtlichen Naturpark gemeldet werden. Nach dem Motto „Jeder Quadratmeter zählt“, benötigen Flächen kein Mindestmaß zur Teilnahme am Projekt. Es wird empfohlen eine Anmeldefrist der Flächen einzuführen, beispielsweise Februar für die Frühjahrseinsaat und Juni für die Herbsteinsaat. Es ist wichtig, dass die Besitzverhältnisse und mögliche Nutzungskonflikte bei der Flächenmeldung betrachtet werden, um die Flächen nachhaltig zu einer Wildblumenwiese umwandeln zu können.

### 3. Flächenbesichtigung

Die gemeldeten Flächen müssen von einem geschulten Mitarbeitenden hinsichtlich ihrer Tauglichkeit begutachtet werden. Hierbei werden die Lage der Fläche, die Bodenverhältnisse, der aktuelle Bewuchs, die umliegenden Einflüsse (z. B. Siedlungen oder landwirtschaftliche Fläche) und die Bearbeitungsmöglichkeiten bewertet. Sollte die Fläche bereits artenreich sein, sollte ausschließlich ein ökologisches Pflegemanagement empfohlen werden.

### 4. Anlageseminar

Das Anlageseminar dient zur Vermittlung praktischer Tipps zur Anlage von Blühflächen. Alle neuen Projektteilnehmenden werden je nach Aussaatzeit im Sommer bzw. Winter zu einem Seminar eingeladen. Ein Referent schult während diesem Seminar die Seminarteilnehmenden zur Anlage von Wildblumenwiesen und häufigen Fehlern.

### 5. Saatgutbestellung

Das Saatgut wird zentral bestellt, während die Kosten von den Projektteilnehmenden getragen werden.

### 6. Flächenvorbereitung

Nach dem Anlageseminar können die Projektteilnehmenden mit der Flächenvorbereitung beginnen. Diese ist entsprechend dem Beratungsprotokoll der Besichtigung und dem Anlageseminar durchzuführen.

### 7. Einsaat

Einsaaten sind generell im Frühjahr (März bis April, je nach Witterung) und Spätsommer (August bis Oktober, je nach Witterung) möglich. Aufgrund von vermehrten Trockenperioden im Frühjahr, wurden im Spätsommer meist bessere Ergebnisse erzielt. Zu öffentlichkeitswirksamen Einsaaten wird die Presse

Viele Einsaaten werden öffentlichkeitswirksam umgesetzt und umweltpädagogisch begleitet.

informiert. Zusätzlich kann ein Kindergarten oder eine Schule die Einsaat im Zuge der umweltpädagogischen Arbeit unterstützen. Hierzu kann die Projektkoordination oder der Projektteilnehmende eine nahe gelegene Institution ansprechen.

Die Einsaat wird nach den Hinweisen des Saatgutproduzenten eingesät. Eine generelle Anleitung ist auf der Homepage der „Blühenden Naturparke" zu finden (https://bluehende-naturparke.de).

### 8. Pflegeseminar

Um die Flächen nachhaltig als Wildblumenwiese zu erhalten, sollen alle Flächen ökologisch gepflegt werden. Hierzu werden alle neuen Projektteilnehmenden zwischen Mai und Juli zu einem Pflegeseminar eingeladen. Die Inhalte des Pflegeseminars werden von den Teilnehmenden eigenständig umgesetzt. Flächen, die über die „Blühenden Naturparke" angelegt werden, sollen mindestens fünf Jahre bestehen und ökologisch gepflegt werden. Nur so kann sich das Ökosystem Wildblumenwiese erfolgreich etablieren und für Insekten langfristig Nahrung und Lebensraum bieten.

## Interview zur Umsetzung des Projekts (Stand 2023)

**P. Unterweger:** Das hört sich alles sehr positiv an. Was sind die größten Herausforderungen im Projekt „Blühende Naturparke"?

**J. Mack:** Die Naturparke Baden-Württembergs nehmen 36 % der Landesfläche ein. Auf dieser Fläche verteilen sich die aktuell knapp 1.400 Flächen. Alle diese Flächen regelmäßig zu begehen und Projektteilnehmende zur weiteren Aufwertung zu beraten, ist zeitlich unmöglich. Im Projekt müssen wir also zumindest in Teilen darauf vertrauen, dass die Flächen mehrjährig extensiv gepflegt werden und sich Projektteilnehmende bei Problemen eigenständig bei uns melden. Personell eng ist es auch oft bei den Bauhöfen, die oft für die Pflege verantwortlich sind. Noch dazu fehlen manchmal die nötigen Geräte, um insektenschonend und extensiv pflegen zu können.

**P. Unterweger:** Ihr arbeitet nun schon seit 2018 gemeinsam. Wie schafft ihr es kontinuierlich Flächen zu akquirieren, Kommunen zu begeistern?

**J. Mack:** Das ist tatsächlich nicht immer leicht, vor allem in den kleineren Naturparken des Landes. In jedem Naturpark ist eine Teilzeitstelle für das Projekt verantwortlich. Wir tauschen uns sehr regelmäßig aus und nutzen diese Zeit hauptsächlich, um neue, innovative Ideen zu entwickeln und von den Verbesserungen der Nachbarparke zu lernen. So entstanden viele spannende Seitenzweige, einige so groß, dass neue Stellen besetzt werden konnten, beispielsweise bieten viele Naturparke inzwischen auch Unternehmen eine sehr umfassende Beratung an.

**P. Unterweger:** Egal um welchen Seitenzweig es sich handelt, letzten Endes berät eine theoretisch arbeitende Bürobesatzung meist praktisch tätige Bauhofmitarbeitende. Wie kann man da ernst genommen werden?

**J. Mack:** Wir versuchen bei jeder sich anbietenden Gelegenheit externe Redner aus den unterschiedlichsten Bereichen einzuladen. Manche zeigen die Erfolge ihres jahrelangen Engagements für eine blühende Gemeinde, für eine ökologische Heckenpflege oder mit einer insektenfreundlichen Mähtechnik. Andere bringen theoretisches Wissen über das Leben in der Erde oder die Vielfalt der Wildbienen, Wildstauden oder -gehölze mit. So bilanzieren wir immerhin momentan 433 Projektteilnehmende. Doch natürlich können wir nicht jede/n überzeugen. In manchen Gemeinden wird von den Bürgern Druck ausgeübt, sie möchten die Grünflächen „ordentlicher“ sehen. In den letzten Jahren ist das Bewusstsein jedoch gestiegen und die Beschwerden werden weniger.

**P. Unterweger: Nun zu dem Wichtigsten: Bringt das Projekt „Blühende Naturparke“ etwas?**

**J. Mack:** Das ist tatsächlich die zentralste Frage, der sich jedes Projekt ehrlich stellen sollte. Doch wie lässt es sich überprüfen? In unserem Falle stellen wir uns die konkrete Frage: „Ist auf Projektflächen die Artenvielfalt und Anzahl an Wildbienen erhöht?“ Direkt im Anschluss folgt die nächste Frage: „Wie überprüfen wir das?“ In der Theorie gibt es (mindestens) drei Ansätze:

**Option 1.** Ein/e Wildbienenexpert/in begeht Flächen und bestimmt auf Sicht. Na klar, das klingt überzeugend. Doch bei genaueren Überlegungen scheint es unmöglich. Die Flächen liegen stundenlange Autofahrten auseinander und in jedem Naturpark sollten mindestens einige beispielhafte Flächen untersucht werden. Gleichzeitig sollten die Begehungen mindestens drei Mal pro Saison stattfinden. Dabei muss das Wetter passen und die Tageszeit sollte sich nicht stark unterscheiden. Und dazu kommt die größte Herausforderung: Wildbienenexpert/innen sind selten und stark eingebunden, die Finanzierung ihrer Arbeitszeit übersteigt das Projektbudget bei Weitem.

**Option 2:** Insekten werden zu mehreren Zeitpunkten pro Saison gesammelt und per DNA-Barcoding bestimmt. Dafür werden die Insekten erst getrocknet, zerkleinert, zermörsert, danach werden im Labor die Gene analysiert und die Arten bestimmt. Diese Methode ist gut umsetzbar, finanzierbar und bringt zeitnah Ergebnisse. Doch unser Projekt definiert sich durch eine besonders engagierte Öffentlichkeitsarbeit. Wie können wir diese Methode in die breite Öffentlichkeit bringen? Ein Insektenschutzprojekt, das mehrmals jährlich massenhaft Insekten mörsern lässt? Es schien uns zu widersprüchlich.

Drei umweltpädagogische Fibeln sind über das Projekt entstanden: die Blüh-, Insekten- und Bodenfibel.

Wir wählten **Option 3:** Drei Mal pro Saison werden für je nur 24 Stunden Farbschalen mit einer Fanglösung auf den Flächen angebracht. Die gefangenen Insekten werden präpariert, die Wildbienen bestimmt. Überzeugend ist, dass wir bei den Arbeiten mit dem erfahrenen Julius Kühn-Institut für Bienenschutz kooperieren. Sie nutzen die Bienen anschließend für eigene Forschungsfragen, dafür werden sie katalogisiert und aufbewahrt. Zusätzlich zu den Insektenfängen, werden die Pflanzengemeinschaft und die direkte Umgebung der untersuchten Projektflächen genau untersucht. Die Daten helfen bei der Auswertung dabei, die Bienenfunde mit vorhandenen Nahrungsquellen und Habitatstrukturen in Zusammenhang zu bringen.

Erste Ergebnisse aus dem Jahr 2021 liegen uns vor: Im Naturpark Schönbuch konnten mit knapp 60 Wildbienen pro Fläche (Summe der drei Beprobungen) die meisten Individuen gefangen werden. Die Anzahl der Bienenarten war im Naturpark Schwarzwald Mitte/Nord mit teilweise über 20 Arten pro Fläche am höchsten. Für jede erfasste Fläche werden die Ergebnisse separat dargestellt, um der/dem Projektkoordinator/in und dem/der Projektteilnehmenden ein detailliertes Bild des Flächenzustandes zu bieten. Im Zuge der Monitoringarbeiten 2021 konnten vier Blühflächen jeweils mit einer in nächster Nähe liegenden Kontrollfläche verglichen werden. Bei allen Paaren konnten mehr Bienenindividuen auf den Projektflächen gefunden werden. Durchschnittlich befanden sich 61,5 Individuen in einer Farbschale auf einer Blühfläche und 50 Individuen in einer Farbschale auf einer Kontrollfläche. Durchschnittswerte zeigen mehr Bienenartenreichtum auf Blühflächen (15,75) als auf Vergleichsflächen (15,25) an.

**P. Unterweger: Herzlichen Glückwunsch! Was wird von all dem in 20 Jahren noch übrig sein?**

**J. Mack:** Wie schriebst du so schön? „Ein steter Tropfen trägt Blüten.“ Wir sind ein Teil des großen Ganzen. Wir sensibilisieren neben vielen anderen engagierten Kampagnen für mehr Insektenschutz, für mehr natürliche Wiesen – auch im städtischen Umfeld. Ganz bewusst betreiben wir viel umweltpädagogische Arbeit, unter anderem über unsere drei Fibeln. So teilen wir schon mit den Jüngsten unsere Begeisterung für die Artenvielfalt in natürlichen Wiesen. Ich bin davon überzeugt, dass unsere Arbeit auch in 20 Jahren einen Unterschied macht, denn: „Nur was ich kenne, das liebe ich, nur was ich liebe, das schütze ich.“ KONRAD LORENZ, Zoologe.

# Ein Exkurs nach Luxemburg

**mit MAURICE SCHILLING**

Im Projekt „D'Naturparken zu Lëtzebuerg – (een) Insekteräich" wird ebenfalls wissenschaftlich untersucht, ob die Maßnahmen zur Ansiedlung von Insekten Erfolg versprechend sind.

**Insektenmonitoring im Projekt „D'Naturparken zu Lëtzebuerg – (een) Insekteräich".**
Sensibilisierung und umfassende Maßnahmen zur Förderung von Insekten sind die Kernaufgaben des luxemburgischen Umweltfondsprojektes „D'Naturparken zu Lëtzebuerg – (een) Insekteräich". Träger des Projektes sind die Naturparke Our und Öewersauer sowie der Natur- & Geopark Mëllerdall in Kooperation mit dem Nationalmuseum für Naturgeschichte. Auf landwirtschaftlichen Flächen findet zudem ein Monitoring statt, um den Effekt von Umsetzungen auf die Insektenbiodiversität nachzuweisen. Die Besonderheit dabei ist, dass gefangene Insekten nicht einzeln, sondern mittels eDNA und Metabarcoding bestimmt werden.

Flugfähige Insekten werden mit Malaise-Fallen, bodenlebende mit Barber-Fallen gefangen. Die Fallen werden alle zwei Wochen geleert. Bei beiden Fallentypen werden die Insekten in hochprozentigem, denaturiertem Alkohol konserviert. Während sich die Insekten im Alkohol befinden, geben sie über Ausscheidungen und ihre Körperoberfläche Umwelt-DNA, sogenannte eDNA, ab. Durch Sieben werden die Insekten vom Alkohol getrennt. Die Flüssigkeit wird eingefroren, da die enthaltene eDNA bei Raumtemperatur nur begrenzt haltbar ist. Anders als in den Anfängen der Bestimmung durch eDNA dient der Alkohol nicht nur als Konservator, sondern auch als Trägerflüssigkeit. In einem neuen Verfahren, das im Nationalmuseum für Naturgeschichte entwickelt wurde, wird die DNA aus dem Alkohol herausgefiltert. Die Insekten müssen also nicht mehr püriert werden.

Metabarcoding der eDNA erlaubt die gleichzeitige Bestimmung mehrerer Taxa in einer Probe bis auf Gattungs- oder Artniveau, indem die gefundenen DNA-Sequenzen mit denen in Referenzdatenbanken verglichen werden. Das Lesen der DNA-Sequenzen ist vergleichbar mit dem von Strichcodes auf Lebensmitteln. Durch die Methode können große Mengen an Proben schnell und effizient analysiert werden. Ohne das Metabarcoding müssten die gefangenen Insekten mühsam anhand von morphologischen Merkmalen durch Experten bestimmt werden. Zu Beginn des Projektes war das Metabarcoding noch recht neu. Doch setzt sich die Methode mittlerweile aufgrund ihrer Vorteile – im Wesentlichen Zeitersparnis und geringerer Arbeitsaufwand – durch. Da bereits sehr kleine Mengen an DNA ausreichen, können gleichzeitig ausgestorben geglaubte oder invasive Arten nachgewiesen werden. Im Hinblick auf Letztere erfüllt die Methode also auch die Funktion eines Frühwarnsystems. Das Verfahren ersetzt jedoch nicht die Arbeit von Experten, da verschiedene Tiergruppen noch nicht vollständig in den Referenzdatenbanken vorhanden sind. Deshalb werden die abgesiebten Insekten zur eventuellen Nachbestimmung aufgehoben und für die Sammlung präpariert.

# Grünflächentypen

Für dieses Buch habe ich ein wenig gesammelt und versucht eine Ordnung in die vielen Grünflächentypen einer Stadt zu bringen. Eigentlich lohnt sich der Rückblick auf das zu Beginn des Buches auf Seite 16 gezeigte Bild des klassischen Dorfs. Die vier Gliederungen: „Dorf", „zahmes Feld", „raues Feld" und „Waldweide" lassen sich auch auf moderne Städte anwenden. So finden sich einige der Grünflächentypen im direkten Wohnumfeld, z. B. Staudenmischpflanzungen, zentral gelegene Parks und Plätze entsprechen dem zahmen Feld, Landschaftsparks und Grünflächen der Wohngebiete und der Peripherie bilden das raue Feld ab. Stadtwald und Waldfriedhof entsprächen dann der Waldweide.

## Der Kunstrasen

Ein pauschales Verdammen von Kunstrasen greift zu kurz. Es gibt auch für diese Abart der Grünfläche Bereiche, in denen eine Nutzung entschuldbar erscheint. Innerstädtische Schulsportanlagen mit hoher Nutzungsfrequenz lassen sich als Tartanplatz oder Kunstrasenplatz im Dauerbetrieb intensiver nutzen. Allerdings ist auf die Problematik der Vermüllung und den Eintrag von Mikro- und Makroplastik in unsere Umwelt zu achten. Dieses Problem kann man gar nicht ernst genug nehmen. Gut gemacht und mit einer soliden Begründung kann diese Sondernutzungsform eine Alternative sein. Auch wenn die Farbe meist grün ist: Es handelt sich bei diesen Flächen nicht um Grünflächen, denn Grünflächen zeichnen sich durch ihre Photosyntheseaktivität und die ökosystemaren Funktionen aus.

## Der Intensivrasen (Schurrasen, Scherrasen)

Auch ein Intensivrasen kann nachhaltig sein. Das entscheidet sich von Fall zu Fall je nach Nutzung des Rasens.

Flächen wie diese sind ein gutes Beispiel dafür, wo Kunstrasen nicht verwendet werden sollte.

Rasenflächen, wie hier im Englischen Garten in München, die bei Beobachtung eine hohe Nutzung zeigen, sollten dieser Nutzung dienen. Je nach Nutzungsdruck wird dann entweder regelmäßig gemäht oder sogar durch gezielte Maßnahmen des Rasenbaus (Bewässerung, Belüftung, Düngung) nachgeholfen.

Sportplatzrasen, Spielplatzrasen, Liegewiesen, Architekturrasen erfordern einen regelmäßigen und kurzen Schnitt und sind nicht durch Wiesen oder Staudenpflanzungen zu ersetzen. Die Energie, gegen alle Rasen zu kämpfen, sollte man lieber sparen und an anderer Stelle einbringen, wenngleich das Infragestellen von Rasen immer erlaubt und nötig ist, um den Langeweilerasen (siehe dort) zu reduzieren.

Nicht wegzudenken ist aber die Frage nach dem ökologischen Fußabdruck: Der Einsatz von synthetischen Düngemitteln, von Pestiziden und Herbiziden schließt sich auf Grund der Nachhaltigkeit, der Ökologie und der Gesundheitsschädlichkeit für Menschen und andere Organismengruppen eigentlich von allein aus. Die Bewässerung ist in Zeiten des Klimawandels und der zunehmenden Wasserknappheit auch nicht mehr überall vertretbar.

Nachhaltigkeit bedeutet hier: Weil wir ihn heute für eine volle Funktionalität eines Lebens im urbanen Raum brauchen, ist er heute und morgen ein Rasen, übermorgen prüfen wir erneut. Der Faktor „Soziales" aus dem Dreiklang der Nachhaltigkeit überwiegt hier.

## Der Englische Rasen

Der Englische Rasen ist ein Kulturgut. Er unterscheidet sich vom nachhaltigen Intensivrasen durch seine Historie. Die langjährige und konstante Pflege führt zu einigen begrifflichen Überschneidungen. So können traditionelle „Englische Rasen" gleichbedeutend mit dem auf Seite 56 erwähnten „Old-growth grassland" sein. Andere wurden durch aktive Düngung, Bewässerung und Maschinenbearbeitung zu artenarmen Grasteppichen. Eingebettet in einen vielfältigen, künstlerisch und handwerklich gestalteten „englischen" Garten zeugt er dennoch von Gartenkultur und schafft eine eindrucksvolle Gartendynamik. Hierzulande kann es fast nirgendwo einen guten Englischen Rasen geben, da zum einen die Niederschlagsmengen dazu nicht ausreichen und zum anderen fast keine Gartenkultur mehr vorhanden ist. Ein penibel getrimmter Rasen im Wohngebiet ohne gesamtgartenkünstlerischen Anspruch ist eben keine Gartenkunst, sondern eine naturferne und einfallslose Grasmonokultur ohne Berücksichtigung der Nachhaltigkeit.

Ein Musterbeispiel für einen Englischen Rasen.

## Der Rasen mit Begründung

Auch wenn es überhöht klingen mag, so glaube ich, dass wir Menschen auch im Gartenbau vernunftbegabte Lebewesen sein können. Ich denke daher, dass ein Rasen mit Begründung durchaus erlaubt ist. Diskurs und Austausch sind wichtige Treiber unserer Gesellschaft. Daher sind Rasenflächen, die einer pluralistischen Abwägung der Argumente standhalten, durchaus als nachhaltig anzusehen und haben ihre Berechtigung.

Gute Argumente können sein: Verkehrssicherheit, Barrierefreiheit, persönliche/private Argumente, die dem Selbstschutz dienen, psychosozialer Druck.

Dieser kann durchaus als „historischer Schurrasen“ oder sogar als „Old-growth grassland“ eine bemerkenswerte Funktion erfüllen.

Dieser Garten zeichnet sich durch eine spannende Vermischung von Rasenpflegezyklen aus. Der Rasen wird seit Jahrzehnten nahezu wöchentlich mit Fangkorb gemäht, zum Glück ohne je übermäßig gedüngt oder vertikutiert worden zu sein. Zudem werden Margeriteninseln stehen gelassen, die dann aber auch zu Rasen umgewandelt werden. Die Hanglagen werden zwei- bis dreimal pro Jahr, nicht aber vor Mitte Juni gemäht. Auf Löwenzahn und Behaartes Schaumkraut wird aktiv Jagd gemacht. Ein spannendes Ökosystem stellt sich dadurch ein.

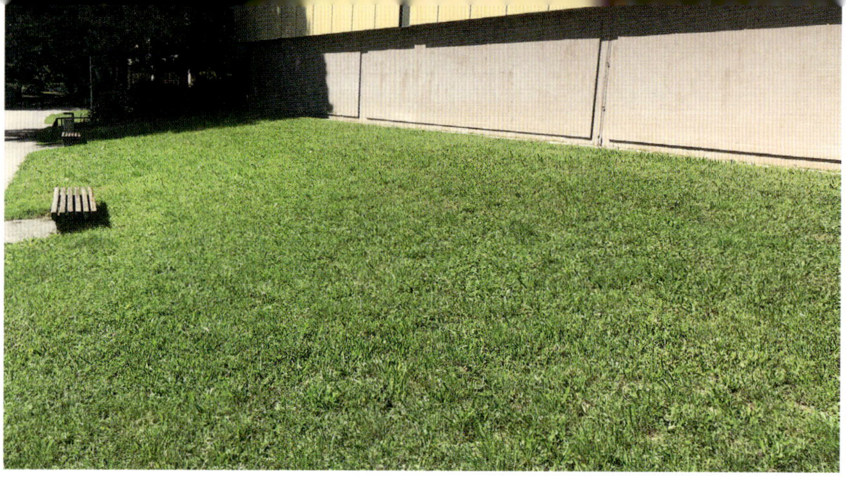

Ein klassischer Langeweilerasen. Hier hätte man längst handeln und Sträucher, Bäume und Stauden pflanzen oder einfach eine Blumenwiese entwickeln können.

## Der Langeweilerasen

Er aber, der Langeweilerasen, er gehört verboten. Er ist eine Unkultur unserer Gesellschaft. Ein kraftstrotzendes Symbol der Langeweile. Weil wir es können. Weil wir es anscheinend schon immer so tun.

Es gibt so gut wie keinen rationalen Grund, eine Tätigkeit aus purem Trott so penetrant aufrechtzuerhalten, wie das leidige Rasenmähen. Niemand will es, alle tun es. Einerseits unterstreicht der rasante Zuwachs von Rasenmährobotern diese These. Niemand will mähen, nun lässt man es einen Roboter tun. Andererseits muss hinter dem freiwillig aufgezwungenen Zeitraub noch eine psychologische Komponente stecken. Diese findet sich in der Zoologie, im Verhalten des Menschen, als einer Art der Gattung Homo, einer Affenart. Es geht ums Revier. Rasenmäher sind bis zum Tag der Erfindung des Rasenmähroboters nie nennenswert leise geworden. Wenn man in einem durchschnittlichen deutschen Wohngebiet lebt, kann man es fast täglich beobachten: Ein Rasenmäher heult auf. Wenig später der zweite. Ein Verhalten, dass Menschen, die noch nie in einer der letzten Naturlandschaften der Erde waren, nicht einschätzen können. Es erinnert an die morgendlichen Rufe der Brüllaffen oder anderer Revierrufe im Tierreich, hierzulande allenfalls an das gemeinschaftliche Anschlagen von Hunden in einer Wohngebietsnachbarschaft.

Die Reviermarkierung durch den Rasenmäher läuft erfolgreich. Rasenkantensteine begrenzen die Fahrbahn und Hauptsache mehrere Mäher heulen zeitgleich im Wohngebiet. Man fühlt sich nicht allein und doch in seinem eigenen Revier. Selten sieht man Männer mit Rasenmäher gemeinsam einen Garten pflegen. Reviergehabe ist eben sehr intim und sich rühmen tut man auf anderer Ebene: Grillwurst, Bier und Edelgrill arbeiten völlig geräuschlos und stehen stets auf frisch gemähtem Revierrasen.

Rasenmähroboter arbeiten subtil und leise und dienen nur zum Vorzeigen durch ihren pekunären Wert – den Revieranspruch markieren nun zunehmend Formelementkunststoffmauern, Gabionenwände und Doppelstabgitterzäune mit durchwobenem Kunststoff. Die Entwicklung geht also vom Reviermarkieren durch Lärm im wilden Wald zur befestigten Ritterburg oder zur Reviermarkierung durch die „Smokerfunktion“ der rituellen Feuerstelle (Grill).

Im urbanen Kontext: Jeder Rasen, der nicht erklärt werden kann, wird als sogenannte B-Fläche behandelt und biodivers beziehungsweise nachhaltig aufgewertet und entwickelt (mehr dazu ab Seite 78).

## Der Blumenkräuterrasen

Der Blumenkräuterrasen ist ein Mischbegriff. Er wird von mehreren Anwendergruppen unterschiedlich genutzt. In der naturschutzfachlichen Argumentation fällt dieser Begriff. Bei Saatguthändlern wurde er zum Produkt und bei den naturnahen Gestaltern ist der Blumenkräuterrasen ein Planungselement, welches den klassischen Rasen mit einigen heimischen Kräutern aufwertet. Oft existiert er bereits, man kann ihn aber auch nach Bauvorhaben neu anlegen.

## Das „Old-growth grassland“ oder der „historische Schurrasen“

Ein Grünflächentyp, welcher oft übersehen wird und bei der näheren Betrachtung zu den wirklichen Schmuckstücken gehört, ist das historische „Old-growth grassland“ oder der etwas jüngere „historische Schurrasen“. In den letzten Jahren gewann diese Sonderform in Fachkreisen Aufmerksamkeit. Leider fallen immer noch viele historische Grünflächen Baumaßnahmen und unreflektierten Ansaaten zum Opfer.

# Biodiversität historischer Anlagen

**Fragen an INGO KOWARIK von Philipp Unterweger.**

Urbane Räume werden in der Literatur vielfach als Ersatznatur beschrieben. Regelmäßig hörten wir, dass es Insekten im Stadtgebiet mittlerweile leichter haben als auf dem Land. Dennoch haben sich in den letzten 100 Jahren auch Städte massiv entwickelt. Was macht die Stadt so attraktiv, dass es dort heute Rückzugsorte für Pflanzen und Tiere gibt, die es auf dem Land schwer haben?

IK: Dass Städte tatsächlich attraktiv für viele Tiere und Pflanzen sein können, hat mehrere Ursachen. Auf dem Land herrschen heute großflächige Flächennutzungen vor. Dagegen bieten Städte meist ein kleinteiliges Mosaik an Lebensräumen. Davon können Arten mit ganz unterschiedlichen ökologischen Ansprüchen profitieren. So können Waldarten im schattig-feuchten Hinterhof leben, gleich daneben mediterrane Arten vor der südexponierten Hauswand am Gehwegrand. Viele Wildbienenarten finden auf urbanen Brachflächen ein reiches Angebot an Blüten und vor allem auch unterschiedliche Nistmöglichkeiten. Zudem enthalten urbane Grünflächensysteme oft Reste naturnaher Lebensräume, die hier nicht so intensiv genutzt werden wie auf dem Land. Daher können hier auch weniger mobile Arten überdauern, die oft gefährdet sind. Einige seltene und gefährdete Arten, deren Offenlandlebensräume auf dem Land vernichtet wurden, haben auch auf menschgemachten städtischen Standorten Überlebenschancen. So auf Brachflächen oder in Trockenrasen, die auf den Abdeckungen von Wasserwerksanlagen entstanden sind. Hohe Biodiversität auf urbanen Standorten ist jedoch kein Selbstläufer. Voraussetzung für das Vorkommen seltener Arten ist oft, dass die Standorte nährstoffarm und sonnig sind, also nicht ganz mit Wald zuwachsen, dass sie nicht zu stark gepflegt oder genutzt werden und vor allem über lange Zeit Bestand haben. Denn dann haben auch Arten eine Chance einzuwandern, die sich sehr langsam ausbreiten. Allerdings gerät auch die urbane Biodiversität unter Druck, da Städte immer stärker verdichtet werden und immer mehr Menschen hier leben. Wie wir Biodiversitätsförderung mit der Entwicklung resilienter urbaner Freiräume zusammenbringen, ist daher eine wichtige Zukunftsaufgabe.

Die Vielfalt der urbanen Grünflächentypen und deren Nutzung ist das zentrale Thema dieses Buchs. Seit das „Insektensterben" in aller Munde ist, sehen wir überall angesäte Blühmischungen und extensivierte Wiesen. Ein gewisser Samentütchenaktionismus greift um sich. Gibt es etwas, was wir vor lauter Saatgut möglicherweise übersehen?

IK: Erst einmal finde ich es klasse, wie stark das Thema Biodiversität in der Gesellschaft angekommen ist. Etwas Gutes für „die Bienen" erreichen zu wollen, verdient Anerkennung. Allerdings sehe ich durchaus Chancen, vorsichtig gesagt, bei einigen Ansätzen nachzusteuern. Wir sollten negative Effekte vermeiden und versuchen, tatsächlich das Beste für die Biodiversität zu erreichen. Die meisten Samentütchen aus Supermärkten etc. bringen keine nachhaltigen Effekte für den Naturschutz, da sie oft einjährige Arten und Pflanzen ungewisser Herkunft enthalten. Viel effektiver ist es, die auf vielen Flächen im Kern vorhandene Biodiversität zu erhalten und sie für Wildbienen und andere Insekten besser nutzbar zu machen. Beispielsweise: Löwenzahn, Gänseblümchen und andere Wildkräuter im Rasen zur Blüte kommen lassen, abgestorbene Pflanzenteile für die Überwinterung von Insekten stehen lassen, Totholz in Parks und Gärten zum Biotopholz werden lassen. Selbstbegrünte Brachflächen durch Ansaat in eine „Blumenwiese" für Insekten umzuwandeln, ist meist kontraproduktiv, da hierdurch viele Strukturen verlorengingen, die Insekten zum Nisten und Überwintern brauchen und die meist auf angesäten Flächen fehlen. Besser ist es, solche Brachflächen von Müll zu befreien und in städtische Grünsysteme zu integrieren – wo immer möglich. Bevor angesät wird, sollten wir dreimal nachdenken, nämlich: genau darauf schauen, welche Qualitäten für Insekten bereits auf einer Fläche vorhanden sind, wie sie aus dem Bestand entwickelt werden können und nur ansäen, wenn dies tatsächlich nötig ist. Ansaaten sind dann sinnvoll, wenn eine Fläche so verarmt ist, dass für Insekten attraktive Pflanzenarten nicht einmal in Form von Samen im Boden enthalten sind. Wenn beispielsweise ein mit Kleinsträuchern bepflanzter Mittelstreifen für Wildbienen attraktiver werden soll, so ist eine Ansaat nach Einbringen eines nährstoffarmen Bodensubstrats sinnvoll. Die Samen dafür sollten möglichst aus der Region stammen und auf den Standort abgestimmt sein. Auch stark betretene Rasen können so artenarm sein, dass weniger Mähen nicht zur blütenreichen Wiese führt, sondern nur zu einem hochgewachsenem Trittrasen.

Städte haben Gärten und Parks, die wie eine Zeitkapsel wirken können. Alte Schlossparks und andere historische Freiräume und Gärten wirken oftmals wie Zeitkapseln. Was genau ist dort passiert?

IK: Viele historische Parkanlagen sind aus einer gestalterischen Überformung naturnaher Landschaftsbestandteile hervorgegangen. So ist der Schlossgarten Charlottenburg in Berlin aus der Auenlandschaft der Spree herausgearbeitet worden, zuerst als Barockgarten, dann als Landschaftspark. Das so entstandene Gartenkunstwerk wirkt wie eine Arche Noah für Waldarten aus den ursprünglichen Auwäldern und für Grünlandarten aus den Spreewiesen. Viele seltene Arten konnten sich hier mitten in der Stadt erhalten. Das liegt daran, dass die Flächen über lange Zeit sehr differenziert gepflegt und nicht allzu stark genutzt wurden. Da Wälder und Grünland auf dem Land meist sehr intensiv bewirtschaftet werden, kann es zu paradoxen Situationen kommen. So sind die meist hochgradig gefährdeten „Urwaldarten" unter den holzbewohnenden Käfern heute im Berlin-Potsdamer Gebiet häufiger in historischen Parks als in den bewirtschafteten Wäldern.

Das „Old-growth grassland" und der „historische Schurrasen" (auch: historischer Scher- oder Zierrasen) sind zwei urbane Grünflächentypen mit großem Charme. Was macht diesen Charme und ihre Artenvielfalt aus?

Scherrasen im Kronensaum von Bäumen im Schlossgarten Charlottenburg in Berlin, mit dem Frühjahrsaspekt des Nickenden Milchsterns (*Ornithogalum nutans*), einer beliebten Zierpflanze aus der Barockzeit, die heute verwildert als Zeiger alter Gartenkultur in historischen Parks vorkommt.

IK: Ich würde einfach von alten Rasen und Wiesen sprechen, die in Parks, auf Friedhöfen, in Villengärten oder im Umfeld historischer Gebäude vorkommen können. Gemeinsames Merkmal ist ein Alter von vielen Jahrzehnten bis zu einigen Jahrhunderten und ihr hoher Artenreichtum. Der kann durchaus mehrere Quellen haben. Alte Rasen und Wiesen können ursprünglich aus der Kulturlandschaft stammen und damit mehrere hundert Jahre alt sein. Früher hat man häufig Böschungen mit Grassoden begrünt, damit rasch ein Erosionsschutz erreicht wurde. Wenn diese Soden aus naturnahem Grünland gestochen wurden, kamen damit auch seltene und wenig mobile Arten in die Anlagen. Oft ist Grünland in historischen Parkanlagen auch angesät worden, wobei das Saatgut von benachbarten Wiesen stammen konnte. Bei „Heublumensaaten" wurden die Samen, die in der Scheune aus dem Heu ausgefallen waren, aufgesammelt und zur Ansaat verwendet. Seit Ende des 18. Jahrhunderts wurde auch Saatgut aus überregionalen Quellen gehandelt. Dadurch sind auch neue Arten in die Flächen eingeführt worden, die wir heute als Grassamenankömmlinge bezeichnen. Dazu gehört beispielsweise der aus Süddeutschland stammende Gold-Hafer, der nun auch in historischen Gärten Norddeutschlands vorkommt. Oft wurde Grünland in historischen Parkanlagen auch mit Zwiebelpflanzen verschönert. Von denen haben sich einige Arten in den Anlagen gehalten und manchmal dort auch weiter ausgebreitet, was zu besonderen Blühaspekten führt. Beispiele hierfür sind der Nickende Milchstern und die Wald-Tulpe. Die absichtliche oder unbewusste Einbringung von Arten aus anderen Gebieten ist ein besonderes kulturhistorisches Phänomen historischer Freiräume. Wir bezeichnen solche Arten daher als Zeiger alter Gartenkultur.

Dass altes, artenreiches Grünland ein besonderes Flair hat und anders aussieht als konventionelle Flächen, können alle wahrnehmen, auch botanische Laien. Denn solche Flächen sind meist sehr viel reicher an Blüten und auch an Strukturen als das übliche Grünland. Umweltpsychologische Studien, die wir in mehreren europäischen Städten durchgeführt haben, zeigen, dass die Menschen solche Unterschiede im Artenreichtum durchaus erkennen und ihnen die artenreichsten Flächen am besten gefallen.

Was müssen wir tun, um diese Grünflächentypen zu erhalten? Welche Pflege hat zu ihrer Entfaltung geführt?

IK: Auch wenn der große Artenreichtum von Rasen und Wiesen in historischen Grünanlagen unterschiedliche Quellen haben kann, so besteht doch eine Gemeinsamkeit: Die Flächen sind über viele Jahrzehnte – und manchmal sogar länger – ähnlich bewirtschaftet worden. Diese Kontinuität ist ein wesentlicher Schlüssel zur Erklärung der Artenvielfalt. Damit wurde zweierlei erreicht. Zum einen konnten sich wenig mobile Arten, zu denen die meisten gefährdeten Wiesenpflanzen gehören, im Bestand halten. Zum anderen konnten weitere Arten aus der Umgebung einwandern und so die Bestände anreichern. Eine starke Veränderung der Art und Intensität der Pflege würde Allerweltarten bevorzugen und viele Spezialisten verschwinden lassen. Insofern ist es zunächst sinnvoll, die historische Nutzung der Flächen zu verstehen und dann zu überlegen, ob wir sie fortsetzen können oder inwieweit sie durch moderne Geräte mit einer ähnlichen Wirkung für die biologische Vielfalt ersetzt werden kann.

Neben der Kontinuität der Pflege kommt es natürlich auch auf deren Art und Intensität an. Was mich in vielen historischen Anlagen immer wieder begeistert: wie genau die Pflege auf die vorhandenen Standortbedingungen abgestellt worden war. Grünland auf armen Sandböden wurde eben nicht oder sehr wenig gedüngt, sodass hier Sandtrockenrasen entstehen konnten. Solche Flächen wurden früher in vielen Parks oft nur einmal im Jahr gemäht oder auch extensiv beweidet. Wiesen auf produktiveren Standorten, etwa in einer Gewässeraue, wurden früher oft zur Heugewinnung genutzt und zwei- bis dreimal gemäht, oft auch gedüngt. Böschungen mit Rasen oder Wiesen wurden wiederum anders genutzt. Wenn wir die große Vielfalt im Grünland historischer Parkanlagen erhalten wollen, so besteht die wesentliche Herausforderung darin, Rasen und Wiesen so differenziert zu pflegen, wie das früher gemacht worden ist. Wenn wir die Pflege vereinheitlichen, was aus Unkenntnis oder Kostengründen gelegentlich geschieht, geht die Biodiversität historischen Grünlandes verloren – und damit auch ein Kulturgut. So hatte man in einer bedeutenden Wiener Anlage damit begonnen, über Jahrhunderte mit Wiesen bestandene Böschungen mit Mährobotern zu pflegen. Zum Glück wurde das schnell wieder eingestellt, da erkannt wurde, dass damit der historische Bestand zerstört werden würde.

Alter Sandtrockenrasen im Schlosspark Sanssouci, Potsdam, mit Heide-Nelke (*Dianthus deltoides*), die in Brandenburg gefährdet ist.

Die Besitzer alter Villengärten vom möglichen Wert ihrer Rasenflächen zu überzeugen ist sehr schwer, zudem haben Garten- und Landschaftspflegebetriebe oft auch nicht die nötige Expertise, um auf solche Werte hinzuweisen. Wird es ein Glücksspiel, diese Flächen zu erhalten oder kann man solche Areale auch anlegen? Wo müsste die Bildung, die Ausbildung und die praktische Forschung reagieren?

**IK:** Ich bin ganz hoffnungsvoll, dass die Verantwortlichen in alten Villengärten und anderen historischen Anlagen grundsätzlich sehr offen für die Bewahrung ihrer vegetabilen Schätze sind. Zumeist ist deren Wert als Kulturgut und für die Biodiversität aber überhaupt nicht bekannt. Information darüber ist daher ein wesentlicher Schlüssel für die Erhaltung alter Rasen und Wiesen. Es sollte auch ein wichtiges Thema in der Ausbildung aller „grünen Berufe" sein, vom Garten- und Landschaftsbau bis zur universitären Ebene.

Zur Frage nach der Anlage alter Rasen und Wiesen muss ich zunächst sagen, dass diese grundsätzlich nicht ersetzbar sind. Solche Flächen haben einen besonderen historischen Fingerabdruck. Dieser integriert, was über Jahrzehnte bis Jahrhunderte zur Entstehung der Flächen und ihres Artenbestands geführt hat: durch Einwanderung aus der Umgebung, Bewirtschaftung, gärtnerische Überformung und

Pflege. Insofern sollte die Priorität bei der Erhaltung alten Grünlandes in historischen Freiräumen liegen. Einige Bestände, die durch eine Intensivierung der Pflege schon an Qualität verloren haben, sind auch wiederzugewinnen, wenn viele Arten noch vegetativ in der Grasnarbe oder als Samen im Boden vorhanden sind. In solchen Fällen ist eine Umstellung der Pflege und auch eine Aktivierung der Samenbank des Bodens sinnvoller als eine Neuanlage. Das ist aber auch in historischen Anlagen nicht immer möglich. Die Wiesen im Eingangsbereich des Englischen Gartens in München stammen zwar aus dem 19. Jahrhundert und waren in den 1970er-Jahren noch sehr artenreich; durch intensive Nutzung und Pflege sind sie inzwischen jedoch so verarmt, dass eine Pflegeextensivierung nichts bringt. Deswegen erprobt die Schlösser- und Gartenverwaltung hier die Neuanlage der Flächen mit regionalem Saatgut. Insofern können neue Ansaaten auch in historischen Freiräumen sinnvoll sein.

Im Denkmalschutz erlebe ich vorwiegend zwei Strömungen. Die eine sagt: „Früher gab es ja keinen Rasenmäher, also waren da vermutlich eh überall Heuwiesen in den Parks. Lasst das Gras wachsen." Die zweite sagt: „Auf den historischen Fotos sehen wir überall Rasen, also muss dort ein intensiver Rasen erhalten bleiben." Wie würden Sie fachlich beraten?

**IK:** Das ist fachlich etwas vereinfachend. Kundige Gartendenkmalpfleger können aus Archivalien meist gut rekonstruieren, wie Rasen und Wiesen verteilt waren. Auch vor der Erfindung des Rasenmähers im 19. Jahrhundert wurden in historischen Gärten an besonderen Stellen, meistens schlossnah, Rasen unterhalten und mit Sicheln kurzgehalten oder beweidet. Das war sicher ziemlich aufwendig. Insofern können auch alte Rasen eine lange Geschichte haben. Auch wenn sie inzwischen mit motorisierten Rasenmähern geschnitten werden, können sie sehr artenreich sein, insbesondere wenn auf Düngung und natürlich auf Herbizide verzichtet wird. In den Potsdamer Anlagen gibt es beispielsweise alte Rasen auf mageren Standorten, die etwa so artenreich wie alte Wiesen sind.

Tatsache ist aber auch, dass viele alte Wiesen in historischen Parkanlagen aus dem 18. oder frühen 19. Jahrhundert in Rasen umgewandelt worden sind, auch nachdem eine landwirtschliche Nutzung

Alter, sehr artenreicher Scherrasen im Schlossgarten Charlottenburg (Berlin), mit Blühaspekt von Sand-Fingerkraut (*Potentilla incana*), einer in Berlin stark gefährdeten Art.

dieser Flächen im Verlauf des 19. Jahrhunderts oft uninteressant geworden ist. Die Fotos, von denen Sie sprechen, zeigen also nicht zwingend den Originalbestand, sodass andere Quellen wesentlicher sein können. Wir können davon ausgehen, dass die Grünlandflächen in historischen Landschaftsparks überwiegend Wiesen waren. Bei jüngeren Parkanlagen, die auch im landschaftlichen Stil angelegt worden sind, wie viele Volksparks aus der zweiten Hälfte des 19. Jahrhunderts, muss dies jedoch nicht der Fall sein. Auch wenn Rasen historisch belegt sind, kann man sie so pflegen und entwickeln, dass sie artenreich sind, jedenfalls an Stellen, an denen keine intensive Nutzung erfolgen soll. Und natürlich sollten wir uns auch die Freiheit nehmen, dort, wo keine Rasenflächen notwendig sind, Teile davon in Wiesen zu verwandeln.

Spätestens bei der Lektüre von Pückler merken wir, dass man zwar stets ans Heu dachte, zudem aber Ziergeflügel und Schafe für die flächige Kurzgraspflege zuständig waren und die Pleasuregrounds händisch gesichelt wurden. Vielfalt scheint also doch recht aufwendig zu sein. Wer Vielfalt will, muss also auch die Pflege diversifizieren. Sehen Sie eine konkrete Chance, derart spannende, aber auch vielschichtige Pflegekonzepte in der Praxis zu reetablieren – oder war es einfach ein mittlerweile verflogener Zufall, dass Vielfalt entstand?

IK: Nein, die historisch bedingte Vielfalt des Grünlandes war kein Zufall, sondern spiegelt genau die Nutzung und Pflege der Flächen wider, die im Rahmen des künstlerischen Konzepts oft bereits beabsichtigt war, wie bei den „ornamented farms“, oder die sich im Laufe der Zeit ergeben hat. Insofern hat historisches Grünland nicht nur Bedeutung für den Naturschutz, sondern auch für den Denkmalschutz. Dass artenreiches und sehr unterschiedlich ausgebildetes Grünland in vielen historischen Anlagen noch Bestand hat, ist ja zuallererst auch ein Verdienst der Denkmalpfleger und Verwaltungen, die für die Anlagen verantwortlich sind. Hier bestehen also Vorbilder, von denen man lernen kann und die man für Anlagen nutzen kann, in denen historisches Wissen über differenzierte Grünlandpflege verlorengegangen ist. Da sich historische Grünlandpflege und -nutzung heute meist nicht eins zu eins wieder etablieren lassen, gibt es eine große Herausforderung, mit heutigen Mitteln eine Wirkung zu erzielen, die den historischen Vorbildern nahekommt. Gelungene Beispiele einer Beweidung von Feuchtgrünland auf der Berliner Pfaueninsel durch Wasserochsen, das früher anders genutzt worden war, zeigt, dass wir manchmal auch etwas mutiger sein können.

Wie schaffen wir einen Dialog zwischen Naturschutz, Grünflächenämtern und dem Denkmalschutz?

IK: Dieser Dialog ist unverzichtbar und sehr aussichtsreich – aber kein Selbstläufer. Auch wenn es manchmal fachlich Konflikte zwischen Naturschutz und Denkmalpflege gibt, bin ich fest davon überzeugt, dass Gemeinsamkeiten beider Disziplinen in vielen Zielsetzungen stark überwiegen. Wir müssen aber im Kopf behalten, dass es erhebliche Kommunikationsbarrieren gibt, da Denkmalpfleger und Naturschützer unterschiedliche Fachsprachen sprechen. Daher kommt es häufig zu Missverständnissen und Konflikten, selbst wenn beide Seiten dasselbe wollen. Beispielsweise sollten beide Disziplinen alte Parkwiesen erhalten wollen, wenn auch aus verschiedenen Motiven: als Lebensräume für viele seltene und gefährdete Arten aus Sicht des Naturschutzes – oder aufgrund ihrer symbolischen Bedeutung für das Erleben arkadischer Landschaftsbilder in alten Landschaftsparks, nachzulesen in HIRSCHFELDS „Theorie der Gartenkunst“.

Miteinander sprechen und einander zuhören ist daher der erste Schritt. Der zweite ist, die Belange der anderen Seite nicht nur zu verstehen, sondern auch ernst zu nehmen und Zuständigkeiten, die bei uns ja gesetzlich geregelt sind, anzuerkennen. Das gilt für beide Seiten. Der dritte Schritt schließlich ist es, gemeinsam Lösungen zu finden. Dabei ist es hilfreich, sich darüber klar zu werden, dass es in beiden Disziplinen fast immer fachliche Spielräume gibt, also bestimmte Positionen nicht zwingend unverrückbar sein müssen. So geht es im Naturschutz ja nicht nur um Arten- und Biotopschutz, sondern auch um die kulturelle Dimension des Naturschutzes. Sie ist im deutschen Naturschutzrecht mit den Schutzgütern Schönheit und Eigenart von Natur und Landschaft verankert und bildet damit eine Brücke zum Denkmalschutz. Spätestens mit der Denkmaltheorie von ALOIS RIEGL vom Anfang des letzten Jahrhunderts wissen wir, dass auch verschiedene Denkmalwerte für den Denkmalschutz relevant sind. Diese können durchaus miteinander konkurrieren, wie das auch bei den Schutzgütern des Naturschutzes der Fall ist. RIEGLS „Alterswert“ bildet hierbei eine wichtige Brücke zum Naturschutz. Dabei geht es um die geschichtliche Erfahrbarkeit von Denkmälern, wie sie beispielsweise durch grüne Patina auf Bauwerken oder durch alte, auch langsam abgängige Bäume zum Ausdruck kommt.

Da viele Denkmäler aus verschiedenen historischen Schichten bestehen, ist es nicht immer eindeutig, welcher Zustand aus Sicht der Denkmalpflege angestrebt werden sollte. Insofern bestehen in beiden Disziplinen oftmals Spielräume, die in einem vertrauensvollen Dialog miteinander erschlossen werden können. Wie das im Detail gehen kann, etwa bei der Erhaltung alter Gehölzstrukturen oder alten Grünlandes, haben wir im DBU-Projekt Naturschutz und Denkmalpflege zusammen mit Denkmalpflegern an konkreten Beispielen erarbeitet. Die Ergebnisse sind im Netz unter www.naturschutz-und-denkmalpflege.de abrufbar. Darunter ist der wichtige Punkt, wie in historischen Freiräumen die Verkehrssicherungspflicht gewährleistet werden kann, ohne unnötig alte Bäume zu entfernen.

Historische Anlagen sachgemäß zu pflegen und verlorengegangene artenreiche Rasen und Wiesen erneut zu etablieren, das alles erfordert nicht nur Kenntnisse, sondern auch finanzielle und personelle Ressourcen. Das betrifft die Grünflächenämter ebenso wie spezielle Parkverwaltungen für Gartenkunstwerke. Insofern ist es eine gemeinsame Aufgabe, gegenüber der Gesellschaft und den Entscheidungsträgern immer wieder deutlich werden zu lassen, welch große Bedeutung historische Freiräume mit ihrem alten Vegetationsbestand haben: als Kulturgüter, als Schatzkammern der Biodiversität und auch als Bestandteil der urbanen grünen Infrastruktur, die Lebensqualität in Städten und auch die Anpassung an den Klimawandel befördert. Insofern ist es eine gute Investition in unsere Zukunft, solche Anlagen nicht möglichst billig mit outgesourcten Aufträgen und Rasenrobotern zu pflegen, sondern hierbei auf kultur- und naturschutzfachlichen Sachverstand zu bauen und die zuständigen Verwaltungen auch in die Lage zu versetzen, die Flächen differenziert zu pflegen. Alle Untersuchungen zeigen, dass nicht nur Fachleute, sondern die meisten Menschen in der Stadt artenreiche Flächen gut finden – und es ihnen auch gut bekommt. Biodiversität macht glücklich.

**Literaturhinweise:**

FISCHER, L. K., J. HONOLD, R. CVEJIĆ, T. DELSHAMMAR, S. HILBER, R. LAFORTEZZA, M. NASTRAN, A. B. NIELSEN, M. PINTAR, A. VAN DER JAGT & I. KOWARIK (2018): Beyond green: broad support for biodiversity in multicultural European cities. Global Environmental Change 49, S. 35–45.

HIRSCHFELD, C. C. L. (1779): Theorie der Gartenkunst. Bey MG Weidmanns Erben und Reich.

KOWARIK, I. (1998): Historische Gärten und Parkanlagen als Gegenstand eines Denkmal-orientierten Naturschutzes. In: KOWARIK, I., E. SCHMIDT & B. SIGEL (Hrsg., 1998): Naturschutz und Denkmalpflege. Wege zu einem Dialog im Garten. vdf Hochschulverlag Zürich, S. 111–139.

KOWARIK, I., E. SCHMIDT & B. SIGEL (Hrsg., 1998): Naturschutz und Denkmalpflege. Wege zu einem Dialog im Garten. vdf Hochschulverlag Zürich, 376 S.

KOWARIK, I., M. VON DER LIPPE, A. VON LÜHRTE, B. SEITZ, U. KIELHORN, N. A. KLÖHN & G. MÖLLER (2011): Internet-Handbuch „Naturschutz und Denkmalpflege in historischen Parkanlagen" (AZ 26220). Ergebnisse eines Forschungsvorhabens, gefördert von der DBU und der Senatsverwaltung für Stadtentwicklung Berlin. Online im Internet: www.naturschutz-und-denkmalpflege.de.

PESCHEL, T. (2000): Vegetationskundliche Untersuchungen der Wiesen und Rasengesellschaften historischer Gärten in Potsdam. Ibidem-Verlag, Stuttgart.

RIEGL, A. (1903): Der moderne Denkmalkultus. Sein Wesen und seine Entstehung. W. Braumüller, Wien und Leipzig.

## Der Blumenrasen/die Frühblüherwiese

Der Blumenrasen ist eine Mischung aus Rasen und Blumenwiese. Dieser Pflegetypus ist auch in der Grafik auf Seite 133 (D) abgebildet. Er eignet sich an zwei Orten perfekt. Erstens dort, wo eine späte Nutzung (Sommerfest, Ferienspaß, Freizeitgestaltung in den Ferien …) vorgesehen ist. Und zweitens dort, wo die Frühblüher die Fläche bereits früh bunt machen. Der Aspekt der Frühblüher wird durch etwa 20 heimische Wiesenblumenarten des Frühsommers bereichert. In der zweiten Jahreshälfte sorgt die regelmäßige Schur für menschliche Nutzbarkeit.

Die Amsel unten rechts im Bild hält nichts von der Umwandlung in Richtung Wiese. Sie ist ein typischer Rasenvogel und steigt nun auf den Weg um.

**Ansaaten von „Blumenwiesen"**

Webcode mung12390

## Die Blumenwiese (allgemein)

Der Begriff Blumenwiese ist ein Sammelbegriff. In diesem Buch drücken wir uns vor der wissenschaftlichen oder naturschutzfachlichen Unterteilung. Verschiedene Systeme versuchen Ordnung in die Natur zu bringen. Die Begriffe dieser Flächen klingen abenteuerlich. Mischungen aus Pflanzennamen, Standortansprüchen und Tiernamen versuchen, eine Ordnung herzustellen, wo eigentlich keine Ordnung, sondern ein Kontinuum ist. Die Fachliteratur und die naturschutzgesetzlichen Bestimmungen geben Auskunft. Wann immer Ihnen ein solcher Begriff vorgesetzt wird, es lohnt sich, zunächst nach der Definition und der zugehörigen Quelle zu fragen. Denn um wirklichen Fortschritt zu erzielen, sollten beide Gesprächsparteien über das Gleiche sprechen. Selbst Fachleute streiten sich über die Klassifizierungen, die Kategorien, die Methoden, die Systeme. Gerade auf den Ämtern und in Beratungsstellen, bei denen häufig das Personal wechselt (befristete Beschäftigung), kann es da schnell zu Verwirrungen und stupidem Nachplappern kommen, wenn Menschen unterschiedlicher Ausbildungsorte und fachlicher Herkünfte versuchen, über das Gleiche zu reden.

Oft spielt die standardisierte Benennung von Wiesen in Eingriffs-Ausgleichs-Regelungen, in Pflegeplänen, bei Aufwertungen und im Rahmen von Ökopunkten eine große Rolle. Das ist fachlich sehr

Monotonie und Symphonie. Landwirtschaftsfläche und bäuerliche Wiese.

wichtig und sorgt so für Vergleichbarkeit auf dem Papier.

In diesem Buch soll es aber nicht um Rechtspflichten gehen, denn die ökologische und nachhaltige Pflege aller urbanen Grünflächen ist hier das zentrale Thema. Das bewusste Mähen vieler Flächen ist mir in diesem Buch wichtiger als das Abwägen, ob die 300 m$^2$ nun eine Kohldistelglatthaferwiese oder eine Salbeiglatthaferwiese sind. Denn während wir noch zanken, ob wir eine nährstoffreiche, mäßig artenreiche Nasswiese in eine nährstoffarme artenreiche Feuchtwiese verwandeln können, hat der hochmotorisierte Landwirt bereits mehrere Hektar Wiese mit Hochzuchtgräsern nachgesät und mit Kunstdünger noch weiter von allen Biodiversitäts- und Nachhaltigkeitszielen entfernt.

## Die Blumenwiese (städtisch)

Städtische Blumenwiesen unterscheiden sich von Blumenwiesen auf dem Land vor allem in ihrer Historie. Zum einen wurden sie meist längere Zeit nicht mehr von Erwerbslandwirten genutzt und sind somit – falls sie gut gepflegt wurden – konservierte Refugien. Auf der anderen Seite können sie durch die Stadtentwicklung stark beeinflusst sein. Kriegsfolgen, Überplanungen, Erdbewegungen und Nutzungsänderungen spielen in der Geschichte einer urbanen Wiese eine große Rolle.

Die Stadt kann in jedem Fall in gewissem Maße als „Ersatznatur" funktionieren und für biodiverses Grundrauschen sorgen.

## Der Saum

Der Saum ist eine Pflanzengesellschaft, die selten gestört wird. Sie besteht zum Teil oder vollständig aus Wiesenblumen und wird durch solche Arten erweitert, die gegen Mahd und Schnitt empfindlich sind. Säume sind Randerscheinungen. Sie entstehen da, wo die Wiese aufhört und etwas Neues beginnt: ein Wald, eine Hecke, ein Bach, ein Weg. Da, wo die Nutzung ersichtlich endet, beschwerlich ist oder die Nutzung potenziell gefährlich wird, da stehen Säume.

## Die Hochstaudenflur

Hochstaudenfluren sind im urbanen Kontext meist nur dem Zufall geschuldet. Nur wenige Orte bleiben in derart dicht besiedelten Räumen über längere

In weiten Teilen Europas können wir noch Säume erleben. Die hohe Technisierung hat sie hierzulande längst verdorben. Der Export unserer Maschinen wird das auch international schaffen.

Zeiträume ungestört und der spontanen Vegetation überlassen. Dennoch können gerade im Umfeld von Bahnanlagen und Industriebrachen wertvolle Hochstaudenfluren entstehen. Oft werden diese Strukturen auch als Säume bezeichnet. Diese werden zwar häufig unter dem Namen „Schmetterlings- und Wildbienensaum“ angelegt, allerdings entspricht deren Arteninventar oft nicht dem natürlicher guter Hochstaudenfluren oder regiotypischer Säume und erweckt in uns durch die Übergewichtung von Königskerzen, Eselsdistel und Karden unrealistische mediterranoide Bilder und ein regionaluntypisches Framing.

Ein stark frequentierter Weg in Cambridge. Insektenbeobachtung auf Augenhöhe und Respekt vor dem Lebendigen.

## Die Staudenmischpflanzung/der Hummeltummelplatz

Die Staudenmischpflanzung ist der Beitrag des Staudengärtners für ein buntes Stadtbild. Klassische Staudenmischpflanzungen haben sich in den letzten zweihundert Jahren entwickelt. Sie verfolgten stets unterschiedliche Konzepte und waren zunächst ein Mittel der Selbstdarstellung. Die Liste der großen Staudenverwender ist lang und führt bis in unsere Tage. Ein neuer Schwerpunkt der Aufmerksamkeit, welcher Nachhaltigkeitsüberlegungen und den Tatsachen des Biodiversitätsverlustes geschuldet ist, sind die sogenannten naturnahen Staudenmischpflanzungen. Diese zeichnen sich durch drei Spielräume aus:

(I) Die Verwendung einer hohen Anzahl heimischer Arten. Wobei Sorten ebenfalls vermieden werden, insofern die Leistungsfähigkeit einer Sorte auf Kosten eines insektenfreundlichen Merkmals erreicht

Die Firma Halfar System in Bielefeld gestaltete in mehreren Mitmachaktionen für Mitarbeitende weitgehend das gesamte Firmenareal und ein Logistikzentrum biodivers. Neben dem Eingangsbereich sorgen eine beeindruckende Staudenmischpflanzung sowie Stein- und Totholzstrukturen für allerlei Gesprächsstoff. Selbst Geschäftspartner aus Fernost waren von der Idee beeindruckt. Wir hoffen auf Kopier- und Mitnahmeeffekte.

wurde (vor allem Verlust von Nektar- und Pollenqualität). Der prozentuale Anteil der heimischen Stauden variiert je nach Philosophie.

(II) Die Verwendung nachhaltiger Substrate für den Einbau. Regionale oder Recycling-Substrate stehen dabei im Mittelpunkt. Torf und Pflanzenschutzmittel sind tabu.

(III) Die Beethygiene und Pflegbarkeit der Flächen basiert ebenfalls auf natürlichen Anpassungen. Es lassen sich zwei Strategien erkennen. Die Verwendung von gewaschenem Kies oder Sand als Mulchschicht (wobei der gewaschene Kies für bodenlebende Lebewesen nachteilig ist) oder die Verwendung von „bodendeckenden" Untersaaten. Diese haben aber den Nachteil, dass es einer höheren Expertise bedarf, wenn die Flächen von unerwünschtem Unkrautbewuchs befreit werden.

Die angesprochene Mulchung mit Kies und Sand kann in Kreisverkehren eine gute Lösung sein, da hier die Zahl der Jätegänge aus Gründen der Sicherheit für die Gärtnerinnen und Gärtner sinnvollerweise reduziert wird (im Bild oben rechts wurde jedoch eine andere Mischung verwendet, hierbei handelt es sich um ein Beispiel aus Südfrankreich).

# Naturnahe Staudenmischpflanzungen: Der Wille ist entscheidend, denn es lohnt sich – ökologisch und wirtschaftlich

**Das Interview wurde geführt von Philipp Unterweger.**

JENS WEHNER, Stadtgärtnermeister in Bad Saulgau, hat zusammen mit dem Umweltbeauftragten Thomas Lehenherr vor rund 30 Jahren ein Biodiversitätskonzept gestartet, das die naturnahe Anlage und Pflege von Grünflächen, Straßenbegleitgrün, halböffentlichen Anlagen und Außenflächen in den Ortsteilen beinhaltet. Es hat – gerade mit Unterstützung der damaligen Bürgermeisterin Doris Schröter – Früchte getragen, Preise gewonnen und viele Kommunen zum Nachahmen angeregt, was auch das Ziel war. Dennoch gilt es für die Verantwortlichen, nicht stehen zu bleiben. Betriebliche Herausforderungen wie Personalmangel, terminliche Zwänge oder andere städtische Gegebenheiten lassen sich nicht immer mit den gewünschten Maßnahmen vereinbaren. Die Erhaltung der Biodiversität bleibt jedoch immer das große Ziel – die Erfolge sind sichtbar.

**PU:** Wo früher Wechselflor oder einförmige Bodendecker das Mittel der Wahl zur Füllung des Abstands- und kommunalen Begleitgrüns waren, sehen wir in Saulgau vielfach eine bunte Blütenpracht: Wie kam es dazu?

**JW:** Mit der Aussicht, dass Saulgau Badstadt wird, war ich bestrebt, eine ästhetische und ökologische Vielfalt zu schaffen. In meinen Pflanzkonzepten wähle ich circa 70 % heimische Staudenarten und deren Abkömmlinge und 30 % nicht heimische Arten, letztere, um Blühpausen zu kompensieren und um durchgängig ansprechende Flächen zu erhalten.

**PU:** Was ist anders im Vergleich zu Wechselflor und immergrünen Bodendeckern?

**JW:** Die Abschaffung von Wechselflor bedeutet weniger Kosten, geringeren Pflanz- und Pflegeaufwand. Standortgerechte Staudenpflanzungen bieten ebenfalls einen saisonal wechselnden Ausdruck. Sie wirken natürlicher als Wechselflor und können durchaus prächtig sein. Zudem sind sie ökologisch wertvoller, auch als immergrüne Bodendecker – Vielfalt statt Monotonie.

**So geht Stadtgrün**

Webcode mung12391

**PU:** Vor rund 30 Jahren begann man hier in Bad Saulgau mit der Umstellung der Pflanzstrategie. War es davor wirklich schlimmer? Und wieso wagten Sie diesen Schritt?

**JW:** Es war oberspießig, nicht lebendig und sehr kostenintensiv.

**PU:** Staudenmischpflanzungen sind Pflanzenkompositionen. Wie komponieren Sie – oder wer ist der Komponist?

**JW:** Der Komponist bin ich. Ich als Gärtnermeister habe mich seit Jahren mit Stauden beschäftigt, viele Seminare besucht, viel gelesen und angeschaut. Nach dem erstmaligen Besuch der Staudengärtnerei Gaißmayer in Illertissen und vieler Veranstaltungen wuchsen Wissen und Leidenschaft. Wenn nur zwei Leute in einem Betrieb das Wissen um Stauden haben, bringt das schon viel weiter.

**PU:** Staudenmischpflanzungen wie der „Silbersommer" und andere Namen sind mittlerweile weit verbreitet. Man kann sie kopieren und muss sie nicht zwingend kapieren. Arbeiten Sie mit Rezepten oder wagen Sie auch neue Kompositionen?

**JW:** Generell nutze ich keine fertigen Kompositionen, sondern verlasse mich auf mein Wissen, meine Intuition und inzwischen meine Erfahrungen. Fertige Rezepte sind sicher für Einsteiger eine gute Wahl. Man muss aber aufpassen, weil sich am jeweiligen Standort manche Arten anders darstellen und Dynamik entwickeln (Aussamen, Ausbreitung).

**PU:** Unsere heimischen Insekten und die Biodiversität sind in Gefahr. Wir Biologen beobachten das seit Jahrzehnten. Eben komme ich aus England und habe einige wirklich gute Staudengärten besucht. Da tummeln sich teilweise die Hummeln und ein paar Schwebfliegen naschen am Riesen-Schuppenkopf. Aber die große Vielfalt – immerhin haben wir 30.000 heimische Insektenarten – fehlt auch in der besten Staudenmischpflanzung. Sind Staudenmischpflanzungen eine Droge für den Menschen? Wir betäuben uns mit bunter Pracht und reden uns im Rausch ein, etwas Gutes getan zu haben?

**JW:** Bei entsprechendem Wissen und richtiger Planung kann man ein reichhaltiges Angebot für Insekten schaffen. Mit einer Staudenpflanzung kann ich nicht das gesamte Spektrum abbilden. Deshalb haben wir im Stadtgebiet – Stadt und Ortsteile – eine große Zahl Blumenwiesen angelegt.

**PU:** Naturnahe Staudenmischpflanzungen sind, wie ich in diesem Buch schreibe, eine der zentralen Baustellen für mehr biologische Vielfalt. Naturnah bedeutet aber, dass ein Schwerpunkt auf heimische Arten gesetzt wird und man auf Sorten verzichten sollte. Wie beherzigen Sie das? Immerhin sterben bei uns nicht die nordamerikanischen Graswanzen aus, sondern die heimischen. Die meisten Staudenrezepte setzen aber auf nordamerikanische Gräser.

**JW:** Ich verwende keine exotischen Gräser. Bei Staudensorten muss man differenzieren: Wenn es sich lediglich um kompakte Auslesen handelt, die das Pflanzbild über einen längeren Zeitraum ansprechend erscheinen lassen, ist nichts dagegen einzuwenden. An kompakten Sorten von Ysop oder Knautien sitzen die gleichen Insekten wie an der Art.

**PU:** Die Diskrepanz innerhalb der Kommunen ist groß: Kurorte und Bäder sind oft wahre Besessene beim Anlegen von prächtigen Staudenmischpflanzungen. Andere Kommunen schlucken schon beim Wort „pflanzen". Wie sprechen wir diese Extreme an? Kurorte: Natur ist nicht immer bunt. Bruttonormalkommune: Stauden sind auch eine Möglichkeit.

**JW:** Egal, von welchem Status ich komme – die Grundeinstellung ist entscheidend. Will ich etwas für die Biodiversität tun oder unzufrieden weitermachen wie bisher? Wir haben damals auch bei null angefangen. Es braucht ein Initial und dann auch Überzeugungskraft.

**PU:** Personalmangel und schlechte Qualifizierung erschweren das Pflegen von Staudenmischpflanzungen. Wie bilden, entwickeln und motivieren Sie ein Team?

**JW:** In unserem Pflegetrupp ist eine sehr qualifizierte Mitarbeiterin, die über die nötigen Pflanzenkenntnisse und das Wissen über Zusammenhänge verfügt und die die anderen Mitarbeiter anleitet. Auch ich bin immer wieder mit draußen und zeige, welche Pflanzen bzw. auch Sämlinge etc. entfernt werden und welche bleiben müssen. Auch vermittele ich, worauf man im Bestand achten muss und welche Stauden zum Beispiel nach einem Rückschnitt nochmals blühen.

**PU:** Auch das Geld spielt eine Rolle: Wie vertreten Sie die Kosten vor dem Kämmerer?

**JW:** Aufgrund unseres ökologischen Wirtschaftens haben wir sehr viel Geld eingespart. Durch den Wegfall des Wechselflors, die Umwandlung von intensiv gepflegten Rasenflächen in Wiesen (statt 20-mal mähen nur noch zweimal mähen im Jahr), den Verzicht auf Torf, Pestizide und mineralischen Dünger konnten wir ebenfalls erhebliche Kosten einsparen, sodass sich unser Konzept ökologisch UND ökonomisch lohnt. Ökologie und Ökonomie müssen sich nicht ausschließen.

**PU: Hundekot, Drogenspritzen und mangelnder Respekt vergällen manchen Kommunen die Freude an der feingliedrigen Arbeit im Beet. Was sind Ihre Rezepte zur Mitnahme der Bevölkerung und wie würden Sie Ihre Erfahrungen aus dem ländlichen Raum in eine bundesdurchschnittliche Problemstadt übersetzen?**

**JW:** Probleme mit Müll und Hundekot sind vor allem auf Parkrasen und -anlagen vorhanden, weniger in Wiesen und Staudenpflanzungen. Wir informieren unsere Bürger regelmäßig im Stadtjournal unter der Rubrik „Umwelt und Natur“ sowie online über unsere Maßnahmen und ihren Hintergrund. Außerdem gibt es viele Infoschilder in den Anlagen. Durch die Zahl an Umweltpreisen konnten wir eine große Akzeptanz und ein Wir-Gefühl in der Bevölkerung erreichen. Aber man kann überall etwas tun, es braucht Zeit. Bei uns hat es auch etliche Jahre gedauert, bis wir auf den heutigen Stand kamen. Wichtig ist es dranzubleiben.

**PU: Kommen wir zurück zur Biodiversität. 30.000 heimische Insektenarten, Natur-Natur-sein-lassen, heimische Arten brechen ein, Vögel finden keine Nahrung, Hitzesommer, Klimawandel, Neophyten: Wie behält man das alles im Auge, wie schult man die Mitarbeiter und welche Mittel gibt es, nicht zu resignieren?**

**JW:** Erfolge sind sichtbar. Ich bin ja ständig am Kontrollieren und Optimieren. Die zu findende Insektenvielfalt, die sich nach Umwandlung der Flächen zum Teil nach sehr kurzer Zeit eingestellt hat, ist ein Erfolgserlebnis und motiviert zu weiteren Aktivitäten und Ideen. Natürlich ist nicht immer alles optimal – wir haben viel ausgeschiedenes Personal zu ersetzen, das ist schwer. Aber im Rahmen unserer Möglichkeiten versuchen wir das Beste.

Aufgrund der Erfahrungen der letzten Jahre mit extremen Hitze- und Trockenheitsperioden sind wir dazu übergegangen, hitze- und trockenheitsverträgliche Stauden in entsprechend mageren Substraten zu verwenden, gerade im Verkehrsbereich an exponierten Standorten.

## Die Hitzefläche

Sie ist eine hypothetisch konstruierte Annahme, die aber in manchen Kommunen Realität werden könnte. Aufgrund der großen sommerlichen Hitze und Trockenheit kann es passieren, dass an manchen Stellen keine mehrjährigen Wiesenblumen überleben können. Diesen Grad der botanischen Verwüstung werden dann nur Einjährige überleben, die die Hitzephasen als Samen überdauern. Einigen Mehrjährigen wird das Überdauern auch gelingen, dennoch werden wir uns damit befassen müssen, dass es vermehrt Säume, Ränder und Hitzeinseln geben wird, die jährlich von unterschiedlichen einjährigen Blütenpflanzen erobert werden. Dieses Phänomen kann man heute im Mittelmeerraum beobachten. Dort erfüllt eine wundervolle Frühlingsblüte die heißesten Regionen. Im August sieht man dann an diesen Orten nur noch ausgedorrte Erde.

Es mag momentan nur eine These sein, aber in manchen sandigen Regionen Deutschlands und auf Autobahnbanketten lassen sich erste Anzeichen einer Entwicklung zu derartigen Vegetationsgesellschaften beobachten.

Ohne dieses Thema hier weiter ausbauen zu wollen, muss uns bewusst sein, dass die regelmäßige Mahd mit Abräumen, die enorme Hitze, die Erosion durch Starkregenereignisse, Tritt und Staubverdriftung in manchen Regionen Deutschlands eine Verödung der Grünflächen beschert. Versteppung und Wüstenbildung können hier unter Umständen im „Kleinen", aber in rasantem Tempo beobachtet werden. Humus- und Bodenaufbau sollten auch im urbanen Raum Themenbereiche sein, die gedacht werden müssen.

Was erschwerend dazukommt, das sind die Kriegsschutthalden, die extrem entwässernd wirken und doch unter vielen Stadtparks in Deutschland zu finden sind.

## Der Weiderasen

Die Herleitung des bereits besprochenen „Old-growth grassland" kommt von einer Beweidung durch Schafe und Ziergeflügel. Da uns diese Tiere schon viel länger bei der Grünflächenpflege helfen als die unterschiedlichen Mähmaschinen, ist es durchaus erlaubt, dass Tiere auch bei kurzrasigen Flächen einen Teil der Pflege übernehmen. Fachexperten warnen aber vor

Kühe in Spanien auf einer typischen früh blühenden Weide, welche im Hochsommer vertrocknet sein wird.

einer flächigen Anwendung dieser intensiven Beweidung, da sie einer intensiven Mahd nahe kommt und die Strukturen für die Insekten fast völlig wegbrechen. Der Weiderasen ist zwar kurz, aber nicht überweidet.

## Die Weide

Die klassische Weide, meist eine Dauerweide, kann sehr artenarm sein. Wohlschmeckende Kräuter werden bevorzugt gefressen und so verdrängt. Fraßresistente Arten, welche sich durch Geschmack, Textur oder Stacheln/Dornen schützen, werden gefördert. Gräser sehen die Beweidung recht neutral. Dank deren grundständigem Teilungsgewebe, überleben sie die Beweidung recht gut. Da kaum ein Weidetier gern Erde im Maul hat, werden Gräser meist nicht ausgerottet. Grasige Weiden sind daher häufig. Dauerweiden oder intensiv/häufig beweidete Flächen sind meist kein Grund zum Jubeln. Die Biodiversität geht hier drastisch zurück.

## Die naturnahe, extensive Weide: Eine Quelle für ungeahnte Vielfalt

Der Begriff naturnah-extensive Weide klingt sperrig, ist aber unglaublich wertvoll. Hübscher ist der Begriff „Blumenweide", wie ihn WITT und DITTRICH (1996) im Buch „Blumenwiesen" erwähnen. Ich hingegen würde den Begriff der Strukturweide einführen, denn er kombiniert die Vielfalt der Blumen mit den anderen Strukturen, die diese Weideform so bedeutsam macht. Was macht nun den Unterschied? Was ist das Besondere an diesen ursprünglichen und naturnahen Weiden im Vergleich zu den grünen Wüsten, die wir heute überall sehen?

Mähen und Abschleppen nimmt der Fläche ihre dritte Dimension. Durch das Befahren des Grünlands mit Anbaugeräten berauben wir den Flächen die Höhen- und Tiefenwirkung. Es ist zu kurz gedacht, wenn wir eine Grünfläche nur anhand ihrer Länge und Breite definieren. Die Diversität des Aufwuchses ist in einer Weidelandschaft weit größer. Bäume, Sträucher und Hochstauden bilden eine Höhenkomponente, die sich auch im Wurzelwerk widerspiegelt. So bekommen Grünflächen eine Höhen- und Tiefendimension. Spannend sind auch die weiteren Strukturen der Weide: Steine, Äste, Ameisenhaufen, Maulwurfshaufen, Mulden, Feuchtstellen. Alles Elemente, die durch die maschinelle Pflege und das Befahren verloren gehen – alles enorme Quellen der biologischen Vielfalt. Die Homogenisierung gleicht einer vielfachen Flurbereinigung. Der Ausfall dieser dritten Dimension kostet unvorstellbare Mengen an biologischer Vielfalt.

**Extensiv genutzte Rinderweiden**

Webcode mung12392

Medikament- und insektizidfreie Kuhfladen sind enorme Lebensquellen. Aber auch auf dem Gänsehäufchen lässt sich allerhand Leben entdecken.

Weidetiere, die extensiv auf den Flächen weiden, homogenisieren nicht. Sie akzeptieren Strukturen und binden sie in ihr Leben ein. Zudem bringen sie einen immens wichtigen zusätzlichen Baustein in dieses Geflecht der Vielfalt mit ein: Dung. Jeder Kuhfladen, Schafsköttel und Gänseschiss erhöhen die Insektenvielfalt erheblich. Strukturweiden leben davon.

### Exkurs: Was ist braun und klingt wie eine Glocke? Dung!

Dung, Kot, Stuhl, Faeces, AA – die Begriffe sind so vielfältig, wie die Zahl der unterschiedlichen Dungtypen. Doch spätestens das Wort mit SCH lehrt uns, man nimmt nicht in den Mund, was man nicht anfasst. Verschwiegen und tabuisiert verschwindet unser Stuhl im Tiefspüler und schüchtern werden wir, beschämt sogar, wenn wir vor einem Häufchen stehen. Der Misthaufen, einst der Stolz des Hofs, wurde zur verdeckelten Flüssigmistgrube, der Vogeldreck und der Fliegenschiss werden penibel weggerubbelt. Lediglich das Wattwurmhäufchen zerdrücken wir kichernd mit dem großen Zeh.

Dung ist ein allgegenwärtiges Thema, denn wir alle produzieren ihn. Menschen hinter verschlossenen Türen, Hühner ganz beiläufig – sogar ins Futter. Reiher im majestätischen Flug im hohen Bogen und Pferde lassen sogar mit Königen auf ihrem Rücken die Äpfel auf die Prachtstraßen der Welt fallen. Der malerischste Akt der Erleichterung stammt von der Kuh, flüssig pflatschend bildet er Fladen mit Ringmuster.

Lange ist es her, dass Dung heilig war. Die Ägypter verehrten ihn und die Mistkäfer. In Indien dient er für rituelle Feuer. Für Bauern war er braunes Gold und für Viehlose waren die Pferdehäufen auf den Straßen ein Geschenk für die Gemüsebeete. Kunstdünger, Massentierhaltung und die „Energiewende weg vom Pferd" machten aus Mist einen Problemstoff. Er wurde zur Konkurrenz, denn zu billig und gut düngte er. Er wurde zu viel und verschmutzte die Gewässer. Er wurde geächtet. Man tauschte in den Städten Pferdeäpfel gegen Stickoxide.

> Dung = Nahrung – benötigte Nährstoffe – Wasser + Abfallprodukte des Körpers

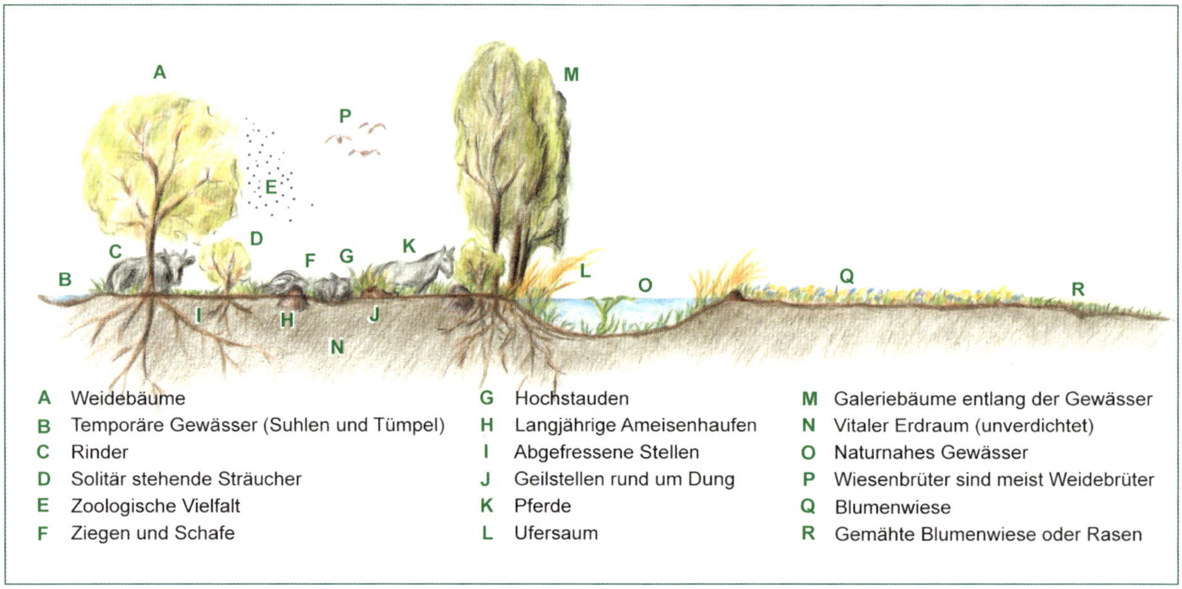


Doppelwirkung der Mahd (nach UNTERWEGER 2021).

Im Fall der meisten Säugetiere ist Kot daher braun. Die Abbauprodukte des Hämoglobins bringen diese Farbe hervor. Bunter Kot ist vor allem von Insektenlarven bekannt, weißer Kot von Hyänen. Der Hundekot in den Städten variiert, wie wir alle wissen, von gräulich über rotbraun, gelbbraun bis hin zu schwarz.

Die Konsistenz variiert ebenso. Von hart bis flüssig. Elchköttel erreichen Form und Festigkeit einer Schokopraline. Kuhfladen sind flüssig – ohne dabei Durchfall zu sein. Der Wassergehalt im Stuhl ist unterschiedlich und an die Lebensbedingungen der Tiere angepasst. Kühe haben bis zu 75 % Wasser im Stuhl, Pferde immerhin 72 % und so zeigt sich, dass vor allem die Qualität der anderen Inhaltsstoffe über die Viskosität entscheidet.

Dung ist ein regelmäßiges Zufallsprodukt. Die Regelmäßigkeit gibt der Verdauungstrakt vor. Den Zufall bestimmen die Wanderfreudigkeit und die Verhaltenseigenschaften der Tiere. Marderhunde und einige Kleinantilopen nutzen feste Kotplätze, die regelmäßig besucht werden. Kühe, und bei denen bleiben wir vermehrt, wirken auf uns sehr ungeplant bei der Abgabe von Fladen.

Beide Strategien haben Vorteile. Kotplätze markieren Reviere und Grenzen – wer kennt nicht das Fuchswürstchen auf dem Grenzstein im Wald? Kuhfladen erlauben weite Wanderungen ohne Fraßunterbrechung. Dung enthält aufgeschlossene Nährstoffe und Samen. Die zufällige Verteilung von Samen und Nährstoffen in der weiten Landschaft trägt zur Ausbreitung von Pflanzen bei. Es wäre aber zu einseitig, die Kuh als reinen Saatgutverteiler zu begreifen. Der Dung fällt und es entfalten sich verschiedene Abläufe.

Der Fladen beginnt eine Sukzession und die Stelle rund um den Fladen wird die nächste Zeit nicht mehr beweidet und Pflanzen können ungestört wachsen und keimen. Eine Weide ist übersät von hellgrünen, frischwüchsigen Stellen, jenen Plätzen, an denen vor einiger Zeit ein Fladen fiel. Es scheint in den Genen fast aller Tiere zu liegen, dass sie nicht in der Nähe von Kot fressen. Eigener Kot wird genauso gemieden, wie der Kot anderer Arten. Ekel als Schutz vor Krankheitserregern und der damit einhergehenden Wiederansteckung. Urinflecken werden demgegenüber kaum gemieden – Urin enthält keine Parasiten und weit weniger Krankheitserreger.

Was mit dem Dung der Tiere passiert, wenn er auf dem Boden liegt, bleibt den meisten Menschen ein Geheimnis. Nur Biologen und wirklich interessierte „Freaks“ setzen sich neben einen Fladen und beobachten das Geschehen. Was sie dann sehen, ist unglaublich. Ein wahrer Wettlauf beginnt mit der Ausscheidung und es zeigt sich, dass sich im Lauf der Evolution eine wahre Parallelwelt rund um den Kot entwickelt hat.

Dem Kot eines Gras-/Kräuterfressers, eines Herbivoren, fehlen meist nur 10 bis 30 % der ehemals enthaltenen Nährstoffe. Die Verdauung von Grünfutter ist hochkomplex und wird von Bakterien unterstützt. Der ausgeschiedene Dung ist dann oft nur eine Masse aus Halmen, Stängeln und anderen Hackschnitzeln. Pferde- und Elefantenmist sind da die bekanntesten Beispiele. Ein Kuhfladen ist gar nicht groß unterschiedlich, lediglich die Länge der Fasern verändert die Form. Die Tatsache, dass der Kot von Grasfressern nur sehr ineffizient verwertetes Ausgangsmaterial enthält, macht ihn besonders attraktiv. Samen passieren ihn weitgehend ungestört, sodass viele Vögel die Häufchen besuchen und nach Samen suchen. Sperlinge, Goldammern, Buchfinken und Bluthänflinge durchsuchen Pflanzenfresserkot nach Sämereien. Es ist naheliegend, dass artenreiche Weiden eine hohe Samenvielfalt enthalten und nur so die Vielfalt der Vögel gefördert werden kann. Reine Grasweiden führen daher zum Artenschwund der Vögel.

Dass auch andere Nährstoffe im Kot in hoher und teilweise aufgeschlüsselter Form vorhanden sind, hat im Lauf der Evolution zu einer Reihe von Anpassungen geführt. Mikroorganismen und Pilze zersetzen den Kot. Aber auch eine Reihe von Wirbellosen, insbesondere Insekten, haben sich auf die Kotverwertung spezialisiert. Diese Insekten bezeichnet man als Kotfresser oder Skatophagen.

Allein bei den Käfern werden weltweit etwa 9.000 bis 10.000 Dungkäferarten unterschieden. Fast jedes große Tier hat unterschiedliche Arten, die sich um den Kot kümmern. Es ist daher leicht zu verstehen, dass mit jedem ausgestorbenen Großtier auch eine Reihe an hochspezialisierten Insekten ausstirbt. Weit-

**Ein unterschätzter Faktor**

Webcode mung12393

**Auswirkungen auf Dungkäfergemeinschaften**

Webcode mung12394

gehend unbekannt ist die Kotfauna, z. B. von Mammut, Säbelzahntiger und Wollnashorn.

Mit Sicherheit ist Elefantendung der Modellorganismus für diese Forschungen – dennoch darf auch der Kuhfladen nicht unterschätzt werden. In unserem Ökosystem ist der Kuhfladen der häufigste größere Dung.

Die Besiedlung eines Fladens erfolgt sofort nach der Ausscheidung. Viele Insekten patrouillieren in den Lüften auf gesunden Weiden und warten darauf, dass wieder ein Fladen abgegeben wird. Durch Geruch und zum Teil auch durch die Optik wird der Fladen geortet. Sobald der Fladen gefunden ist, beginnt ein Wettlauf mit der Zeit. In der Regel dauert es nur wenige Sekunden, bis die erste Fliege oder der erste Dungkäfer auf dem Häufchen landet. Wer keinen Zugang zu Weiden hat, kann das auch mit einem Eigenstuhlexperiment im Wald ausprobieren. Es ist eine der vielen verschwiegenen Tätigkeiten auf den Exkursionen von Biologen während des Studiums. Besonders in Regionen mit Pillendrehern, also jenen Dungkäfern, die Kotkugeln rollen, ist das ein großes Erlebnis, das man nie mehr vergisst.

Die Artenzahlen auf Kothäufen variieren von Standort zu Standort. Aber man kann in guten Regionen davon ausgehen, dass ein gutes Dutzend verschiedener Käferarten und etwa ein, zwei Dutzend Fliegenarten innerhalb der ersten Stunden auf einem Kuhfladen eintreffen.

Es sind meist keine großen Tiere. Die Auffälligen werden etwa 6 bis 8 mm lang. Die Auffälligsten jedoch bis zu 3 cm.

Der Dung dient für die erwachsenen Insekten nicht in erster Linie als Nahrung. Meist werden Pollen für das Eiweiß und zuckeriger Nektar als Treibstoff benötigt. Dennoch ist der Dung von zentraler Ernährungsfunktion. Die durch die Schleimhäute abgegebenen Salze und Spurenelemente – aber auch die angedauten Pflanzenteile bieten den Insekten eine Futterquelle. Darüber hinaus werden im Dung die Eier abgelegt und die Larven ernähren sich von diesem Brei aus Pflanzenteilen. Entweder direkt im Fladen, was ihm die charakteristischen Löcher verschafft – oder dadurch, dass Teile des Kots abtransportiert und vergraben werden. Hierfür ist der Pillendreher, der seine Eier in Kotkugeln legt und diese vergräbt, weltbekannt.

Zentral fallen beim Beobachten von Kuhfladen die rötlich gelben Dungfliegen auf. Sie sind mit die ersten, häufigsten und charakteristischsten Tiere auf dem Kuhfladen. Schnell wird beim Beobachten der vielen unterschiedlichen Arten klar, dass es nicht nur um den Dung geht. Die Ernährung der unterschiedlichen Insektenarten variiert extrem. Aber auch innerhalb einer Art gibt es große Unterschiede zwischen den Larven und den erwachsenen Tieren. Es bedeutet also nicht, dass alle Dungbesucher auch Dung fressen. Räuberische Arten machen auf dem Kuhfladen Jagd auf andere Insekten. *Emus hirtus*, den Behaarten Kurzflügler, erkennt selbst der Laie schnell als den „Löwen vom Fladen“. Größere Insekten fressen kleinere, andere graben nach Larven. Manche Larven fressen Dung, andere Larven fressen wiederum Larven. So klein ein Kuhfladen von oben aussieht, so komplex wird er bei näherer Betrachtung. Balzende Schmuckfliegen werben umeinander, während emsige Kurzflügelkäfer Loch für Loch nach Beute absuchen. Ein wahrer Volksfestplatz ist so ein Fladen. Fressen, tanzen, Nachwuchs anbahnen.

Die Biomasse ist enorm. Das Gewicht des Fladens und das Gewicht der daraus resultierenden Insekten ergibt in Summe riesige Mengen an Insekten in allen Größen. Verständlich, dass man in guten Weideregionen fast alle insektenfressenden Vögel findet: Raubwürger, Neuntöter, Blauracken, Wiedehopfe, Rauch-, Mehl-, Felsen- und Uferschwalben, Kiebitze,

Rotschenkel, Braun- und Schwarzkehlchen. In vielen Sprachen heißen diese Tiere „Weidevögel", im Deutschen sprechen wir von Wiesenbrütern und fragen uns, warum sie auf Wiesen aussterben. Eine extensive und unbefahrene Weidelandschaft ist voller Leben. Der vielfältige Dung ist die Quelle des Lebens und ihn gibt es nur auf extensiven Weiden. Er liefert das Vogelfutter und sorgt für die Ausbreitung von Samen.

Das Insektensterben und der Rückgang der Vogelarten hängt damit zusammen, dass es kaum noch gute Weiden gibt.

Zusätzlich ist Mist stigmatisiert. Es gibt keine Misthaufen mehr in den Dörfern und keine Ställe mit Mist und Stroh. Flüssigmist ist für Insekten untauglich – ihn massieren wir mit langen Gummischläuchen in die Intensivwiesen und damit direkt ins Grundwasser und die angrenzenden Bäche.

Entwurmungsmittel und Antibiotika töten alles Leben ab. Denn der physiologische Unterschied zwischen „Wurm" und „Fliegen-Made" ist gering. Tote Fladen bevölkern die Intensivweiden. Landwirte mit Schubkarren sammeln ein und fahren ab, was Insekten tötet. Der Betonkuhfladen ohne Käfer und Fliegen liegt fest auf der Weide und nicht einmal ein Wanderstiefel perforiert ihn. Pilze machen sich über ihn – und die Hundewürstchen – her und vergiften so das Tierfutter und die Beziehung zwischen Landwirt und Hundehalter.

Die Insekten sterben. Sie zu retten, wäre einfach: mit extensiven Weidelandschaften und lebenden Fladen.

Diese Strukturvielfalt rettet Leben: Vegetationsdiversität (Bäume, Sträucher und Stauden – mit dem jeweiligen Wurzelraum), unbelebte Strukturelemente (Mulden, Steine, Totholz), tierbasierte Strukturelemente (Ameisenhaufen, Maulwurfshügel, Trittsiegel) und Dung machen den Unterschied. Diese Weiderequisiten gibt es auf Wiesen nicht. Auch die besten Naturwiesen können diese Vielfalt nicht ersetzen. Denn während Wiesen mindestens einmal im Jahr abgeräumt werden, kennt naturnahe Weidelandschaft diesen Zustand der totalen Ausräumung nicht. Eine naturnahe Weide hat immer Struktur und Schutzlebensräume.

**Die Vorteile der extensiven Beweidung:**

- Grünflächenpflege durch hoch angepasste Tiere,
- Einsparung von fossilen Antriebsstoffen und Reduktion von Technikabhängigkeit,
- Steigerung der biologischen Vielfalt in allen Bereichen,
- Bereitstellung von ökosystemaren Funktionen (z. B. $CO_2$-Bindung, Wasserhaushalt),
- art- und rassegerechte Haltung von Tieren (Tierwohl),
- regionale Produkte (Einsparung von Tiertransporten und Massentierhaltung),
- Verzicht auf intensive Tierfütterung (kein Soja, kein Mais),
- Sicherung der Regenwälder in Südostasien und Südamerika,
- sozio-kulturelle Effekte (Glücksort, Erholungsort, Naturerlebnis),
- Schutz der heimischen Kulturlandschaft,
- Paradieseffekt macht gesund und glücklich,
- Anziehungsort für die Freizeitgestaltung.

# Die nachhaltige Kategorisierung

Das Flächenmanagement im urbanen Raum ist vielfältig und anspruchsvoll. Doch leider sind sich immer noch viele Grünflächenämter und Verwaltungen der wichtigen Rolle, die sie spielen, nicht bewusst. Grünflächenpflege bedeutet Handlungskompetenz in Bezug auf die grüne Infrastruktur. Die Wichtigkeit dieser grünen Infrastruktur haben wir in den vorangegangenen Kapiteln aus verschiedenen Blickwinkeln besprochen. Nun wird es konkret: Die Verantwortung ruft.

**Checkliste kommunale Grünflächenpflege**

Webcode mung12421

## Der Einstieg mit dem A-B-C-Schritt: So einfach geht es

Grünflächen sind im städtischen Umfeld weit verbreitet. Sie erfüllen verschiedene Funktionen und sollten aus diesem Grund unterschiedlich gepflegt werden. Als ersten Schritt ist es daher wichtig, sich über die konkrete Funktion der Fläche im Klaren zu sein. Die Erstellung eines Funktionsplanes ist sicherlich eine sinnvolle und zielführende Aufgabe. Das Vorgehen umfasst einige Fragen, die vielleicht in dieser Form noch nie gestellt wurden:

1. Wem gehört die Fläche? (Kommune, Land, Privat, sonstiger Besitzer)
2. Wer nutzt die Fläche? (Niemand? Eine Schule? Ein Krankenhaus? Bürgerinnen und Bürger?)
3. Für wen wird diese Fläche gepflegt? (Wer ist der Auftraggeber, von wem ist Lob und Tadel zu erwarten?)
4. Zu welchem Zweck wird diese Fläche gepflegt? Ist ein Nutzungsziel vereinbart?
5. Wer bezahlt die Flächenpflege?
6. Wurden diese Punkte schon einmal hinterfragt?

Aus den Antworten auf diese Fragen ergibt sich der Funktionsplan. Welche Rolle spielt die Fläche? Ist sie eine Nutzfläche für Spiel, Freizeit, Sport und flächengebundene Aktivitäten? Ist die Fläche von besonderer architektonischer oder baulicher Bedeutung? Welche Pflichten sind mit dieser Fläche verbunden (Verkehrssicherung, Zugänglichkeit von Wartungsinfrastruktur)? Gibt es Trampelpfade, Abkürzungen, Wildschweinwühlspuren, Vermüllungsgefahr?

Noch lässt sich aus all den vorangegangenen Fragestellungen kein Pflegekonzept ableiten. Dennoch können wir nun über die Fläche mit vollem Bewusstsein über deren Eigenschaften sprechen. Es ist immer gut, wenn man sich die Flächen zunächst bewusst macht, um dann über deren weitere Pflege zu sprechen.

Nachhaltigkeit bedeutet, bewusste und wohlüberlegte Entscheidungen zu treffen. Wenn wir nun über alle Grünflächen in einer Kommune sprechen, dann können wir die Pflege so gestalten, dass sie der Funktion gerecht und mit einem begründbaren Konzept bearbeitet werden. Aus diesem Grund ist die Klassifizierung nach dem A-B-C-Konzept ein sehr guter Ansatz, um alle Flächen (100 %) nachhaltig pflegen und bewirtschaften zu können. Dazu werden zunächst alle Grünflächen kategorisiert (siehe Tab. 1).

Das Idealbild einer B-Fläche: riesiges ungenutztes Potenzial. Bienchen und Blümchen könnten hier profitieren. Zugleich würde die Fläche im Sommer weniger stauben und durch die erhöhte Blattmasse einer natürlichen Ansaat große Mengen $CO_2$, Feinstaub und Abgase binden. Die saubere und frische Luft käme Anwohnern und Arbeitsplatznutzern zugute.

**Tab. 1** Einteilung der Flächen in die drei Kategorien A, B und C

| A-Flächen | B-Flächen | C-Flächen |
|---|---|---|
| Rasen, die benötigt werden:<br>• Sportplätze<br>• Liegewiesen<br>• Freibadflächen<br>• Architekturrasen<br>• Spielplätze<br>• „alte Rasen"<br>• für Verkehrssicherheit | B-Flächen sind Entwicklungsflächen, die bisher aus Langeweile, Ideenlosigkeit und unüberlegt gepflegt werden. Aus ihnen entwickeln wir Biodiversitätsflächen (C-Flächen) oder gestalten sie zu dringend benötigten A-Flächen oder gärtnerischem Funktionsgrün um. | Wiesen, die bereits gut gepflegt werden, sowie gärtnerisches Funktionsgrün (Schwammbeete, Hitzebeete, Schattenbeete) |

Die **A-Flächen** sind alle Rasenflächen, die weiterhin als gute Rasen gepflegt werden (dabei handelt es sich um Sportplätze, Liegewiesen, Freibadflächen, Architekturrasen, Spielplätze und alte Rasen). Diese Flächen sind weiterhin gut, d. h. mit einer guten gärtnerischen Praxis, zu pflegen. Sportplatz- und Freibadrasen brauchen unter Umständen Bewässerung und Düngung. Liegewiesen in intensiv genutzten Parks verhalten sich anders als Liegewiesen am ländlichen Baggersee. Rasen auf Spielplätzen sind kurz und gefahrenfrei zu halten, während die Rasenflächen im Kontext von Architektur recht unterschiedlich gepflegt werden. Hier entsteht ein Gradient aus „alten Rasen" bis hin zum „Englischen Rasen". Auf die verschiedenen Kategorien wurde bereits im Kapitel „Grünflächentypen" eingegangen. Zudem kann das Thema Verkehrssicherheit eine Rolle spielen, wobei dieser Aspekt meist durch Akzeptanz-, Sauberkeits- und Sicherheitsstreifen gelöst wird und selten vollflächige Rasenflächen braucht.

Die **B-Flächen** sind echte Potenzialflächen. Hier geht es darum, dass bisher unüberlegt, aus Langeweile, aus Gewohnheit oder ohne Reflektion gepflegt wurde. Das Potenzial in diesen Flächen umfasst einerseits alle Möglichkeiten der ab Seite 83 besprochenen Methoden. Anderseits können B-Flächen in begründeten Fällen auch zu A-Flächen umgewandelt werden. B-Flächen brauchen immer einen Maßnahmenplan für die Weiterentwicklung und einen Pflegeplan für die Dauerpflege. B-Flächen sind zentral. Hier stecken die größten Chancen etwas zu verändern.

**C-Flächen** sind bereits mustergültige Flächen. Artenreiche Wiesen, Weiden, alte Rasen … – besondere Standorte, die Sie vielleicht selbst gar nicht erkennen. Zur Identifikation von C-Flächen lohnt sich der externe Blick. Fachkundige Augen können Ihnen dabei helfen, diese Flächen, die vielleicht unterschätzt oder verkannt werden, zu identifizieren. Beim externen Blick bedeutet „extern" vor allem unbefangen und unabhängig. Oft sind regionale Gruppen zwar fachlich sehr kompetent, dennoch kann es sein, dass sie aufgrund des regionalen Vorwissens nicht unbefangen sind. Beauftragte Spezialisten, die als Kerngeschäft die Abwicklung von Rechtspflichten sehen, sind nicht unabhängig. Sie leben davon, den Kommunen Bauvorhaben möglichst ohne große Zusatzbelastungen zu ermöglichen. Demnach fallen deren Einschätzungen oft überpragmatisch und mit der Einstellung der grundsätzlichen Ersetzbarkeit von Natur aus. C-Flächen können offensichtliche Juwele sein oder aber auch übersehene Schätze, die es zu heben gilt.

## Katasterplan oder nicht, das ist hier die Frage

Aufwand und Nutzen sind immer abzuwägen. Wie gehen Sie also vor? Wer erstellt die A-B-C-Kategorie? Eine große Warnung vor der Schubladenkategorisierung muss an dieser Stelle ausgesprochen werden. Wem nutzt es, wenn der Praktikant in seiner Sprache alle Grünflächen kategorisiert und den Praktikumsbericht niemand liest? Was nutzen die schönsten Farben und Farbnuancen in GIS (einem digitalen Geoinformationssystem), wenn die entscheidenden Praktiker keinen Zugang zu einem Computer haben?

Praktikabilität und Dokumentation sind die Richtlinien: Praktikabilität im Sinne der Nutzbarkeit durch die Endanwender, Dokumentation im Sinne von „wir haben es gemacht und es ist auch in fünf Jahren für potenzielle Amtsnachfolger verständlich und nutzbar" (siehe dazu Seite 226).

Grundlagenempfehlungen zu Methoden und Software können an dieser Stelle nicht geleistet werden. Jede Methode muss zum Ort passen, an dem sie angewendet wird. Das Finden des richtigen Wegs ist für den Einzelfall zu meistern. Auch hier zählt aber der Begriff der Nachhaltigkeit: Wie schaffen wir Daten, die langfristig nutzbar sind und langfristig wirken. Nachhaltigkeit und Biodiversität brauchen Zeit.

**„Pflegekonzept und -plan“**

Das Förderprogramm „NKK – Natürlicher Klimaschutz in Kommunen“ aus dem Jahr 2024/25 wurde im Auftrag des Bundesministeriums für Umwelt, Naturschutz, nukleare Sicherheit und Verbraucherschutz durchgeführt. Dieses Förderinstrument fasst in seinen Mindeststandards sehr präzise zusammen, wie ein nachhaltiges und ökologisches Grünflächenkonzept strukturiert sein sollte. Es lohnt sich, diese Schritte zu befolgen, da sie unter Umständen bei zukünftigen Förderprojekten relevant für die Bewilligung sind.

„Das Pflegekonzept muss eine Darstellung des gesamten kommunalen Grünflächenbestands im Siedlungsbereich und der jeweiligen Pflegestandards abbilden sowie Entwicklungsziele aller naturnah zu pflegenden Flächen umfassen. Folgende inhaltliche Aspekte müssen bei der Erstellung abgedeckt werden:

- Darlegung von Motivation, Hintergründen und übergeordneten Zielstellungen des naturnahen Grünflächenmanagements
- Formulierung von allgemeinen Zielen zur Biodiversitätsförderung in Bezug auf naturnahe Pflege unter Berücksichtigung lokaler Gegebenheiten
- Bestandserfassung und Beschreibung der bisherigen Pflegestandards nach Flächenkategorien, d. h. für Rasen- und Wiesenflächen (ausdifferenziert nach Parks, Straßenbegleitgrün, Friedhöfe, sonstige Grünanlagen), gärtnerisches Grün (Staudenbeete, Kübelpflanzen, Ziergrün), Bäume (Straßen-, Platz-, Anlagenbäume, Baumgruppen) sowie Sträucher/Hecken, bei Bedarf teilräumliche Erfassung von vorhandener Vegetation und wichtiger Kennarten
- Konkretisierung der Umstellung auf ein naturnahes Grünflächenmanagement anhand von Entwicklungszielen und entsprechenden Handlungsempfehlungen auf Basis der o. g. Flächenkategorien
- Darstellung des Aufwertungspotenzials im kommunalen Grünflächenbestand unter Identifizierung konkreter Flächen sowie detaillierte Beschreibung der geplanten Pflegemaßnahmen und -ziele
- Kartendarstellung der bisherigen Pflegestandards und des Aufwertungspotenzials
- Sofern ein Grünflächenkataster vorhanden ist: Integration erfasster Daten der Bestandsaufnahme und des Aufwertungspotenzials
- Erstellung von Pflegeplänen für die naturnah zu pflegenden Flächen und Strukturen, die Pflegepläne beinhalten die Darstellung der Pflege- und Aufwertungsmaßnahmen und die Pflegeterminierung (Mahdzeitpunkt und -intervalle, Zeitplan für rotierende Pflege, Gehölzpflege) unter Berücksichtigung der lokalen Blüh- und Fruchtaspekte sowie der Entwicklungszyklen und der Lebensräume vorkommender Tierarten (insbesondere Insekten)
- Strategische Überlegungen sowie Darstellung von Maßnahmen zum Umgang mit (potentiell) invasiven Arten
- Plan zur nachhaltigen Verwertung des Grün- und Gehölzschnitts innerhalb der Kommune im Sinne einer Kreislaufwirtschaft
- Darstellung der geplanten Erfolgskontrolle, zum Beispiel durch ein floristisches Monitoring
- Finanzplan für die im Konzept dargelegte Umstellung auf ein naturnahes Grünflächenmanagement inklusive Begründung für eventuelle Neuanschaffungen von insektenschonender technischer Ausstattung (vergleiche Anhang 2 „Förderfähige technische Geräteklassen“), Bedarf an Personal sowie Bedarf an Aus-/Weiterbildung im Bereich naturnaher Grünflächenpflege
- Darstellung geplanter Maßnahmen der Öffentlichkeitsarbeit, der Umweltbildung und zur Aktivierung bürgerschaftlichen Engagements
- Angebotsanforderungen für Ausschreibungen (unter anderem mit Zeitplan) und Erarbeitung einer Vorlage für Pflegeverträge, wenn die Kommune plant, die Grünflächenpflege ganz oder zum Teil extern zu vergeben

Weiterführend sollen die Pflegekonzepte zur Erreichung von Zielen des lokalen, regionalen, landesweiten oder bundesweiten Biotopverbunds beitragen. Die Pflegekonzepte sind durch Kommunalparlamente zu beschließen.“

(aus: „Mindestanforderungen, NKK – Natürlicher Klimaschutz in Kommunen“ der KfW Bankengruppe, Stand: 08/2024)

# Gestaltung naturnaher Flächen in den urbanen Räumen des Natur- & Geoparks Mëllerdall

TAMARA LATERZA

Der Natur- & Geopark Mëllerdall erstreckt sich vom Zentrum Luxemburgs bis an die östliche Grenze zu Deutschland. Zahlreiche Mühlen entlang seiner Flüsse und Bäche waren namensgebend: Mëllerdall bedeutet „Tal der Müller". Landschaftlich wird die Region durch den Luxemburger Sandstein geprägt, indem sich faszinierende Felsformationen, tiefe Täler und ausgedehnte Plateaus abwechseln. Die imposante Sandsteinlandschaft gehört zu den beeindru ckendsten Westeuropas. Seit 2022 trägt die Region die Auszeichnung als „UNESCO Global Geopark". Auf dem herausragenden geologischen Erbe entstand ein äußerst vielfältiges und wertvolles Natur- und Kulturerbe. Die Aufgabe des Natur- & Geoparks ist es, dieses Erbe zu bewahren und die Region nachhaltig zu entwickeln.

Die alltägliche Naturschutzarbeit des Natur- & Geoparks beschränkt sich nicht nur auf den Erhalt und die Förderung der Biodiversität in der Offenlandschaft und im Wald. Stets ist das Team auch bemüht, mit den Gemeinden, Betrieben und Privathaushalten den urbanen Raum aufzuwerten. Das nationale Verbot von Pflanzenschutzmitteln auf öffentlichen Grünflächen im Jahr 2016 stellte die Gemeinden einerseits vor neue Herausforderungen, indem es fundamentale Änderungen ihres Flächenpflegeplans bedeutete. Andererseits eröffnete das Verbot völlig neue Möglichkeiten im urbanen Naturschutz.

Die Umgestaltung von öffentlichen Grünflächen erhielt dadurch eine neue Dynamik. Bereits vor Inkrafttreten des Pestizidverbots organisierte der Natur- und Geopark Informationsveranstaltungen mit Maschinenvorführungen für das Gemeindepersonal. 2017 wurde in einer Pilotgemeinde begonnen, die öffentlichen Grünflächen naturnah umzugestalten. Nach den ersten Erfahrungen kamen weitere Gemeinden hinzu. Dabei wurden beispielsweise Schotterrasen, Magerrasen, naturnahe Strukturen oder Sandarien angelegt sowie einheimische Stauden und Hecken angepflanzt. Je nach Situation wurde auf Spontanvegetation gesetzt oder einheimisches Saatgut ausgebracht. Ergänzt wurden die Anlagen teilweise durch nachhaltige Bauelemente wie Trockenmauern.

Beim Natur- & Geopark Mëllerdall handelt es sich um einen besonderen interkommunalen Zweckverband, in dem auch staatliche Institutionen vertreten sind. Ziel war es von Anfang an, kommunale Aufgaben auf regionaler Ebene zu bündeln. So können etwa Aufgaben, die für kleine ländliche Gemeinden schwer umsetzbar sind, gemeinsam auf regionaler Ebene angegangen werden. Dies erlaubt einheitliche Herangehensweisen mit der nötigen kompetenten Unterstützung durch das fachlich vielfältig aufgestellte Natur- & Geopark-Team. Da das Thema teils Neuland war, wurden auch externe Experten hinzugezogen.

Mit den Umgestaltungen gingen auf Grund der Heterogenität der Grünflächen, der vielfältigen Veränderungsmöglichkeiten und der Tatsache, dass überhaupt Veränderungen stattfinden sollen, verschiedene Herausforderungen einher. So ging es beispielsweise nicht immer ohne intensive Aufklärungs- und Überzeugungsarbeit und die Bauhöfe sollten nicht mit zusätzlicher Arbeit konfrontiert werden.

Zu Beginn wird in jeder Mitgliedsgemeinde eine Bestandsaufnahme aller Grünflächen gemacht. Anschließend werden die Maßnahmen und die zukünftige Pflege in einem Konzept zusammengefasst und den politischen Trägern vorgestellt. Wichtig ist es dabei, das Personal der Bauhöfe von Beginn an mit einzubeziehen. Ziel ist es, dass es sich selbst mit den neuen Anlagen identifiziert. Der Erfolg des Projektes ist letztlich abhängig von der Einstellung des Personals. Spezielle Schulungen rund um die Bewirtschaftung und Pflege führen zu einem Kompetenzaufbau und einer positiven Haltung gegenüber naturnahen Grünflächen. Darüber hinaus stehen die Mitarbeiter des Natur- & Geoparks jederzeit bei Fragen zur Verfügung. Regelmäßig werden Erfolgskontrollen durchgeführt und gegebenenfalls die Bewirtschaftungsform angepasst.

Mittlerweile erlauben es zwei über Drittmittel finanzierte Instrumente, Umsetzungskosten zu übernehmen und Aufträge an Unternehmen zu vergeben. Zum einen ist dies der „Naturpakt", ein vom Ministerium für Umwelt, Klima und nachhaltige Entwicklung ins Leben gerufenes Programm, das kommunale Initiativen im Bereich des Wasser- und Naturschutzes finanziell fördert. Zum anderen ist der Natur- und Geopark seit 2020 Träger eines Projektes zur Förderung der Insekten „D'Naturparken zu Lëtzebuerg – (een) Insekteräich“ (siehe dazu Seite 52). Dieses Projekt wird integral vom Ministerium für Umwelt finanziert. Neben insektenfreundlichen Umsetzungen in der Offenlandschaft können auch solche im Siedlungsraum gefördert werden. Diese Instrumente ermöglichen auch personal- und maschinentechnisch wenig gut aufgestellten Gemeinden die naturnahe Umgestaltung ihrer Grünflächen.

Eine häufig festgestellte Zurückhaltung wird durch die schwierig einzuschätzenden Reaktionen der Bürgerinnen und Bürger bedingt, da sie an den Anblick der zumeist arbeitsintensiven Blumen- und Grünrasenflächen gewohnt sind. Deswegen ist es wichtig, neben den politischen Entscheidungsträgern und den Mitarbeitern des Bauhofs die Bevölkerung über die neuen Grünflächen aufzuklären. Ganz zu Beginn werden deshalb Informationsveranstaltungen organisiert. Darüber hinaus werden die Umsetzungen durch Sensibilisierungsaktionen begleitet und Informationen über die Arbeiten und ihren Fortschritt werden in den Gemeindeblättern sowie im Internet veröffentlicht. Auch über Misserfolge wird kommuniziert, um das Verständnis zu fördern, wenn zum Beispiel eine Umsetzung wetterbedingt nicht sofort gelingt. Negative Kritik lässt sich jedoch nicht gänzlich vermeiden. Ermutigend ist aber, dass die Akzeptanz und Resonanz stetig steigen. In Zusammenarbeit mit den biologischen Stationen Luxemburgs wurde ein Praxisratgeber ausgearbeitet, der sowohl Gemeinden als auch Privatleuten bei der naturnaheren Gestaltung ihrer Flächen helfen soll. Dass das Thema immer stärker an Bedeutung gewinnt, zeigt sich auch darin, dass der Beratungsdienst des Natur- & Geoparks Mëllerdall immer mehr von den Bürgerinnen und Bürgern in Anspruch genommen wird. Die langjährige Arbeit trägt ihre Früchte. Dieses Engagement für Biodiversität steht zudem im Einklang mit nachhaltigem Tourismus – denn die Region ist durch ihr hervorragendes Wegenetz in beeindruckender Kulisse eine herausragende Wanderregion.

# Die ökologische Umwandlung und Aufwertung

Meine Arbeit begründet sich auf der Kernidee, die wir im Jahr 2010 in Tübingen als Initiative „Bunte Wiese“ vertreten haben. Damals war unsere Hauptforderung, das ständige, exzessive und unüberlegte Rasenmähen infrage zu stellen. Wann immer wir über die nachhaltige Pflege von Grünflächen sprechen, muss „das Infragestellen von Rasen“ die Kernüberlegung sein. Es mag an dieser Stelle ein wenig untergehen, aber Nachhaltigkeit und die Transformation zur Nachhaltigkeit funktionieren in jeder Wirtschaftsform und Gesellschaft nur über den Dreiklang „Reduzieren – Ökologisieren – Kompensieren“. Das sollte unbedingt beherzigt werden.

Das Infragestellen von Rasen entspricht dem ersten Schritt der Transformation zur Nachhaltigkeit. Er ist essenziell, denn er macht das Bemühen glaubhaft und sorgt für den großen Unterschied zu Greenwashing, Beewashing oder sonstigem Samen- und Blühstreifenaktionismus.

**Greenwashing, Beewashing,**
**Grün anmalen und echte Nachhaltigkeit**

Greenwashing:
„Unsere Firma ist Produzent von Kettensägen, aber wir haben auch einen tollen Wald mit fast 50 ha. Dieser Flyer ist auf zertifiziertes Papier gedruckt.“

Beewashing:
„Wir sind ein mittelständisches Unternehmen und spenden jährlich 50 kg *Phacelia*-Samen für die Bienen an regionale Landwirte und machen dann ein Foto mit Azubis.“

Grün anmalen:
„Unsere Firma ist Produzent von großen Kreiselmähern, aber wir haben jetzt überall eine Insektenscheuche hingeschraubt und diese grün lackiert. Außerdem haben wir eine Kooperation mit einer Hochschule. Wir tun etwas.“

Echte Nachhaltigkeit:
„Wir reduzieren die Nachfrage und verkleinern den Markt für unser bisheriges Produkt. Unsere neuen langlebigen Produkte sind ökologisch optimiert und versuchen kleinere Schäden zu verursachen. Da dennoch Schäden entstehen, kompensieren wir diese unvermeidbaren Schäden transparent und unabhängig geprüft.“

**Loslegen:**
Beginnen wir mit einem einfachen Schritt: Stellen wir alle Rasen in Ihrem Wirkungsbereich infrage. Überlegen wir uns: Brauchen wir sie wirklich? Ja? Sicher? Warum? Sobald wir diese Fragen beantwortet haben – sie decken sich mit der bereits vorn beschriebenen A-B-C-Methode – legen wir mit der biodiversen und nachhaltigen Aufwertung los.

## Sinneswandel statt Samenhandel

Es fehlt uns nicht am Potenzial zu guten, starken und heimischen Wiesen. Aber es fehlt uns die Geduld, das Wissen, die Demut und der Mut, zu den Wiesen zu stehen, die sich in unseren Gemeinden entwickeln. Jede Wiese hat ein anderes Gesicht. Wir müssen wieder lernen, mit unseren heimischen Wiesen zusammenzuarbeiten und sie in der Fläche zu artenreichen Lebensräumen zurückzuentwickeln. Das Problem liegt dabei an den Saatgutkatalogen der kommerziellen Saatguthändler. Unser Katalogdenken suggeriert uns, dass nur ganz bestimmte Wiesen optisch attraktiv und begehrenswert sind. Ähnlich den Idealkörpern der menschlichen Modewelt lassen wir uns auch von Hochglanzsamenmagazinen blenden. Geblendet von dem, was wir uns in der Fläche niemals leisten können, greifen die Gemeinden zur Verzweiflungstat und glauben, dass 2 mal 10 Meter Schmetterlingsbuffet neben dem Rathaus ein ernsthafter Beitrag zur Minderung der drängenden, globalen Probleme sind. Dieser blühende Irrtum ist eine Visitenkarte für ein fehlendes Verständnis von ökologischen Kreisläufen und Zusammenhängen.

Würde man die Energie, die derartige Maßnahmen verschlingt, in die flächige Umwandlung, ökologische Optimierung und botanische Anreicherung stecken, hätte man bald flächige Paradiese und könnte auf die Feigenblätter verzichten.

Ab wann eine Wiese artenreich ist, lässt sich schwer sagen. Verschiedene Hilfen werden angeboten. Gemeinsam haben sie alle nur: 10 bis 15 verschiedene Wildblumenarten sollten für den Einstieg vorhanden sein.

Sinneswandel statt Samenhandel ist die Lösung, um das große Potenzial der B-Flächen zu nutzen. Dennoch ist in manchen Fällen auch angepasstes, heimisches und autochthones Saatgut nötig. Nach Baumaßnahmen, bei Initialanreicherungen, im Straßenbau und bei der Neuplanung von Freiflächen sollte es automatisch dem Regelsaatgut vorgezogen werden. So erreichen wir im Turnus der Jahrzehnte eine flächige Aussaat mit artenreichen Wiesen.

Der erste Schritt klingt ungewohnt. Er geschieht in den Köpfen. Praktisch angewandt, heißt er: #nomowmay oder #mähfreimai.

## Der #nomowmay oder #mähfreimai

Der Mähfreimai ist ein global benutztes Schlagwort (Hashtag), der für die sozialen Medien als #nomowmay oder #mähfreimai definiert wurde. Spannend ist dabei, dass es selbsterklärend ist. Ganz einfach: Januar, Februar, März, April und Mai bleiben alle Flächenmähmaschinen aus (→ Akzeptanzstreifen sind natürlich zu mähen).

Der Mähfreimai unterstützt beim Umstellen der Flächenpflege. Denn er zeigt uns, welches enorme Potenzial in unseren Flächen steckt. Lassen Sie das Gras wachsen und Sie werden oft Blumen sehen. Nicht sofort, dann im zweiten Jahr, denn auf den Mähfreimai folgt das klassische Abräumen des Schnittguts, was den Flächen erheblich Nährstoffe nimmt und Platz für Wildkräuter schafft.

**Praxiserfahrung:** Die Angst vor bösen, überschäumenden Anrufen, vor überbordender Kritik und wallenden Wogen ist meist das Erste, was man bei der Vorstellung des Nomowmay zu hören bekommt. Wir haben es ausprobiert: Im Mai 2022 unterließen wir im gesamten Berliner Stadtbezirk „Charlottenburg-Wilmersdorf" das Mähen der Flächen. Mehr als 300.000 Einwohnerinnen und Einwohner und all die Reisenden wurden mit wildem Wuchs konfrontiert. Eine einzige, kritisch aufgebrachte Mail erreichte das Bezirksamt. Ein guter Schnitt und aufmunternd für alle, die es nachahmen sollten.

**Tipp zum Mitmachen:** #nomowmay umsetzen

## Die beste Pflege und trotzdem wird nichts bunter?

Selbst bei der besten Pflege mit Mähmaschinen werden Wiesen oft nicht wirklich bunter. Stimmt das?

| Ja, denn | Nein, denn |
|---|---|
| • Pflege wird ohne Beweidung gedacht. Wir müssen die Transportmöglichkeiten des Samens optimieren.<br>• Denkfehler: Nur Maschinen können pflegen. | • oft geschieht es in den ersten Jahren eher unbemerkt. Das Entfernen des Mähgutes sorgt dafür, dass wieder mehr zweikeimblättrige Blütenpflanzen zur Blüte kommen. Diese vermehren sich dann über mehrere Jahre, bis sie die Wahrnehmbarkeitsgrenze erreichen.<br>• ein frühes Vergrasen kann durch einen frühen ersten Schnitt reduziert werden. Dadurch werden der Fläche während der Hauptwachstumszeit große Mengen Energie genommen. Eine große Chance für die bunten Kräuter. |

## Die Rampe des Aufwands: Mit 7 Möglichkeiten zu mehr Vielfalt

Die Umwandlung der Flächenpflege erfolgt aus meiner Erfahrung heraus in sieben verschiedenen Möglichkeiten. Die Auswahl der richtigen Stufe ermöglicht es, auf fast jeder Fläche den Weg in Richtung Biodiversität zu gehen.

Die sieben Stufen beinhalten alle Gedanken zur integrativen Biodiversitätsoptimierung. Allen voran geht es ums Geld. Keine Kommune hat das Geld, das Personal und die Möglichkeiten, alle Flächen neu

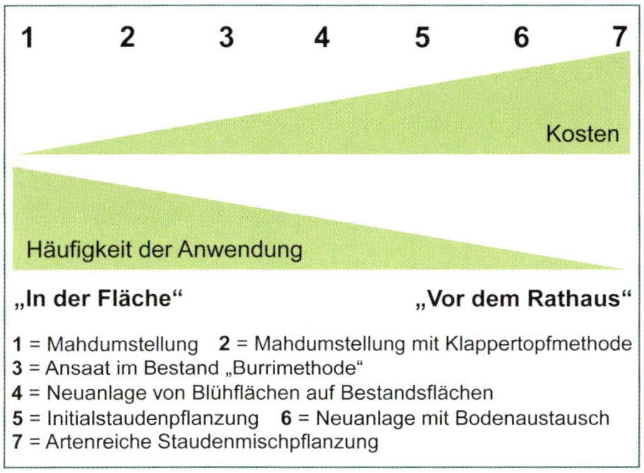


„Rampe des Aufwands“.

anzulegen. Und dennoch ist es genau diese Herausforderung, der wir uns zu stellen haben: die Umwandlung von möglichst vielen Flächen mit dem Ziel der Steigerung der biologischen Vielfalt.

Der Grafik entsprechend lassen sich die Kosten und die Häufigkeit der Anwendung gegenläufig darstellen. Während die reine Umstellung durch veränderte Mahd lediglich Kosten (oder Ersparnisse) des veränderten Pflegens zu berücksichtigen hat, sind bei Ansaaten oder gar Pflanzungen weit höhere Kosten zu stemmen. Gegenläufig zur Kostensteigerung verläuft die Häufigkeit der Anwendung.

## I: Mahdumstellung

Vom Rasen zur wertvollen Wiese ist kein großer Schritt. In unseren wissenschaftlichen Arbeiten im Rahmen der Initiative „Bunte Wiese“ untersuchten wir im Stadtgebiet Tübingens den Unterschied zwischen Flächen, welche klassisch mehrfach im Jahr mit dem Rasenmäher gemulcht wurden, und solchen, auf welchen wir diese Mahd zugunsten einer zweifachen Mahd mit Abräumen des Schnittguts veränderten. Die Ergebnisse im Detail werden im Kapitel „Der wissenschaftliche und theoretische Hintergrund“ ab Seite 104 beschrieben. Zusammenfassend lässt sich hier aber sagen: Bereits im ersten Jahr der Umstellung von häufigem Rasenmähen auf reduzierte Mahd mit Abräumen des Schnittgutes steigerte sich sowohl die Zahl der Arten als auch die Zahl der Individuen signifikant (wissenschaftlich bemerkenswert). Auch konnten bereits im ersten Jahr Arten der Roten Liste auf den Flächen nachgewiesen werden.

Ganz egal wie diese Fläche aussieht, führt ein Mehr an Raum und Zeit automatisch zu einem Mehr an Arten und Individuen.

**Neue Rückzugsorte für Insekten**

Webcode mung12395

Die flächige Umstellung der Flächenpflege zeigt deutlich, dass mit wenig finanziellem und baulichem Aufwand das Ziel, etwas gegen das Insektensterben zu tun, erreicht werden kann. Der inflationär gebrauchte Satz: „Jeder Quadratmeter zählt“ ist nicht als Verkaufsargument für den Saatguthandel oder als Aufruf zu fotogenem Aktivismus zu verstehen, sondern als ernstgemeinter Aufruf, endlich Natur Natur sein zu lassen, zu den Wiesen der Heimat zu stehen, ihren vielleicht im ersten Jahr nicht prallbunten Anblick zu ertragen und vehement argumentativ zu verteidigen.

**Handlungsempfehlung:**
Lassen Sie das Gras (die Wiesen) wachsen!
Reduzieren Sie die Mahd auf ein- bis zweimal pro Jahr und räumen Sie das Schnittgut ab!
Verwenden Sie die Möglichkeiten zur Optimierung der Akzeptierbarkeit!
Mähen Sie optimalerweise nach dem dreistufigen Konzept, sodass stets Bereiche als Rückzugsort stehen bleiben!

Durch die Reduzierung der Pflege zeigen Wiesen ihr Potenzial. Ausgehend von diesem Potenzial leiten wir bei Bedarf weitere Schritte in die Wege oder genießen die Wiesen so wie sie sind.

Ob ganzflächig oder zunächst inselförmig, das Potenzial der Wiese entfaltet sich bei reduzierter Mahd umgehend.

**No-Go:**
Naturnahe Flächenpflege ist kein Freibrief für unterlassene Fürsorge. Wir bleiben im kommunalen Umfeld und so ist die regelmäßige Inaugenscheinnahme und die Fürsorge (Müllsammeln) durch die Umstellung nicht hinfällig.

## II: Mahdumstellung mit Klappertopfmethode

Es kann passieren, dass Ihre Fläche recht graslastig ist. Das langjährige Mulchen und häufige Mähen haben dazu geführt, dass zweikeimblättrige Pflanzen verloren gegangen sind und verschiedene Gräser dominieren. Eine in Mitteleuropa heimische Gruppe von Arten aus der Familie der Orobanchaceae unterstützt uns bei der Beschränkung und Reduzierung der dominierenden Gräser. Allen voran spielt der Zottige Klappertopf (*Rhinanthus alectorolophus*) eine entscheidende Rolle bei dieser Aufgabe. Der Klappertopf ist ein Halbschmarotzer (Halbparasit) und nutzt geschickt die Photosyntheseprodukte der Gräser für sich selbst. Das führt dazu, dass die Gräser geschwächt werden. Diese Schwächung hat zwei Vorteile für unser Projekt:

1. Es entstehen Lücken. Diese Lücken können durch Wiesenblumenarten besetzt werden. Die Wiese wird mit der Zeit bunter.
2. Das Gras wird in seinem Lebenslauf geschwächt und wächst nur mit geringer Höhe. Stark wüchsige Wiesen werden dadurch niedriger. Klar, dass für die landwirtschaftliche Nutzung diese Pflanze ein Graus war. Die Halbierung der Masse des Heus war kein erstrebenswerter Zustand für die Bauern. Aber für kommunale Projekte bedeutet die Biomassereduzierung zugleich eine Reduzierung des abzufahrenden Schnittguts.

Der Zottige Klappertopf reduziert auf stark grasigen Flächen den Aufwuchs der Süßgräser drastisch. Dadurch finden viele „Blumen“ Platz und Raum.

Der Klappertopf führt nicht zu langjährigen oder bleibenden Schädigungen. Er ist äußerst mahdempfindlich und verschwindet sehr schnell, wenn man ihn zum falschen Zeitpunkt mäht.

Die hellgelben Blüten des Klappertopfs sind für viele Insekten ein sehr wertvolles Nahrungsangebot und verschönern die Fläche recht schnell.

Da das Saatgut im Einkauf relativ teuer ist, lohnt sich das gezielte Vermehren in der Kommune. Leicht händisch zu ernten, ist der Samen schnell über weite Teile der kommunalen Flächen verbreitet. Die beste Aussaat erfolgt im Hoch- oder Spätsommer, eben dann, wenn er sich natürlich ausstreut. Der Name Klappertopf rührt daher, dass der Samen in der Blütenkelchblatthülle raschelt (klappert), wenn er reif ist. Beobachtungen zeigen, dass er einen Winter auf der Fläche liegen muss. Eine Frühjahrsansaat im angestrebten Blütejahr ist nicht möglich, die Pflanzen erscheinen meist erst ein Jahr später.

**Klappertopf ist nicht gleich Klappertopf.**
Die Gattung *Rhinanthus* (Klappertöpfe) hat viele verschiedene Arten. Welche Klappertopfart in Ihrer Region vorkommt, entnehmen Sie bitte der Seite: www.floraweb.de.

**Handlungsempfehlung und Hinweise:**
Nach der Mahd breitwürfiges Ausbringen des Samens auf der Fläche.
Mahd der Fläche erst nachdem der Klappertopf reif ist und sich versamt hat.

- Bevorzugt wird das Wiesenknäuelgras parasitiert.
- Der Klappertopf ist durch eine frühe Mahd schnell wieder verdrängt und verschwindet dadurch.
- Mit wenig Aufwand lässt sich viel Samen sammeln und auf anderen Flächen verteilen.
- Sollte das Heu landwirtschaftlich genutzt werden, dann reduziert der Klappertopf den Ertrag deutlich. Allerdings ist die erste Heumahd meist automatisch für die Vermehrung des Klappertopfs ungünstig.

### III: Ansaat im Bestand „Burrimethode“

Der Bestand hat sich auf der Fläche etabliert und füllt meist die gesamte Fläche komplett. Nun könnte man auch salopp sagen, dass sich diese Pflanzen dort wohl fühlen und kein großes Interesse daran haben, dass noch weitere Arten in die Fläche einwandern. Daher ist eine Ansaat auf einer bestehenden Fläche eigentlich immer sinnlos. Hunderttausende Saatguttütchen, die von findigen Werbetreibenden oder Sparkasseninitiativen in Deutschland schon verteilt wurden, verpufften sang und klanglos, weil man sie „einfach mal so dazugestreut hat“. Das planlose Verstreuen von Samen auf einer Fläche hat einen zu vernachlässigenden Erfolg. Klar kann es einzelnen Arten gelingen, sich auf der etablierten Fläche einzugliedern. Aber die Glücksmomente lassen sich an einer Hand abzählen. So hat sich im deutschsprachigen Raum die Methode von JOHANNES BURRI bewährt: die sogenannte Burrimethode zur Ansaat auf einer bestehenden Blumenwiese. Im Internet findet man sie auf verschiedenen seriösen Plattformen.

Vor einer Neusaat muss die etablierte Pflanzengesellschaft annähernd restlos beseitigt oder ernsthaft geschädigt werden. Das geschieht durch Umgraben, Abschälen, Hacken, Pflügen, intensives Fräsen oder andere Methoden, die wir aus der landwirtschaftlichen Saatbettbereitung kennen. Ein vegetationsfreier Streifen auf der bestehenden Fläche ist das Ziel dieser Störung: ein massiver, meist streifenförmiger – zuweilen aber auch flächiger Eingriff in ein bestehendes System, welches als zu artenarm angesehen wird. Dieser oft subjektiven Einschätzung, die nicht immer stimmen muss, ist die gesetzliche Hürde des Grünlandumbruchverbots zugeschaltet. Das Verbot zum Umbruch von Grünland schützt altes Grünland davor, dass es einfach so umgedreht wird. Grünland ist aus Sicht des Klimaschutzes, der Bodenbildung, der Artenzusammensetzung und anderen Gründen oft sehr wertvoll und oft historisch gewachsen. Damit nicht jede Wiese und Weide zum Ackerland wird, wurde dieses Gesetz (vielerorts) geschaffen. Auch unseren Grünflächen kann es helfen, denn es setzt große Fachlichkeit voraus, ehe man wild lospflügt, nur weil man Samen gesponsort bekommt. Ist der Umbruch gerechtfertigt, die fehlende Qualität der Fläche bestätigt, dann steht der Burrimethode nichts mehr im Weg. Los geht es wie gesagt mit Umgraben, Abschälen, Hacken, Pflügen oder intensivem Fräsen.

Nach zwei bis drei Wochen beginnen die Spontanflora (Unkraut) und einige Überlebende schon wieder zu wachsen. Idealerweise stört man dieses Aufwachsen abermals, jedoch nur noch oberflächlich. Nach einer unter Umständen zwei- bis dreifachen Wiederholung dieses Schritts hat sich der Boden gesetzt und wird am Tag der Einsaat abschließend geebnet.

Für die Ansaat ist der Zeitraum von Mitte April bis Mitte Juni ideal. Andere Zeitpunkte sind möglich, dennoch sollten der Hochsommer und der tiefe Winter vermieden werden. Das Saatgut wird oberflächlich ausgestreut und für den optimalen Bodenschluss leicht angewalzt.

Wildkräuter brauchen vier bis acht Wochen Zeit zur Keimung. Das spontan wachsende Unkraut ist jedoch schon nach zwei bis drei Wochen sichtbar. Aufgrund der oft immensen Menge ist ein Jäten des Unkrauts nicht möglich und auch nicht sinnvoll. Jäten führt zur erneuten Störung des Bodens und schafft neuen Unkrautsamen an die Oberfläche. Außerdem kann kaum jemand „Unkrautkeimlinge" von den gewünschten Keimlingen unterscheiden.

Da die neu ausgesäte Wildblumenwiese erstmals nach einer Überwinterung blüht, sieht die Neuanlage im ersten Jahr oft dürftig aus. Das muss aber so sein, und wir machen uns diesen Faktor für die Pflege zunutze. Etwa acht Wochen nach der Aussaat, wenn der Bestand des Unkrautes etwa kniehoch aufgewachsen ist, erfolgt ein Schröpfschnitt mit dem Rasenmäher mit Fangkorb. Die Schnitthöhe beträgt etwa 8 cm, der Fangkorb ist essenziell, damit das Material von der Fläche genommen wird und keine Wildblumenkeimlinge unter der Biomasse ersticken und verfaulen. Je nach Bodentyp und Nährstoffangebot sind im Aussaatjahr mehrere Schröpfschnitte nötig.

Eine frisch gesäte Blumenwiese darf im ersten Jahr (und auch in den Folgejahren) auch bei großer Trockenheit nicht bewässert werden. Das klingt hart, aber sollte wirklich befolgt werden.

(Quelle: https://wildblumen.ufasamen.ch)

**Wichtig:**
Achten Sie beim Saatgut darauf, dass keine Schnellbegrüner oder Einjährige in der Mischung sind. Da wir bei der Ansaat im Bestand den Schröpfschnitt benötigen, würden Sie Klatschmohn und Co. im aufwachsenden Unkraut kaum sehen und Sie müssten ihn abmähen. Schade um das teure Saatgut, also weglassen.

Die Ansaat mit der „Burrimethode": **A** zeigt die Fläche, die auf unsere Umwandlung wartete. **B** Es wurde mehrfach streifenförmig gefräst, die Ansaat ging auf und wurde bei Bedarf geschröpft. **C** Im zweiten Jahr sahen wir von der Ansaat kaum mehr etwas. **D** Sie hatte sich in die Wiese integriert und beide Teile profitierten voneinander. Um auf das Projekt hinzuweisen, wurden **E** Schilder aufgestellt und Obstbäume zum Beernten gepflanzt. Im Bild **F** sehen Sie den nach der Mahd stehen gelassenen Streifen (Refugial- oder Überwinterungsstreifen) für die Wiederbesiedelung der Fläche.

Diese streifenförmigen Ansaaten im Bestand wirken wie Fremdkörper. Hier wurde der eigentliche Sinn der Methode nicht erkannt und umgesetzt. Eigentlich sollte der Streifen oder das Beet jedes Jahr in alle Richtungen etwa 50 cm größer werden, bis nach einigen Jahren die Fläche komplett angereichert ist. Hier wird der Beetcharakter gepflegt. Zudem wurde hier ein massiver Saum mit einer Wiese gemischt. Der Saumcharakter wirkt auf der Fläche sehr massiv und klotzig – machbar, aber nicht zwingend elegant.

Streifen werden zu wilden Mustern.

**Hinweis zur Streifenmethode:**
Ziel ist es, mit möglichst wenig Saatgut irgendwann die gesamte Fläche bunt zu bekommen. Die Theorie hinter dieser Methode ist spannend: Wir gehen davon aus, dass die Fläche jedes Jahr etwa 50 cm in alle Richtungen breiter wird. Ein 2 m breiter Streifen blüht im Jahr nach der Ansaat. Im zweiten Jahr nach der Ansaat ist er bereits 3 m breit, wenn man sich bis dahin noch an diesen Hinweis erinnert und nicht gedankenlos wieder bis an die Grenze des Streifens mäht. Streifenförmige Ansaaten auf Flächen sind immer mit dem Ziel zu sehen, die ganze Fläche kostengünstig anzureichern. Man könnte auch die gesamte Fläche bearbeiten (Kostenfrage). Dabei ist darauf zu achten, dass

1. die Fläche nicht etwa schon gut ist (Kategorie C, Seite 79, oder ein wertvoller Rasen, Seite 57) und
2. man weder Wurzelräume noch Zwiebeln schädigt.

**Praktikertipp zum Schröpfschnitt:**
Wenn der Aufwuchs so hoch ist wie eine stehende Wasserflasche, dann auf die Höhe einer liegenden Wasserflasche abmähen und das Schnittgut gleich aufsammeln (Fangkorb).

## IV: Neuanlage von Blühflächen auf Bestandsflächen

Grundlegend unterscheidet sich diese Methode nicht groß von der zuvor genannten Burrimethode (III). Es geht aber hier generell eher um Flächen, die oft nach Baumaßnahmen entstehen. Es sind genau die Flächen, die wir in Leistungsverzeichnissen mehr berücksichtigen sollten – ein Kabelschacht dort, ein Kreisverkehr hier, ein geplatztes Wasserrohr, eine temporäre Baustellenzufahrt, der Rand eines neuen Weges, das Planierte nach Aufstellen eines Trafohäuschens oder eines Sendemastes. Überall hier kann man das öde Regelsaatgut durch ein biodiversitätsförderndes Saatengemisch austauschen und in vielen Einzelschritten sukzessive viel erreichen. Es lohnt sich, die internen Kopiervorlagen für Leistungsverzeichnisse anzupassen. Dadurch entstehen kaum Zusatzkosten im Vergleich zu den Baustellenkosten, die eh entstehen.

Nach der Baumaßnahme wurde eine Blumenwiese angesät. Sollten starke Unkrautpopulationen erscheinen, so ist ein Schröpfschnitt nötig. Falls nicht: einfach genießen.

Nun kann man einfach einsäen, da hier meist Boden eingeebnet wurde. Wichtig ist die Unterscheidung von verunreinigtem Oberboden (mit Unkrautsamen verunreinigt) und weniger stark verunreinigtem Unterboden.

Das Ziel der gewünschten Wiese erreichen wir auch hier durch die gute Beobachtung:

- Ist ein Schröpfschnitt mit Fangkorb nötig, weil die Fläche stark verunkrautet?
- Welches Saatgut ist das Passende?
- Je nach Lage der Fläche kann man Wiesensaatgut mit Saumsaatgut mischen.

**Wichtig:**
Kommunizieren Sie diesen Schritt mit den unterschiedlichen Abteilungen für Bau und Infrastruktur. Ersetzen Sie das monotone Regelsaatgut in allen Ausschreibungen und Leistungsverzeichnissen durch eine Standardwiesenmischung.
Passen Sie die Kopiervorlagen der Leistungsverzeichnisse an.

## V: Initialstaudenpflanzung

Manchmal sind die Flächen aus verschiedenen Gründen nicht für eine Bearbeitung des Bodens geeignet. Zwei Beispiele treten in fast allen Kommunen auf:

1. Wurzelwerk verhindert das Bearbeiten des Bodens,
2. alte Populationen von Frühblühern bevölkern die Fläche und sorgen jedes Jahr für ein Spektakel im Frühjahr und es wäre jammerschade, wenn man den Boden bearbeiten würde.

Diese beiden Gründe sind aber kein ausreichender Grund dafür, dass so eine Fläche nicht doch biodiverser werden kann, als sie im Moment ist.

Die Lösung einer biodiversen Anreicherung liegt in der sogenannten Initialstaudenpflanzung.

**Achtung:**
Die Initialstaudenpflanzung ist auf keinen Fall mit einer Staudenmischpflanzung zu verwechseln!

Bei der Initialstaudenpflanzung werden fünf bis sieben heimische Wiesenblumen (keine Saumarten) pro Quadratmeter auf der Fläche gepflanzt. Dass das flächig meist nicht finanzierbar ist, versteht sich von selbst. Daher nimmt man Teilflächen oder Teilstücke heraus und bepflanzt diese.

Ein Beispiel: Die Baustelle war fast fertig, alle Aufträge vergeben und die Leistungsverzeichnisse abgearbeitet. Der Boden lag roh da und wartete auf die Rasen- und Regelsaatgutansaat. In letzter Minute und ohne zu wissen, wie stark der Oberboden und der unbekannte Kompost verunkrautet sind, tauschten wir in Rücksprache mit dem Bauamt die Saatguttüten der GaLaBauer aus. Auf der Baustelle verlief alles nach Plan, lediglich ein paar Insider wussten, dass das Saatgut ausgetauscht worden war. Wir hatten Glück: Der erste biodiverse Bahnhof Deutschlands entstand als spontane Aktion in Gersthofen.

Die Anzucht eigener Stauden wird zunehmend zu einer Aufgabe von Stadtgärtnereien. Da standortheimisches Material kaum verfügbar ist, ergibt sich so eine sinnhafte Beschäftigung für diese kommunalen Einrichtungen. Zudem werden Arbeitsplätze gesichert. In der Fläche scheinen die Arten zwar teilweise fast unterzugehen, dennoch gelingt es einigen, die Fläche zu besiedeln. Sie bereichern so das Angebot an Blütenpflanzen. In Gruppen von drei bis fünf Stauden gepflanzt, steigert sich der Erfolg maßgeblich.

Man hofft dann, dass diese Stauden auf der Fläche heimisch werden und sich dort ausbreiten. Das ist wesentlich wahrscheinlicher, als wenn man mit den Blümchen als Samen beginnt. Eine Pflanze im 9×9er-Topf ist konkurrenzstärker und schafft es oft, sich durchzusetzen.

Zwei Strategien können verfolgt werden: Entweder sucht man sich Wiesenblumenarten aus der vollen Breite der Vegetationszeit heraus und entwickelt eine zweischürige Wiese daraus oder man nimmt nur Wiesenblumen aus dem Frühjahr und Frühsommer. Dann kann man den Blühaspekt der Frühblüher durch eine Frühlingswiese und Frühsommerwiese bereichern. Ab dem ersten Schnitt wechselt man dann zum Rasenmähen mit Fangkorb und erhält auf diese Weise den sogenannten Blumenrasen, welcher ideal ist, wenn man eine Blumenwiese mit den Vorteilen einer Rasenfläche fürs Sommerfest oder den Sommerferienspaß verbinden möchte (vgl. „Blumenrasen“, Seite 63).

## VI: Neuanlage mit Bodenaustausch

Die Neuanlage von Flächen auf neuem Substrat ist oft die teuerste und sicherlich die energieintensivste Form der Umwandlung. Gleichzeitig ist sie die Methode, die am schnellsten einen wirklich prachtvollen Effekt erzielt, wenn denn nichts schief geht und wenn „Optik“ das stärkste Argument für die Bewertung von „Pracht“ ist.

Wann immer Boden fehlt und neuer Boden eingebaut werden muss, würde ich diese Methode empfehlen. Die anfangs bemängelte Energieintensität gleicht sich dann fast komplett aus, denn es ist ja sowieso neues Substrat nötig und die Lkws rollen so oder so. Anders ist es, wenn extra für diese Methode das bestehende Material abgebaggert werden muss. Dann wird eine Abwägung sehr sinnvoll sein. Baggern wir eine bestehende Wiese weg, die man auch anderweitig aufwerten könnte? Oder wird entsiegelt oder werden völlig degenerierte Oberflächen entfernt?

Der Bodenaustauch nach Baumaßnahmen führt zu einer Ansaat ohne unerwünschten Pflanzenbewuchs aus dem Boden. Lediglich eingeflogene Samen können zu einem Problem werden. Es sollte bei einer solchen Ansaat mit einjährigen Arten (siehe z. B. Zauberpflanzenliste in WITT 2020) gearbeitet werden. In der Aufsicht ist schön zu sehen, wie sich unter den „Zauberpflanzen" bereits die Rosetten für das Folgejahr etablieren. Die Blüte solcher Flächen erfolgt stets im Jahr 2. Daher sind die einjährigen Schnellbegrüner so wichtig. Im Umgangsjargon nennt man sie „Bürgermeistermischung". Dann klatscht der Bürgermeister schon wenige Wochen nach Fertigstellung des Saatbeetes.

Leider schleppt sich die Idee, bestehende Böden mit Sand abzumagern, seit Jahren durch die Literatur. Meist klappt dies aber nicht, denn die Abmagerung mit Sand wird nur in den oberen 10 Zentimetern durchgeführt, während die Wurzeln dann wieder auf Nährstoffe in tiefen Lagen zurückgreifen – und die Wiese dadurch fett bleibt.

**Hinweise zum Abtragen:**

- Die verunkrautete Oberfläche wird mindestens 30 cm tief entfernt. Es muss darauf geachtet werden, dass in den Randbereichen sauber ausgekoffert wird und nicht gerade dort Reste der alten Vegetation verbleiben (Weiß-Klee und Co.), die dann die Fläche schnell wieder besiedeln.
- Bei einer Entsiegelung muss darauf geachtet werden, dass der gewaschene Unterbau komplett entfernt wird. Ansonsten wirkt der verbliebene Pflasterkies wie eine Dränageschicht und entwässert das gesamte Beet.

**Hinweise zum neuen Substrat:**

Optimal eignen sich Grubenkies, Wandkies (0-X) oder feinere Körnungen (0-16/0-32). Regionale Substrate sind die erste Wahl (Klimabilanz und Standortpassung). Nur weil der Kalkschotter günstiger ist, sollte man in sauren Kommunen nicht basisches Substrat einbauen. Der Nullanteil ist essenziell. Er sorgt für den funktionierenden Wasserhaushalt. Dachgartensubstrate, Ziegelbruch, Recyclingbetonbruch sind ebenfalls sehr spannende Substrate. Wichtig ist das Feinstkrümelige und die Freiheit von Unkrautsamen. Während Dachgartensubstrate recht teuer sind, können Ziegelbruch und Recyclingbetonbruch oft recht günstig und ortsnah zu beschaffen sein.

Für die Phase der Keimung benötigt dieses recht mager wirkende Substrat eine Beigabe von 1 bis 2 cm gütegesichertem Kompost, das heißt Kompost, der nachweislich frei von ungewollten Unkrautsamen ist, gedämpften Kompost oder solchen aus der Baumpflege. Diese 1 bis 2 cm dicke Schicht wird in die Oberfläche eingearbeitet (leicht eingeharkt oder gehackt).

Die Auswahl des passenden Substrats kann verschiedenen Kriterien unterliegen. Standortheimisches Material in Bild **A**, ein regionales Geschiebe der Korngrößen 0-X in Genf, oder in Bild **C**, ein 0-32 Kalkmaterial mit ausgelegtem Grobbruch, sind aufgrund ihrer kurzen Lieferwege und der Typischheit sehr zu empfehlen. Die in Bild **B** verwendeten Ziegelgranulate haben eine höhere Wasserhaltekapazität. In Gegenden ohne Kiesgruben und Steinbrüche kann auch Sand oder Recyclingmaterial helfen. Wichtig ist der 0-Anteil. Er sorgt dafür, dass das Gemenge nicht kanalisierend wirkt. Zudem werden 1 bis 3 cm Kompost in die Oberfläche eingehackt, damit die Feuchtigkeit für die Keimung optimiert wird.

Nun erfolgt die breitwürfige Ansaat mit Andrücken/Anwalzen. Die Saatgutmenge beträgt meist 2 g/m². Man folgt den Anweisungen des Saatgutherstellers und versucht, es nicht besser wissen zu wollen.

Auch wenn der Austausch des Bodens einen großen Aufwand darstellt, so erhalten wir doch dadurch eine „Tabula rasa“, ein fast völlig unkrautsamenfreies Saatbeet. Es funktionieren auf solchen Flächen fast alle verschiedenen Saatgutmischungen, wie man sie kaufen kann oder sogar selbst komponiert.

Eine Mischung aus Einjährigen, Saumgesellschaften und Wiesengesellschaften empfiehlt sich ebenso, wie das Ausbringen von Einzelsaaten mit Leitstaudenkonzepten. Aber vergessen Sie nicht: Wenn Sie schon den Boden ausgetauscht haben, dann können Sie unter Umständen auch gleich eine Staudenmischpflanzung andenken – oder zumindest Leitstauden pflanzen, die der Fläche eine Struktur geben.

Auf diesem Saatbeet können Sie alles ausprobieren, was besonders ist. Wenn es zu 100 % funktionieren soll, dann empfehlen sich erprobte Konzepte,

Ansaat mit Leitstauden auf neuem Grund. Hier eine Dachfläche.

wie man sie beispielsweise in den im Kapitel „Die Auswahl des Saatguts“ genannten Büchern auf Seite 217 finden kann.

**Tipp:**
Mischt man Saumsaatgut mit Wiesensaatgut (50 : 50 oder 70 : 30), so hat man in den ersten Jahren nach der Ansaat einen guten Saum, den man nur einmal jährlich pflegt. Sobald der Saum nicht mehr schön ist, stellt man die Pflege auf zweimal jährlich um und fördert so die im Saatgut enthaltene Wiese.

### VII: Artenreiche Staudenmischpflanzung

Die artenreiche Staudenmischpflanzung ist keine klassische Wiesentechnik. Hier werden die Grundlagen des staudengärtnerischen Handwerks mit den Überlegungen der Biodiversität gekoppelt. Unterschiedliche Strategien spielen dabei aus Sicht der staudengärtnerischen Komposition eine große Rolle. Verschiedene Experten beschäftigen sich daher mit den Herangehensweisen und Strategien der Zusammenstellung. Die Biodiversität gibt folgende Rahmenbedingungen vor: Vielfalt der heimischen Arten und Vielfalt der Strukturen. Je nachdem, ob Sie selbst Erfahrung und Talent bei der Komposition haben oder ob Sie erfahrenen Experten glauben wollen, können Sie entweder selber komponieren und entwerfen – oder Sie verwenden eines der bereits erprobten Pflanzrezepte.

Oben: Ansaat auf neuem Grund in Straßenbegleitgrün. Unten: Staudenmischpflanzung in vergleichbarer Lage. Aufwand und Preis unterscheiden sich je nach Ausgangslage gar nicht so stark.

Bei den Rezepten gilt auch wieder die einfache Regel: Heimische Biodiversität fördern wir durch heimische Biodiversität. Was logisch klingt, wird meist nicht beherzigt. Fremdländische Arten oder Sorten mögen zwar bunt sein und unseren heimischen Fluginsekten ein Buffet bieten. Wenn wir aber vom Verlust der biologischen Vielfalt sprechen, dann können wir dem nicht entgegensteuern, indem wir Arten aus Nordamerika in genau die Flächen setzen, in denen unsere heimischen Arten abhanden gekommen sind. Jede (!) Fläche war einst mit heimischen Arten besiedelt. Sie fehlen.

**A** und **B** zeigen Pflanzmaßnahmen des GaLaBau-Unternehmens Daxauer bei der Firma HKR Roding. Die Pflanzung besteht aus Stauden, Zwiebeln, Ansaaten und Zwergsträuchern. In Bild **C** ist eine frisch angelegte Fläche von Barbara Stark in Essen abgebildet. Hier wurden zusätzlich noch Strukturelemente (Sandarium und Steinschüttungen) in die Mischpflanzung integriert. Die Bilder **D** bis **F** zeigen die von Dr. Reinhard Witt und Cassian Schmidt entwickelte naturnahe Staudenmischpflanzung (siehe Rezept unter https://naturgartenplaner.de/staudenmischpflanzungen) angewendet auf extrem sandigem Substrat in Bielefeld. Sie funktioniert weitgehend ohne zu jäten und ist auch nach fünf Jahren sehr ansprechend.

So hart es klingen mag, die bunteste und ausgefuchsteste Staudenmischpflanzung mag gärtnerisch und planerisch eine wirkliche Höchstleistung sein. Für die heimische biologische Vielfalt ist sie unter Umständen so wertvoll wie ein Snackautomat am Bahnsteig für unser Überleben. Auf der Reise unterstützend, aber in keiner Form ausreichend für ein längeres Verweilen.

Je mehr einheimische Arten und Strukturelemente eine naturnahe Staudenmischpflanzung aufweist, desto wertvoller ist sie für unsere heimische Vielfalt. Komponierte Mischungen versprechen meist einen großen Erfolg und unterstützen in jedem Fall die Bestrebungen. So kann auch eine wenig heimische Staudenmischpflanzung ein Türöffner für Folgeprojekte sein, dennoch sind sie immer erst der Einstieg für „echte", regionale Biodiversität.

Denken Sie an die Mindestkriterien: In Summe sollten auf Ihren Flächen 80 % heimische Arten wachsen. 20 % der im Stadtgebiet verwendeten Arten können Sorten oder fremdländische Arten sein, solange diese nicht potenziell invasiv sind.

### VIII: Fehlt etwas?

Was gibt es sonst noch? Methoden, Versuche und Ideen.

**Infokasten „Sodenübertragung" – Erfahrungen aus der Praxis von MONA MERKLE**
Nicht alle Flächen zeigen nach Umstellung der Pflegepraxis gleich ein bunt blühendes Gesicht. Je nach Samenbank im Boden und Lage der Flächen kann sich dort zwar durch die richtige Pflege und mit der Zeit eine schöne Vielfalt an Pflanzenarten ansiedeln – dies muss aber nicht unbedingt der Fall sein. Manche Flächen wurden einfach schon zu lange als Scherrasen gepflegt und liegen sehr isoliert. Insbesondere wenn sie schnell bunt oder zumindest blütenreich aussehen sollen, kann man der Natur etwas unter die Arme greifen. Neben Einsaaten besteht die Möglichkeit, Pflanzen von artenreichen Spenderflächen mit gleichen Bedingungen aus der Region zu entnehmen und auf artenarme Empfängerflächen zu übertragen. Bei der sogenannten Sodenübertragung werden Vegetationsmatten, bestehend aus Pflanzen und Oberboden inklusive des Wurzelbereichs, ausgestochen und auf der Empfängerfläche eingesetzt. Dabei sollte die Entnahme nur in Mengen erfolgen, die den Bestand der Spenderfläche nicht gefährden. Es müssen auch keine großen Matten ausgestochen werden – kleine Rechtecke genügen vollkommen. In den regenreicheren Monaten von Herbst bis Frühjahr durchgeführt, können die Pflanzen gut anwachsen, sich schnell als artenreiche Flecken etablieren und sich auf der Fläche weiter ausbreiten. (persönliche Mitteilung)

#### Heudrusch

Unter Heudrusch versteht man das Saatgut, welches beim klassischen Heuen anfällt. Früher war dies die Standardmethode zum Ansäen neuer Wiesen. Der Heustock wurde gekehrt und der Samen, welcher sich am Boden angesammelt hatte, wurde eingesetzt, um neue Flächen anzusäen.

#### Saatgutübertragung

Die Saatgutübertragung durch Schnittguttransfer ist eine in Leistungsverzeichnissen der Naturschutzbehörden oft geforderte Methode. Wirkliche Erfolgsgeschichten begegnen mir im kommunalen Umfeld selten. Man mäht ja stets nur an einem Tag und erwischt dann nur eine beschränkte Bandbreite an Pflanzen, die gerade an diesen Tagen reif ist. Man müsste mehrfach im Jahr eine wirklich gute Wiese mähen und das Schnittgut transferieren, um wirklich eine große Bandbreite zu erzielen. Aber Achtung: Das Schnittgut einfach so auf einer anderen Wiese ausbreiten, verringert den Erfolg, aufgrund des etablierten Bestands, abermals (→ nachfolgend Methode Sepp). Zudem würde ein mehrfaches Ausbringen von Heu, die gegebenenfalls bereits gekeimten Arten der vorherigen Ausbringungen wieder verdecken.

#### Einzelsaatgut

Eine Zusammenstellung von Einzelsaatgut ist grundsätzlich spannend. Sie erfordert aber große Kenntnisse über die einzelnen Arten. Diese Methode ist quasi die Königsdisziplin und lässt Ihrer Kreativität freien Raum (siehe Seite 216).

**Methode Sepp**

Das Ausstreuen von Saatgut auf einer bestehenden Wiese wird ein garantierter Misserfolg. Zwar kann es einzelnen Arten gelingen, sich zu etablieren, aber in Bezug zur Saatgutmenge wird diese Methode scheitern und ist hinausgeworfenes Geld. Abertausende Saatguttütchen, welche in den letzten Jahren verschenkt wurden, fielen der Methode Sepp zum Opfer. Ausnahmen kann es allenfalls geben, wenn die Fläche zuvor scharf gemäht, vertikutiert oder anderweitig gebürstet wurde.

## Nachhaltige Rasenumwandlung: Das Beispiel Jungfernheide

Der Volkspark Jungfernheide ist ein großer Volkspark im Berliner Bezirk Charlottenburg-Wilmersdorf.

Der zentrale Rasen dort ist eine beliebte und stark besuchte Grünfläche. Die stetige Nutzung, das Alter der Parkanlage und die Folgen des Klimawandels haben diese Rasenfläche in den letzten Jahren viel Kraft gekostet. Mit gezielten Maßnahmen versuchen wir nun, die Widerstandsfähigkeit (Resilienz) dieser beliebten Fläche zu steigern und ihr durch eine „Frischzellenkur" neues Leben und Vitalität einzuhauchen.

Dazu wurde von mir ein mehrstufiges, nachhaltiges Konzept zusammen mit Experten erstellt und umgesetzt.

Auf mehr als 3 Hektar wurden neuartige und innovative Methoden erstmals angewendet, damit die Fläche schon im darauffolgenden Frühjahr wieder in vollem Besitz ihrer Kräfte ist.

Im Rahmen meines Beratungsbüros bündelte ich die Fachexpertise verschiedener Experten.

(I) Wollte ich dem Boden eine erhöhte Trockenheitsresilienz verschaffen und nutzte daher das aktuelle Wissen der Anwendung von Pflanzenkohle zur Steigerung der Feuchtigkeitsspeicherung.

(II) Sollte die Feinstruktur der Pflanzenkohle für den Austausch von Wasser und Nährstoffen optimiert werden. Dazu suchten wir nach regionaltypischen Pilzsymbionten, welche die Kohle besiedeln und mit dem Wurzelwerk der Gräser und Kräuter in regen Austausch treten.

(III) Kombinierten wir eine standortheimische Rasensaat, welche auf regionalen Gräsern beruht und durch Fabaceen auch Luftstickstoff zur Nährstoffanreicherung im Boden speichern kann.

(IV) Durch die initiale Beweidung mit Schafen im zeitigen Frühjahr wird die Fläche zur Wüchsigkeit angeregt und zusätzlich gedüngt. Durch Fell und Hufe werden auch Samen von A nach B verbracht.

Mit Pflanzenkohle aus Gehölzschnitt sorgen wir für den Wasserhaushalt. Biokohle ist sehr porös und bindet Wasser wie ein Schwamm. Außerdem speichert die Biokohle den Kohlenstoff und ist somit eine $CO_2$-Senke. Auf unserer Fläche werden etwa 70 Tonnen klimaschädliches $CO_2$ langfristig im Boden gebunden und der Atmosphäre entzogen. Die Biokohle wurde mit Pilzen beimpft. Diese Pilzbeimpfung dient als Kommunikator zwischen den Rasenpflanzen und der Kohle. Die Hyphen der Pilze sorgen für den Austausch von Wasser und Nährstoffen aus der schwammporigen Kohle und den Rasenpflanzen. So wird der Speicher nutzbar.

Außerdem verwenden wir standortangepasste Gräser und unterstützende Rasenkräuter (Regiosaatgut). Diese Pflanzen sind hier heimisch und somit genetisch an das Umfeld von Berlin angepasst und kommen mit den Standortbedingungen (Sand und Trockenheit) viel besser zurecht als hochgezüchtete Rasengräser, welche immer bewässert und gedüngt werden müssen.

Durch die Kombination dieser Eigenschaften können wir auf künstliche Bewässerung und Düngung auch in Zukunft verzichten.

Auch wollen wir den Park zeitweilig abschnittsweise beweiden. Die Weidetiere (in diesem Fall vor allem Schafe) helfen bei der Vernetzung mit anderen Stadtparks und transportieren Blumensamen in Kot und Fell und sorgen so für die Verbreitung von wertvollen Pflanzen. Dieser Saatguttransport sorgt für mehr biologische Vielfalt und ist ein aktiver Beitrag gegen das Insektensterben und den Artenschwund. Außerdem sorgen die Fußabdrücke der Tiere für einen lockeren Boden und gewährleisten den Wasserrückhalt. Die Vitalität der Fläche wird zudem durch die natürliche Düngung (Kot) erhalten.

Im ersten Jahr stellten sich freilich keine Wunder ein, dennoch waren wir mit dem Erfolg der Maßnahmen sehr zufrieden und konnten bei der Umsetzung von unseren Fehlern lernen. Für künftige Projekte erlaubt es unsere gewonnene Erfahrung, die gemachten Fehler zu vermeiden.

Durch die Vielfalt der Maßnahmen und Funktionen ist diese Fläche in jedem Fall ein Rasen für die Zukunft, den Klimaschutz, die biologische Vielfalt und ein Gewinn für die Menschen, die ihn nutzen.

Christo packte den Reichstag weiß ein, Unterweger den Volksparkrasen schwarz.

# Die ökologische Pflege: Mäher und Mäuler

*„Weite Wiesen, ehemals die froschreichsten in hiesiger Gegend, in der Mark Brandenburg, sind seit Benutzung von Mähmaschinen einfach ohne Frösche. In den ersten Jahren ihrer Einführung war das Mähen mit Maschinen wegen der Menge der in die Messer geratenen Frösche oft sehr schwer, alle zwanzig Meter fast mussten die verstümmelten und zerquetschten Frösche daraus entfernt werden. Ein furchtbarer Anblick für den Naturfreund!*
*Heute passiert das kaum mehr, eben weil keine Frösche mehr da sind."*

HEINZ RANGNOW; *Fünfzehn Jahre Waldläufer (1934)*

## Die Mahd

### Die dreifache Letalität der Mahd: tot, töter, am tötesten

**1. Tod: Die Mahd**
Der Prozess des Mähens ist unnatürlich. Kein Tier konnte sich in der kurzen Zeit auf eine Mahd einstellen und Mechanismen ausbilden, die ein effizientes Ausweichen ermöglichen. Die Einführung des Balkenmähers in den 1920er-Jahren beschreibt HEINZ RANGNOW im Jahr 1934 ganz vorzüglich. Bei einer Bauhofschulung in Baden-Württemberg sprach mich ein polnischer Mitarbeiter an, der genau das in den 1980er-Jahren noch in Polen erlebt hatte. Er musste als Kind mit einem Stöckchen neben dem Balkenmäher herlaufen und regelmäßig Schlangen und Frösche aus den Messern kratzen. Also ist selbst der ursprünglichste Mäher ein totbringendes Werkzeug. Moderne Mäher sind um ein Vielfaches schlimmer.

**2. Tod: Nachmahdeffekte**
Alle Tiere, die die Mahd überlebt haben, sind nun auf einer Fläche mit abgemähten Pflanzenteilen. Nun folgen die Prozesse des Trocknens, des Wendens, des Schwadens und des Verladens. Das bringt eine weitere extreme Befahrung mit sich. Danach ist die Fläche wüst, leer und lebensfeindlich. Die wenigen verbliebenen Tiere vertrocknen auf der abgeräumten Fläche ohne Schutz und Schatten (Trockentod, Hitzetod) oder sie verhungern, da die Wiese komplett gemäht wurde und ohne Nektar, Pollen, pflanzliche Nahrung oder tierische Beute keine Lebensgrundlage mehr bietet. Oder sie werden von Storch, Star, Möwe und Krähe aufgefressen. Die geflüchteten Tiere sitzen auf der Straße, dem Acker, im Forst oder verenden anderswo.

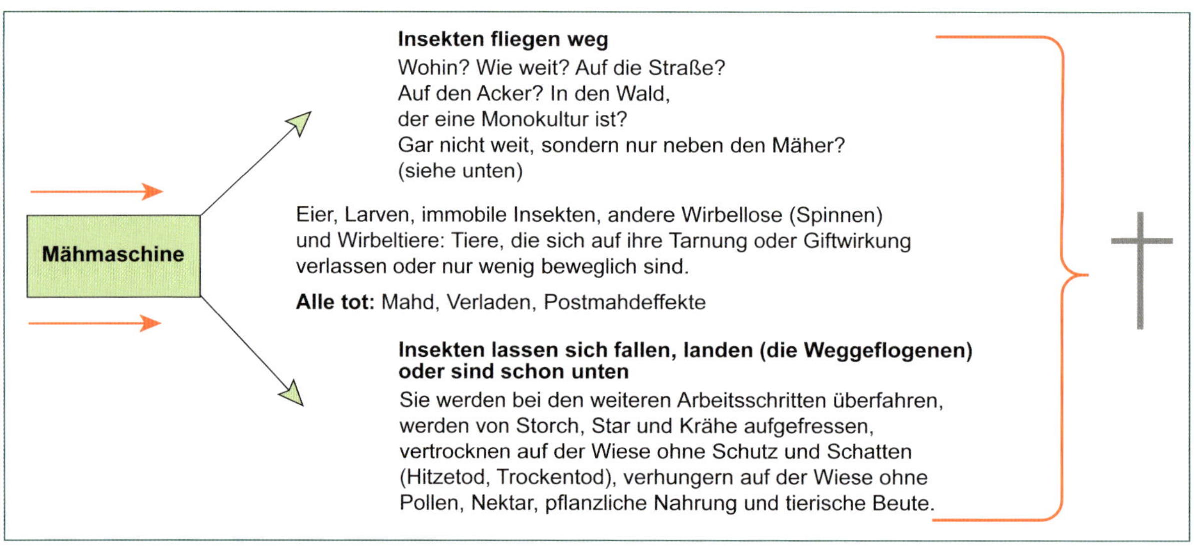


Was passiert bei der Mahd? Insekten verfolgen drei Strategien, um nicht gefressen zu werden: das Wegfliegen, das Fallenlassen und die Hoffnung auf die Macht der Tarnung. Die Grafik zeigt, dass Mähen immer tötet und nur das partielle Unterlassen der Mahd auf der Fläche dafür sorgt, dass diese lokale Population nicht erlischt.

**3. Tod: Durch Unterlassen von extensiver, naturnaher Beweidung**

Der dritte Tod ist abstrakt. Er erfolgt durch Unterlassen von extensiver, naturnaher Beweidung. Einer großen Anzahl von Pflanzen- und Tierarten wird durch die Umstellung von naturnaher, extensiver Beweidung auf Mahd generell die Lebensgrundlage entzogen. Selbst artenreiche Mähwiesen sind immer nur Zuchtflächen der Arten, die mit der Mahd in irgendeiner Weise zurechtkommen. Alle anderen Arten sterben hier durch das Unterlassen der naturnahen, extensiven Beweidung aus.

**Tab. 2** Die dreifache Letalität bei der Grünlandpflege

| ... durch die Mahd | ... nach der Mahd | ... durch Unterlassen |
|---|---|---|
| **Maschine und Struktur: Geschwindigkeit, Bauart, Breite, Frequenz, Schlaggröße** | **Prozess des Wendens, Schwadens und Verladens** | **Fahrlässiger Biodiversitätsverlust durch Unterlassen von naturnaher Beweidung** |
| • tötet Tiere direkt<br>• bringt schnittempfindliche Pflanzenarten zum Verschwinden und veranlasst dadurch, dass von den Pflanzen abhängige Tierarten lokal aussterben | • entfernt Samen und Tiere<br>• Verlust von Schatten (Hitzetod)<br>• Verlust von Feuchtigkeit (Austrocknen)<br>• Verlust von Schutz (Rabenkrähe, Storch und Star)<br>• Fluchtdistanz geringer als Schlaggröße<br>• zoologische Arten verschwinden<br>• botanische Arten verschwinden (Verdichtung, Saatgutentfernung)<br>• Folgeschäden (Klima, Hochwasser ...) | • maschinelles Mähen (Balkenmäher) erst seit 100 Jahren – Artentstehung dauert pro Art ca. 1.000.000 Jahre<br>• das heißt: alle Grünlandarten/Wiesenarten sind eigentlich Weidearten<br>• Unterlassung von naturnaher Beweidung führt zum Ausbleiben und Aussterben aller Arten, die durch eine Mahd nicht gefördert/gezüchtet werden:<br>— zoologische Arten,<br>— botanische Arten,<br>— mykologische Arten<br>• Verlust von zoologischen Arten, (...) und Ökosystemfunktionen |

## Die landwirtschaftliche Praxis der Gegenwart

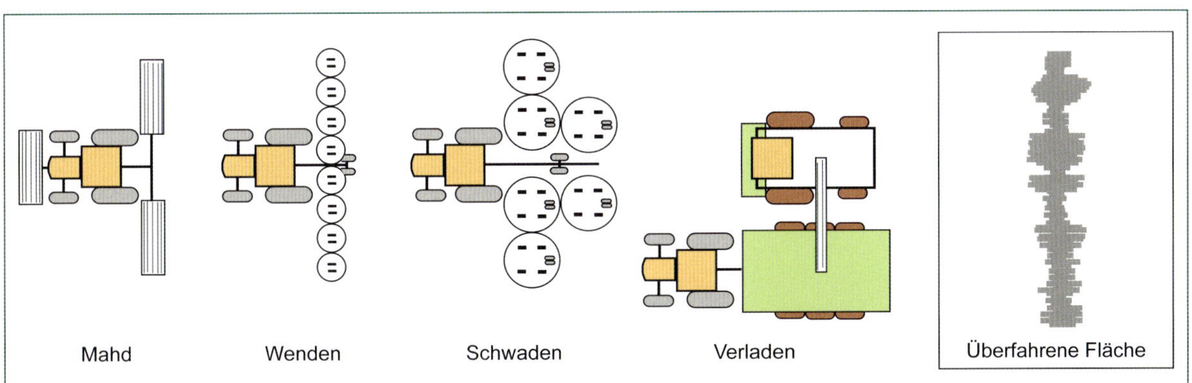


Gesamtreifenbreite.

**Tab. 3** Bei einer üblichen Mahdbreite von 9 bis 15 m werden bei einem kompletten Arbeitsgang 15,15 m Fläche mindestens einmal überfahren; nicht berücksichtigt wurden in Reihe laufende Räder und die Tatsache, dass stets mehrere Ladewagengespanne im Einsatz sind

| Mahd | Wenden | Schwaden | Verladen |
|---|---|---|---|
| Traktor:<br>Vorderrad: läuft in Spur<br>Hinterrad: 0,71 m<br>(Mittelwert – MW) | Traktor:<br>Vorderrad: läuft in Spur<br>Hinterrad: 0,71 m (MW) | Traktor:<br>Vorderrad: läuft in Spur<br>Hinterrad: 0,71 m (MW) | Verlademaschine:<br>Vorderrad: 0,80 m<br>Hinterrad: läuft weitgehend in Spur |
| | Wender:<br>Stützräder: 10 × 0,16 m<br>Laufbereifung: 2 × 0,275 m | Schwader:<br>Stützräder: 25 × 0,16 m<br>Laufbereifung: 2 × 0,4 m | Ladewagengespann:<br>Traktor: 1,42 m<br>(2 Hinterräder)<br>Ladewagen: 1,2 m<br>(2 Räder, multiple Tandemachse) |
| Summe:<br>= 1,42 m Gesamtreifenbreite | Summe:<br>= 3,57 m Gesamtreifenbreite | Summe:<br>= 6,22 m Gesamtreifenbreite | Summe:<br>= 4,22 m Gesamtreifenbreite |

**Was daraus folgt**

Wir müssen seltener, differenzierter und besser mähen.
Mähen tötet immer. Egal, wie wir mähen.
Wie schaffen wir es, den schmalen Grat der optimierten Mahd zu gehen?
Welche ethischen Grundlagen hindern uns am Intensivieren? (Land-/Wirtschaftsethik)
Welche moralischen Grundlagen erhalten die optimierte Mahd?

| Schlechte Mahd: nie mähen oder mulchen | Optimierte Mahd: einfach – zweifach – schonend mähen | Schlechte Mahd: häufig und intensiv mähen |
|---|---|---|

## Der wissenschaftliche und theoretische Hintergrund

Weniger mähen – und auch mal etwas stehen lassen, das sind die Grundlagen für die Arbeit der Initiative „Bunte Wiese Tübingen“ (www.buntewiese-tuebingen.de), deren aktives Mitglied ich zwischen

Derartige Flächenpaare legten die Grundlage der Untersuchungen aus Tübingen, die in den Jahren 2010 bis 2013 eine solide Basis für meine weiteren Ideen bildeten. Ungeachtet meiner eigenen Forschungen wurden die Ergebnisse schon damals weiträumig beachtet und als inspirierend empfunden. Viele der Blühflächenaktionen und -programme basieren auf diesen ersten Schritten nach einer längeren Phase der Unterrepräsentation des Themas im Diskurs.

Ich fand neben den wissenschaftlichen Ergebnissen beeindruckend, dass auch optisch jede Menge allein durch die Umstellung der Mahd passierte. Diese kleine Rundblättrige Glockenblume wäre niemals groß geworden, wenn wir nicht das Pflegeregime umgestellt hätten.

2010 und 2018 war. Um die Ziele der Initiative wissenschaftlich zu begleiten, wurden studentische Abschlussarbeiten angefertigt. In diesen Arbeiten wurde der Wert extensiv gepflegter Wiesen gegenüber intensiv gepflegten Rasen im Hinblick auf die Insektenvielfalt verglichen.

Die Käfer wurden von Julia Ade (ADE 2011), die Wildbienen von Laura Wastian (WASTIAN et al. 2016) untersucht. Sie konnte 66 Wildbienenarten (470 Individuen) nachweisen. Claudia Kricke (KRICKE et al. 2014) beschäftigte sich mit den Tagfaltern auf den Versuchsflächen der Initiative. Daniela Hiller (HILLER & BETZ 2014) untersuchte die Auswirkung der Mahdhäufigkeit auf die Heuschrecken und konnte dabei 15 verschiedene Arten aus vier Familien bestimmen. Außerdem fand ich auf acht Modellwiesen in Tübingen 335 Wanzenindividuen aus 12 Familien und 49 Arten und konnte somit den positiven Einfluss der extensiven Mahd auch für diese Gruppe bestätigen (UNTERWEGER et al. 2017a).

Alle Ergebnisse zeigen deutlich quantitative Unterschiede der Fänge zwischen den Flächenpaaren (Rasen versus Wiese). Betrachtet man die Rasenflächen, so sind hier nur sehr geringe Fangzahlen zu verzeichnen. Diese Befunde belegen, dass häufiges Mähen zu einem starken Rückgang der Insekten auf den Flächen führt. Die Zahl seltener Arten ist auf den untersuchten Wiesenflächen der Stadt Tübingen höher als auf den Rasenflächen. Rote-Liste-Arten traten ausschließlich auf Wiesenflächen auf.

Daraus resultiert, dass sich der eigentliche Wert unserer Arbeit erst mittel- und langfristig einstellen wird, da dazu eine dauerhafte Etablierung des extensiven Mahdregimes auf den innerstädtischen Grünflächen nötig ist.

Die weitere Optimierung der naturschutzfachlichen Grünlandpflege konnte in einer umfang-

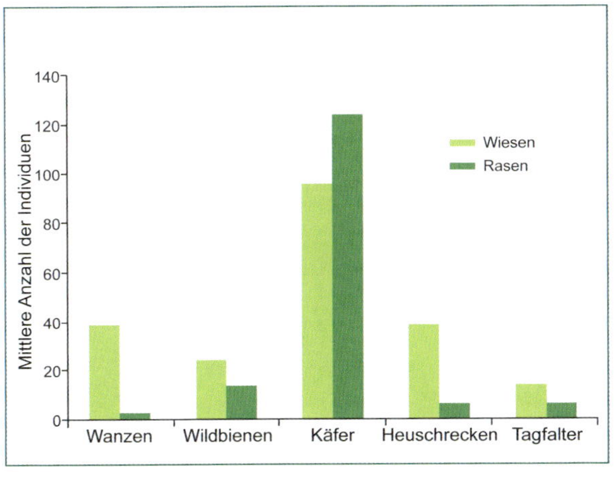


Diese Grafik zeigt die Unterschiede zwischen Rasen und Wiesen hinsichtlich der einzelnen Insektenordnungen. Generell ist zu sehen, dass auf Wiesen mehr Individuen auftreten. Das Massenauftreten einzelner Arten (siehe Käfer) kann diesen Trend natürlich kippen.

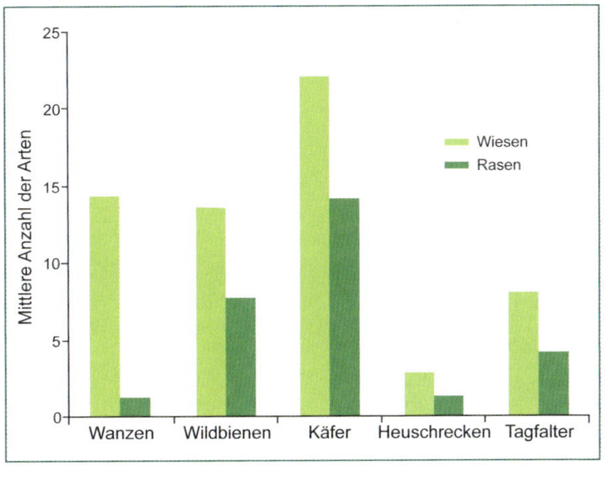


Hier wird der Unterschied zwischen Rasen und Wiesen hinsichtlich der Artenzusammensetzung demonstriert. Wanzen und Heuschrecken charakterisieren typische Rasen durch ihr weitgehendes Fehlen. Es ist daher wichtig, auch an die gras- und samenfressenden Insekten zu denken und sich nicht nur auf die Blütenbesucher zu konzentrieren.

reichen entomologisch-ökologischen Freilandstudie untermauert werden. Insektenschutz ist eine Herausforderung auf verschiedenen Ebenen. Ein weitgehend unbearbeitetes Feld ist die Qualität von ungestörten Wiesenflächen als Überwinterungslebensräume für Insekten. Daher wurden Wiesen untersucht, die im Herbst nicht gemäht wurden und den Winter als Altwiesenbestände überdauerten. In standardisierten Eklektorversuchen wurden 13.511 Insekten gesammelt, die den Ordnungen Heteroptera (Wanzen), Hymenoptera (Hautflügler, hier: Bienen und Wespen), Coleoptera (Käfer) und Diptera (Fliegen) zugeordnet werden konnten. Dabei konnten 120 Familien, 140 taxonomische Arten und 324 Morphotypen unterschieden werden, die in den Monaten Februar bis Juni in zunehmender Masse schlüpften.

## Leben in allen Etagen

Die Daten unterstreichen den Wert von Winterbrachen für die Insektenüberwinterung, da die Schlupfrate auf ungemähten Beständen höher ist. Ungemähte Wiesen erinnern an einen tropischen Regenwald. Sie bieten zusätzliche Pflanzenstrukturen (Blütenköpfe, Stängel), die auf gemähten Wiesen fehlen. Diese erhöhte Strukturdiversität führt zu höheren Arten-, Morphotypen- und Individuenzahlen während des Frühlings. Die Ergebnisse dieser Freilandstudie beweisen, dass ungemähte Strukturen von Wiesen für das Überleben von Insekten jeglicher Entwicklungsstufen notwendig sind. Sie empfehlen zumindest eine Mosaikmahd auf Wiesen, Wegrändern, Flussufern und anderer grüner Infrastruktur.

Die Kombination dieser Ergebnisse zeigt, dass ein neues Verständnis der Grünflächenpflege etabliert werden muss. Dieses „neue Verständnis“ ist eigentlich nicht neu. Es erfordert die Rücknahme menschlichen Handelns mit dem Ziel des Stehenlassens und der Akzeptanz von Brachen und ungepflegten Säumen, Rändern und Rainen. Die klassischen Überwinterungshabitate waren nie auf den großen Wiesen zu finden, sondern in den vielen ungemähten Rainen, Rändern, Böschungen, Hinterhöfen und Ufern. In diesen Bereichen konnten Insekten ungestört auf die nächste Vegetationsperiode warten. Moderne Pflegemaschinen, die „Lust am Mähen“, die Hochtechnisierung der Gesellschaft führten zu einem übersteigerten Ordnungs- und Fleißbewusstsein. Ein Sinneswandel tut not, der die Natur wieder in all ihren Erscheinungsformen akzeptiert werden lässt.

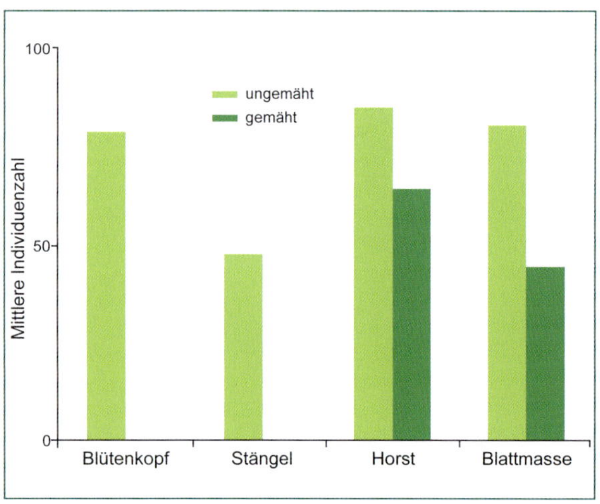


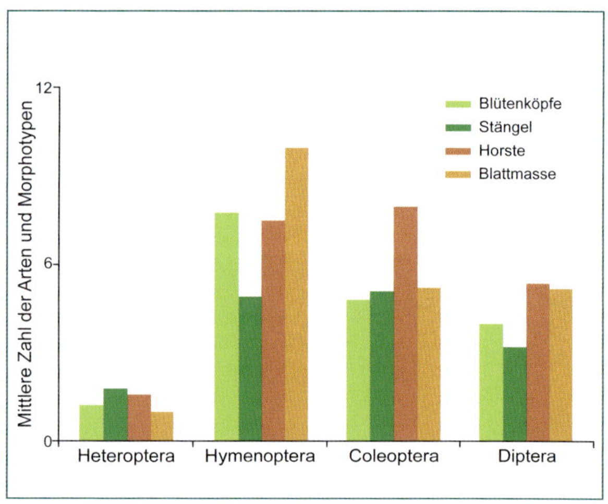


In der linken Abbildung wird die Verteilung der Individuenzahl auf die einzelnen Pflanzenorgane gezeigt. Aufgrund der Herbstmahd fehlen bei gemähten Wiesen die exponierten Pflanzenstrukturen (Blütenköpfe und Stängel).
Die Daten zeigen jedoch, dass auch in diesen Pflanzenstrukturen große Mengen Tiere überwintern, die durch den Herbstschnitt abgetötet werden. Die rechte Abbildung zeigt die Verteilung der Insektenordnungen (Heteroptera = Wanzen, Hymenoptera = Hautflügler (hier: Bienen + Wespen), Coleoptera = Käfer, Diptera = Fliegen).
Hier sieht man deutlich unterschiedliche Präferenzen bei der Überwinterung (nach UNTERWEGER et al. 2018).

# Die Teilflächenmahd als Voraussetzung für die Förderung von Insektenpopulationen

MATTHIAS NUSS

In den zurückliegenden Jahren wurde es in unserer Gesellschaft populär, Insekten durch die Anlagen von Blühflächen oder -streifen zu fördern. Schaut man nur wenige Jahrzehnte zurück, kamen solche Maßnahmen extrem selten zur Anwendung und trotzdem gab es deutlich mehr Insekten als heutzutage. Diese Perspektive macht den Blick frei für die Frage, ob im Offenland, also auf Grünflächen im Siedlungsraum, Wiesen in Naturschutzgebieten oder Grünland in der Agrarlandschaft, die Art und Weise der Bewirtschaftung einen viel wichtigeren Faktor für die Förderung von Insekten darstellt. Die Mahdtechnik wurde in den zurückliegenden Jahrzehnten weiterentwickelt, sodass größere Flächen pro Zeiteinheit gemäht werden können. In der Praxis werden die Flächen, sieht man von einigen positiven Entwicklungen der letzten Jahre ab, in der Regel bis auf den Rand komplett gemäht. Für Insekten, deren Lebensraum sich im Offenland befindet, ist ein solches Ereignis eine Katastrophe. Um das zu verstehen, müssen wir uns ihren Lebenslauf anschauen. Schmetterlinge beispielsweise legen ihre Eier an den Pflanzen ab, von denen sich die Larven ernähren und wenn diese ausgewachsen sind, verpuppen sie sich an der Vegetation. Sie leben also das ganze Jahr über auf der Fläche, auch zur Überwinterung. Eine einzige Komplettmahd kann deshalb ausreichen, Populationen gleich mehrerer Insektenarten auf einmal auszulöschen. Vor diesem Hintergrund scheint es plausibel, Wiesen seltener zu mähen, um Insekten mehr Zeit für ihre Entwicklung zu lassen, und bei jeder Mahd eine Teilfläche ungemäht zu belassen, um ihnen Raum zu lassen, in dem sie sich weiterentwickeln können. Dieser methodische Ansatz kam ab dem Jahr 2015 in einem sächsischen Mitmachprojekt zur Anwendung, von dem im Folgenden berichtet wird.

## „Puppenstuben gesucht – Blühende Wiesen für Sachsens Schmetterlinge“

Im Jahr 2014 war es durchaus noch üblich, öffentliche Grünflächen im Siedlungsraum zehnmal und mehr pro Jahr zu mähen und die Rotationsmäher, welche das Mahdgut aufnehmen, im Herbst zudem zur Laubbeseitigung einzusetzen (Bild A). Auf solchen Flächen blühen oft nur Gänseblümchen (*Bellis perennis*) und Insekten wie Tagfalter, Wildbienen und Heuschrecken finden hier keinen Lebensraum. Tatsächlich beherbergen viele Grünflächen im Siedlungsraum eine erstaunliche Anzahl von Pflanzenarten, die aufgrund der häufigen Mahdtermine jedoch nicht zur Blüte gelangen (Bild B). Wendet man sich im Siedlungsraum nun solchen Grünflächen zu, die nicht für Freizeitaktivitäten genutzt werden, können diese allein durch eine Anpassung des Mahdregimes in Lebensräume für Pflanzen und Insekten verwandelt werden. Diese Anpassung besteht im Wesentlichen aus zwei Punkten. Erstens, der Reduktion der Mahdfrequenz auf maximal drei Mahddurchgänge im Jahr, wobei sich die Anzahl nach der Wüchsigkeit der Vegetation richtet. Auf einem mageren Sandstandort kann eine Mahd pro Jahr ausreichend sein, während auf einem nährstoffreichen Lehmboden zwei Mahddurchgänge zu empfehlen sind. Durch die Reduktion der Mahdfrequenz vergrößern sich die Zeitabstände zwischen den Mahdterminen, womit Pflanzen und Insekten mehr Zeit haben, sich zu entwickeln. Der zweite wichtige Punkt ist das Belassen von etwa 30 % ungemähter Bereiche bei jedem Mahddurchgang (Bild C). Dazu gehört auch, dass ungemähte Bereiche über die Winterzeit stehen gelassen werden (Bild D). Auf dieser Nutzungsauslassung werden Pflanzen und Insekten nicht durch die Mahd geschädigt, erhalten Raum und noch mehr Zeit, sich zu entwickeln. Der ungemähte Teil rotiert mit jedem Mahddurchgang.

**Bild A:** Zu oft und komplett gemähte Grünflächen im Siedlungsraum bilden den Fokus des Schmetterlingswiesenprojektes.

**Bild B:** Ein näherer Blick auf einen intensiv gemähten Stadtrasen zeigt, dass hier kaum noch ein Gras wächst, sondern vielmehr krautige Pflanzen wie Schafgarbe, Wiesenstorchschnabel, Habichtskräuter u. a. m.

**Bild C:** Bei jeder Mahd einfach einen Teil der Fläche ungemäht belassen. Hier finden adulte Insekten auch nach der Mahd Pollen und Nektar und Eier, Larven und Puppen können sich weiterentwickeln.

Bei der Mahdtechnik wird von Mulchern abgeraten, weil das Mahdgut auf der Fläche verbleibt. So entstehen eine Streuschicht, welche die Entwicklung von krautigen Pflanzen hemmt, und mit der Zeit grasdominierte Wiesen. Andere Mahdgeräte verursachen unterschiedliche Mortalitätsraten bei den Insekten, was in diesem Kapitel nicht näher behandelt werden soll. Entscheidend ist, nur ein- bis zweimal im Jahr zu mähen und bei jeder Mahd einen Teil der Fläche ungemäht zu belassen. Für diesen ungemähten Bereich gibt es keinen extra Mahdtermin. Er wird je nach Wüchsigkeit beim nächsten oder übernächsten regulären Mahdtermin mit gemäht. Wichtig ist, dass bei der Mahd mit Sense oder Balkenmäher wenige Tage später eine Heuernte erfolgen muss, bei welcher unnötiges Befahren oder Begehen der Flächen unbedingt zu vermeiden ist, weil auch dadurch die Insekten geschädigt werden.

Diese wenigen Anpassungen zur Mahd wurden ab dem Jahr 2015 in dem öffentlichen Mitmachprojekt in Sachsen empfohlen. Um das Projekt landesweit bekannt zu machen und zu bewerben, wurden eine Projekthomepage (www.schmetterlingswiesen.de) eingerichtet, eine Broschüre und ein Faltblatt gedruckt, öffentliche Vorträge gehalten und Workshops durchgeführt. Mehr als 20 regionale Projektpartner garantierten mit eigenen Demonstrationsflächen und Veranstaltungen, dass das Projekt in alle Regionen Sachsens gelangt. Mitmachen können Eigentümer oder Pächter von Grünflächen im Siedlungsraum. Wer seine Schmetterlingswiese auf der Projekthomepage registriert, kann dazu einen Blog schreiben und ein Wiesenschild (Bild E) beantragen. Dieses trägt

**Bild D:** Die meisten Insektenarten der Wiesen überwintern auch in diesem Lebensraum. Deshalb ist es wichtig, auch über den Winter ungemähte Bereiche zu belassen.

**Bild E:** Das Wiesenschild erfreut sich großer Beliebtheit, trägt zur Akzeptanzbildung bei und führt vor Ort zu weiteren Informationen.

die Aufschrift „Diese Wiese wird als Lebensraum für Schmetterlinge bewirtschaftet.“ Ein QR-Code verlinkt auf die Projekthomepage und eine individuelle Nummer verweist auf den Blog zu dieser Wiese. Eine Übersicht aller Schmetterlingswiesen findet sich auf der Sachsenkarte der Homepage.

Das Projekt startete im Jahr 2015 als Kooperationsprojekt und teilte sich in zwei dreijährige Projektphasen, von 2015 bis 2017 und 2018 bis 2020.

## Ergebnisse

Das sächsische Schmetterlingswiesenprojekt hat im Verlauf der ersten sechs Projektjahre einen großen Zulauf durch 500 Akteure erfahren, die sachsenweit 640 Schmetterlingswiesen pflegen. Bis September 2022 stiegen diese Zahlen auf 740 Akteure und 1.000 Wiesen.

Im Jahr 2019 erfolgte eine quantitative Insektenerfassung, um die Wirkung der partiellen Mahd auf Grünflächen zu evaluieren. Dazu wurden neun Schmetterlingswiesen und neun in unmittelbarer Nähe gelegene, intensiv gemähte Flächen jeweils fünfmal begangen und während jeder Begehung 100 Kescherschläge im Vorwärtsgehen durchgeführt. Aus dem Gesamtfang wurde die Biomasse der Insekten vor Ort mit einer Feinwaage gewogen. Die Bestimmung aller adulten Schwebfliegen (Syrphidae), Raubfliegen (Asilidae), Käfer (Coleoptera), Wanzen (Heteroptera), Bienen (Apidae), Tagfalter (Papilionoidea) und Heuschrecken (Orthoptera) erfolgte morphologisch sowie für die Insektenlarven mittels DNA-Barcode.

Die Erfassung der Insektendiversität ergab eine mittlere Arthropoden-Biomasse von 1,26 bis 4,51 g pro Schmetterlingswiese und 0,01 bis 0,33 g pro intensiv gemähte Fläche. Die Auswertung aller adulter Individuen der Bienen, Käfer, Wanzen, Heuschrecken, Tagfalter sowie Raub- und Schwebfliegen ergab 260 Arten auf allen untersuchten Flächen. Die mittlere Artenzahl pro Begehung betrug auf den Schmetterlingswiesen 13,6 bis 24,8 Arten und auf den intensiv gemähten Flächen maximal drei Arten. 90 Insektenarten wurden als Larve nachgewiesen, davon 86 Arten auf den Schmetterlingswiesen, zwei auf intensiv gemähten Flächen und zwei sowohl auf Schmetterlingswiesen als auch auf intensiv gemähten Flächen. Die mittlere Anzahl der im Larvenstadium pro Begehung festgestellten Arten beträgt auf den Schmetterlingswiesen 2,4 bis 8,6 Arten und auf den intensiv gemähten Flächen 0 bis 0,4 Arten (WINTERGERST et al. 2021).

## Diskussion

Oft wird die Frage gestellt, ob diese Form der angepassten Mahd auch seltene Arten fördert. Das ist tatsächlich der Fall. So wurde auf zwei Schmetterlingswiesen in Eilenburg der Wegerich-Scheckenfalter (*Melitaea cinxia*) (Bild F) nachgewiesen, der in den mittleren und südlichen Bereichen Sachsens fast vollständig ausgestorben ist. 2018 wurden bei Untersuchungen auf drei Schmetterlingswiesen in Dresden die zuvor als ausgestorben oder verschollen geltende Bienenart *Coelioxys echinata* sowie die als vom Aussterben bedroht geltenden Bienenarten *Andrena viridescens*, *Eucera nigrescens*, *Lasioglossum costulatum* und *L. lativentre* nachgewiesen (WINTERGERST & NUSS 2020).

Wichtig ist, das ursprüngliche Ziel nicht aus den Augen zu verlieren, nämlich durch eine geeignete Bewirtschaftung überhaupt erst wieder eine nennenswerte Artenvielfalt auf die Flächen zu bekommen. Dass dies zunächst meist häufige Arten sind, die in der Umgebung noch vorhanden sind, liegt auf der Hand. Im Sinne eines entstehenden funktionalen Ökosystems ist dies ein wichtiger Schritt. Die aus Eilenburg und Dresden genannten Beispiele zeigen, dass bei Vorhandensein mehrerer Schmetterlingswiesen eine Biotopverbundfunktion entsteht, die es auch selteneren Arten ermöglicht, urbane Grünflächen zu besiedeln. So sind in Eilenburg bereits zwölf und in Dresden 56 Schmetterlingswiesen registriert, die erste Biotopverbundlinien auch mit anderer grüner Infrastruktur herstellen. Dabei sind auch kleine Wiesen von großer Bedeutung. So zeigt KÖHLER (1999) anhand von einheimischen Heuschrecken, dass Populationen je nach Heuschreckenart und Ausstattung des Lebensraumes bereits auf Habitatflächen zwischen 344 und 4.675 m$^2$ leben können. Bei den

**Bild F:** Wegerich-Scheckenfalter (*Melitaea cinxia*) in Eilenburg auf der Schmetterlingswiese Nr. 43 am 20. Mai 2018.

**Bild G:** In den drei sehr heißen und trockenen Jahren 2018 bis 2020 war die Vegetation auf den Grünflächen oft im Juni schon vertrocknet. Auf den Schmetterlingswiesen hingegen waren noch im August grüne und blühende krautige Pflanzen zu finden.

registrierten Schmetterlingswiesen, für die Angaben zur Flächengröße vorliegen, beträgt die durchschnittliche Flächengröße 3.814 $m^2$. 80 % der Wiesen sind größer als 344 $m^2$ und damit groß genug, für eine Reihe von Insektenarten Lebensräume für eigenständige Populationen bereitzustellen.

In den trockenen und heißen Sommern der zurückliegenden Jahre zeigte sich auf den Schmetterlingswiesen noch ein ganz anderer Vorteil gegenüber intensiv gemähten Flächen. Vereinzelt waren auf den Schmetterlingswiesen selbst im August noch grüne und blühende Pflanzen zu sehen (Bild G), während andere Grünflächen im Siedlungsraum zu dieser Zeit vollständig verdorrt und staubig waren. Solche Pflanzenarten sollten systematisch erfasst und in strategische Grünflächenplanungen für eine städtische Klimawandelanpassung einbezogen werden.

Die im Schmetterlingswiesenprojekt im Siedlungsraum angewandte Mahdmethode wird seit 2018 in Sachsen auch in verschiedenen Fördermaßnahmen in Landwirtschaft und Naturschutz implementiert. Damit kann die partielle Mahd auch in Naturschutzgebieten, FFH-Gebieten und LRT-Lebensräumen umgesetzt werden, wo die Bewirtschaftung vieler Wiesen mit solchen Fördermaßnahmen (ko-)finanziert wird. Entscheidend ist, dass diese Maßnahmen nun weite Anwendung finden, um so einen Biotopverbund zu etablieren, der es den Insektenarten des Offenlandes erlaubt, sich in unserer Kulturlandschaft wieder auszubreiten.

Zu guter Letzt muss darauf hingewiesen werden, dass die Teilflächenmahd kein Allheilrezept für die Insekten des Offenlandes ist. Gefördert werden vor allem solche Insektenarten, die einen großen Teil ihrer Entwicklung im oder am Boden vollziehen, wo sie von der Mahdtechnik nicht oder kaum erreicht werden. So nisten die meisten einheimischen Wildbienenarten im Boden, die Larven einiger Tagfalterarten sind nachtaktiv, ruhen tagsüber an der Bodenoberfläche, wo sie von den Mahdwerkzeugen nicht erfasst werden (wohl aber durch Befahren und Begehen) und die Eier der Heuschrecken überdauern die kalte Jahreszeit im Boden. Andere Insekten, die nur eine Generation pro Jahr hervorbringen und sich in der mittleren und oberen Vegetationsschicht entwickeln, bräuchten eineinhalb Jahre Mahdpause, was auf wüchsigen Standorten kaum realisierbar ist. Für eine weitere Erhöhung der Artenvielfalt der Insekten ist deshalb eine angepasste Beweidung nötig. Ist der Tierbesatz nicht zu hoch, gibt es stets auch Bereiche, die nicht abgefressen werden. Zudem schaffen Weidetiere Störstellen in der Vegetationsdecke, die Nisthabitate für Wildbienen sind, und ihre Exkremente bilden die Nahrungsgrundlage für Dungkäfer und -fliegen (sofern dies nicht durch die Verabreichung von Tierarzneimitteln unterbunden wird), eine Fauna, die auf Mähwiesen weitestgehend fehlt. Ferner unterstützen Weidetiere die Ausbreitung von Tier- und Pflanzenarten. Nicht zuletzt wurden die höchsten Biomassewerte in den Untersuchungen mit der 100-Kescherschlagmethode mit 4,51 g auf jener Fläche erreicht, die auch beweidet wird. Es mag zunächst abwegig erscheinen, städtische Grünflächen zu beweiden. Hierfür können aber kleine Tierarten und -rassen wie Schafe oder Ponys oder Pferde der vielen Freizeitpferdehalter genutzt werden.

Die im Schmetterlingswiesenprojekt erfolgreich zur Anwendung gekommene Teilflächenmahd ermöglicht die Entwicklung einer Arthropoden-Biomasse, die ein bis zwei Zehnerpotenzen höher ist als auf intensiv gemähten Flächen und die Flächengrößen der meisten Schmetterlingswiesen sind bereits ausreichend, nachhaltig Lebensraum für eigenständige Populationen zahlreicher Insektenarten zu schaffen. Es wird nun darauf ankommen, mit der partiellen Mahd weiter in die Fläche zu kommen, um einen landesweiten Biotopverbund im Grünland zu realisieren. Das im Schmetterlingswiesenprojekt erfolgreich zur Anwendung gekommene Prinzip, durch eine partielle Mahd Raum und Zeit für Insekten im Offenland zu schaffen, wird im Nachfolgeprojekt „iNUVERSUMM – Raum und Zeit für Insekten“ (www.inuversumm.de) fortgesetzt und auf Bäume, Hecken, Gärten, Gebäudegrün und Gewässer im Siedlungsraum erweitert.

## Dank

Ein ganz herzliches Dankeschön gilt allen Menschen, die sich dafür engagieren, das Mahdregime auf den Wiesen zu ändern. Dies mag zunächst einfach klingen, erfordert aber, Gewohntes zu hinterfragen, sich selbst umzustellen und sich den Fragen der Mitmenschen zu stellen. Ein weiterer Dank gilt den regionalen Projektpartnern, die vor Ort mit der Wiesenpflege Beispiele geschaffen und mit eigenen Veranstaltungen maßgeblich dazu beigetragen haben, das Projekt sachsenweit bekannt zu machen.

„Puppenstuben gesucht – Blühende Wiesen für Sachsens Schmetterlinge“ ist ein Kooperationsprojekt der Sächsischen Landesstiftung Natur und Umwelt, des Senckenberg Museums für Tierkunde Dresden, des Naturschutzbundes Deutschland (NABU), Landesverband Sachsen e.V. und des Deutschen Verbandes für Landschaftspflege (DVL), Landesverband Sachsen e.V. In den ersten drei Jahren war zudem der Landschaftspflegeverband Torgau-Oschatz e.V. Kooperationspartner, gefolgt vom Sächsischen Landeskuratorium Ländlicher Raum e.V. während der zweiten Projektphase. Für die langjährige konstruktive und engagierte Zusammenarbeit danken wir allen Kooperationspartnern. Das Projekt erhielt finanzielle Unterstützung aus Zweckerträgen der Lotterie Glücksspirale. Die fachliche Begleitung des Schmetterlingswiesenprojektes während der zweiten Projektphase wurde durch das Sächsische Staatsministerium für Energie, Klimaschutz, Umwelt und Landwirtschaft (SMEKUL) mit Steuermitteln auf Grundlage des vom Sächsischen Landtags beschlossenen Haushaltes unterstützt.

### Literatur

KÖHLER, G. (1999): Ökologische Grundlagen von Aussterbeprozessen. Fallstudien an Heuschrecken (Caelifera et Ensifera). Laurenti Verlag, Bochum, 253 S.

NUSS, M. & D. LEHMANN (2022): Fachliche Evaluierung des Mitmachprojektes „Puppenstuben gesucht – Blühende Wiesen für Sachsens Schmetterlinge“. Naturschutzarbeit in Sachsen 63, S. 12–25.

WINTERGERST, J. & M. NUSS (2020): Quantitative Erfassung von Insekten auf Schmetterlingswiesen. Sächsische Entomologische Zeitschrift 10, S. 34–53.

WINTERGERST, J., KÄSTNER, T., BARTEL, M., SCHMIDT, T. & M. NUSS (2021): Partial mowing of urban lawns supports higher abundances and diversities of insects. Journal of Insect Conservation 25, S. 797–808.

## Das Grundkonzept der Wiesenpflege: Zeit und Raum

Das Erstellen des grundlegenden Pflegekonzeptes beinhaltete Überlegungen aus botanischer und zoologischer Sicht (siehe vorhergehenden Block) sowie Aspekte zur Steigerung der Anwenderfreundlichkeit. Dieses Konzept ist für die meisten typischen artenreichen Grünflächen anwendbar. Natürlich werden in den folgenden Kapiteln auch Modifikationen, Ausnahmen und Sonderfälle besprochen. Das Grundkonzept der Wiesenpflege hat sich in den letzten Jahren auch als Mahdkonzept nach UNTERWEGER in vielen Kommunen niedergeschlagen. Es wurde 2018 erstmals der Öffentlichkeit vorgestellt (siehe UNTERWEGER et al. 2018) und ist durch seine wissenschaftliche Herleitung und die praxistaugliche Anwenderoptimierung beliebt.

Obwohl das Konzept in der Umsetzung banal ist, so muss es doch zunächst verstanden werden und dann zur praktischen Umsetzung kommen.

Pflanzen und Tiere brauchen Raum und Zeit. Zeit ist Leben. Raum ist der Ort zum Leben. Vom Samen zur samenstreuenden Pflanze, vom Ei zum eierlegenden erwachsenen Insekt – diese Zeit ist unterschiedlich lang und hat doch grundlegende Schritte gemeinsam: Wachsen, Nahrungserwerb, Schutz und Ruhe, Balz und sexuelle Vermehrung. Das braucht nicht nur bei uns Menschen recht viel Zeit und Raum. Daher berücksichtigt das Grundkonzept das Bedürfnis nach diesen Grundlagen der Entfaltung.

Die botanische Optimierung (I) beinhaltet eine zweimalige Mahd mit einem Langgrasschneider und anschließendem Abräumen des Schnittgutes zur Förderung der Pflanzenvielfalt. Die Pflanzen können ungestört in die Höhe wachsen, blühen, bestäubt werden und schließlich versamen. Das Gleiche gilt für die Tiere auf dieser Teilfläche, die hier unbeeinflusst leben. Wir nennen diesen Schritt die botanische Optimierung (I), weil die Entwicklungsgeschichte unserer Heuwiesen ganz eindeutig davon ausgeht, dass artenreiche Blumenwiesen vor allem deshalb entstanden, weil eine ungestörte Entwicklung der Samen das Überleben der Pflanzenarten ermöglicht hat.

Neben diesem zweischürigen Konzept (I) werden zweitens auch Flächen angelegt bzw. in der Pflegeart umgestellt, welche nur zum zweiten Mahdzeitraum gemäht und abgeräumt werden. Der einmalige Schnitt im Herbst (II) ermöglicht die Imaginalentwicklung von Spätsommerinsekten und gehört wie (III) zur zoologischen Optimierung. Denken Sie dabei an Heuschrecken und viele unserer heimischen Tagfalter. Sie sind erst im Spätsommer/Herbst aktiv und bereichern unsere Flächen durch Zirpen und Flattern. Wo stecken diese Tiere im Frühsommer und Hochsommer? Oftmals auf den Wiesen. Aber sie sind in den ersten Monaten des Jahres noch als unbewegliches Ei oder als eingeschränkt mobile Larve/Raupe unterwegs und fressen Blätter, Streu und andere Biomasse. Erst spät im Jahr werden diese Arten erwachsen und flug- bzw. sprungfähig. Eine frühere Mahd (z. B. auch der erste Mahdzeitraum) würde diese mobilitätseingeschränkten Tiere empfindlich treffen und abtöten. Daher ist der Aspekt (II) essenziell. Wir nennen ihn in der Grafik „Larvalentwicklung".

Drittens werden einige Flächen nur durch einen einmaligen Schnitt im Zeitraum A (III) gepflegt, der Überwinterungshabitat bieten soll. Diese Teilflächen werden nur im ersten Mahdzeitraum gemäht und wachsen dann ungestört bis in den Herbst. Sie bleiben ungemäht stehen und überdauern den Winter als Altgrasbestand. Der Grund hierfür dürfte naheliegen: Die Insekten auf diesen Teilstücken können ungestört den Winter in Stängeln, verdorrten Blütenköpfen und in der auf der Fläche befindlichen Biomasse überdauern. Sie sind der Garant für die Wiederbesiedelung der Gesamtfläche im nächsten Jahr. Hier gilt die Überlegung: Wenn wir im Folgejahr wieder Schmetterlinge und Co in unserer Kommune haben wollen, dann dürfen wir nicht darauf bauen, dass diese aus der freien Landschaft oder der Nachbarkommune erneut zu uns kommen. Wir müssen den Insekten vor Ort die Möglichkeit geben, sich zu vermehren und den Winter zu überstehen (vgl. hierzu Metapopulationsdynamik auf Seite 133).

**Faustregeln für Refugialflächen: Überwintern und Übersommern**

Wenn wir Insekten Zeit und Raum geben, so sollte nie die gesamte Fläche gemäht sein. Die stehen gelassenen Bereiche nennen wir auch Refugien oder Refugialflächen. Auf diesen Flächen können die Insekten überwintern und auch übersommern. Sie können streifenförmig, rechteckig, rund oder jegliche andere Form haben. Schön ist die Vorstellung einer Mahd, die sich spiralförmig an die zukünftige Insel heranarbeitet, idealerweise kapieren die Insekten diese gute Absicht und flüchten sich auf die Insel.

Dieses dreigliedrige Mahdkonzept (I, II, III) führt mittelfristig zu artenreichen und multifunktionalen Wildblumenwiesen, auf denen ein Austausch und kleine Wanderungen möglich sind. In der Grafik sind diese kleinen Wanderungen durch die roten Pfeile angedeutet. So ist ein Wiederbesiedeln von Bereichen, auf denen alles Leben erloschen ist, möglich. Mit diesem Mahdkonzept, basierend auf vorausgegangenen Ergebnissen, wurde eine optimierte Grünflächenpflege entwickelt. Es gilt dabei der Grundsatz der Asynchronität und Kleinräumigkeit sowie der Reduzierung des Motorgeräteeinsatzes.

Einige Details dienen der praktischen Anwendbarkeit und sollen die Umsetzung erleichtern (siehe dazu auch in der Abbildung auf Seite 114):

- Möglich wäre eine Einteilung der Flächen in die unterschiedlichen Schnittmuster, zum Beispiel: 80 % : 10 % : 10 %; 60 % : 20 % : 20 %; aber auch gleichwertige Flächengrößen (je 1/3) sind sehr nützlich. In einigen Kommunen werden auch lineare Strukturen und Schachbrettmuster gemäht.
- Es gibt keine festgelegten Mahdzeitpunkte. Meine Erfahrung sagt, dass Zeitpunkte Angst und Stress fördern. Die Einführung von Mahdzeiträumen dient sowohl den Mähenden als auch der Förderung von Asynchronität und Mosaik. Zu empfehlen ist zum Beispiel ein Wiesentag pro Woche. Dabei werden immer nur einzelne Wiesen gemäht, nie alle auf einmal.

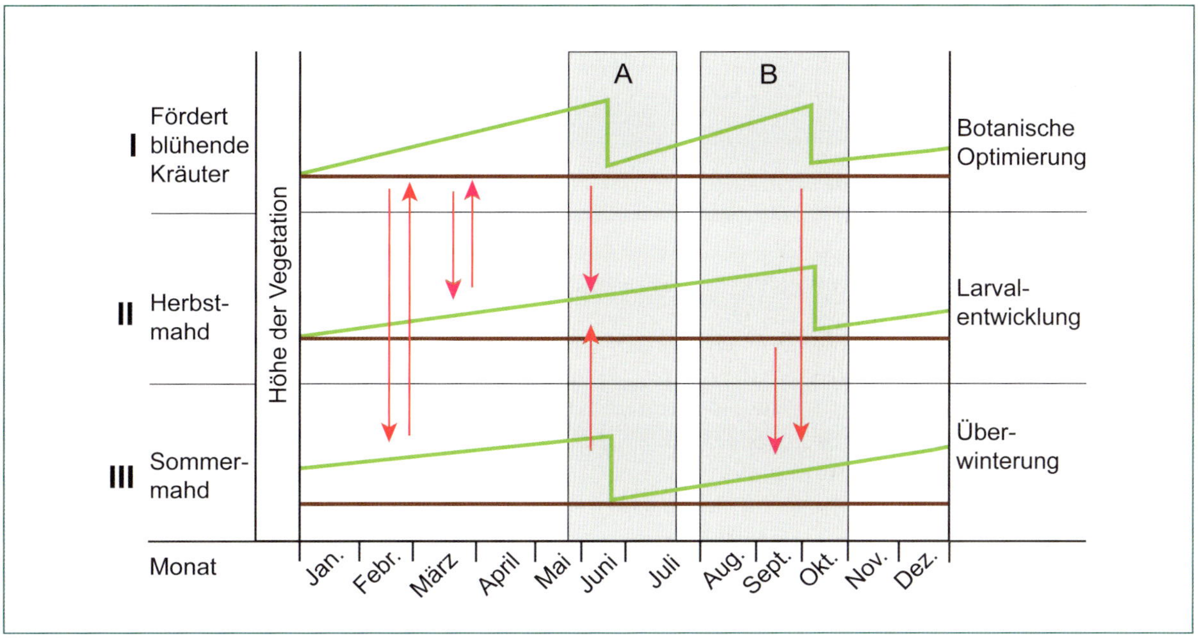


Zur Reduzierung des Nährstoffhaushalts ist eine **zweimalige Mahd (I)** für viele Blütenpflanzen unverzichtbar. Diese zweifache Mahd orientiert sich an der klassischen Heuwirtschaft und sorgt mit zwei Schnittperioden (A: Ende Mai bis Ende Juli sowie B: Anfang August bis Ende Oktober) für Blütenvielfalt.
**Die Herbstmahd (II)** (Zeitraum B: Anfang August bis Ende Oktober) ermöglicht es „Spätsommerinsekten", den Lebenszyklus durch die verschiedenen Larvenstadien hindurch ungestört zu absolvieren. Die späte Mahd erlaubt es den nun mobilen, erwachsenen Tieren zu flüchten.
**Die Sommermahd (III)** (Zeitraum A: Ende Mai bis Ende Juli) entnimmt der Fläche lediglich im Sommer die Biomasse. Hier können Insekten überwintern. Überwinternde Insekten sind zu diesem Zeitpunkt bereits ausgeschlüpft und können auf den anderen Flächen Schutz vor der Mahd finden. Das Altgras dient zudem Reptilien als isolierendes Wärmepolster für ein Sonnenbad im Frühjahr.
**Die roten Pfeile** symbolisieren **Migrationsbewegungen**, mit denen mobile Insekten den Mähereignissen ausweichen können. Schnittperioden sollen das synchrone Mähen vermeiden. **Die braune Bezugslinie** zeigt, dass auch die **Schnitthöhe** variabel sein sollte, um Amphibien und größeren Insekten die Möglichkeit des Wegduckens zu ermöglichen und zugleich offene Stellen für Samen und erdabhängige Insekten zu schaffen (nach UNTERWEGER et al. 2018).

- Die Schnitthöhe variiert (siehe Grafik Seite 113): Zwischen 15 cm und 0 cm ist alles akzeptabel, wenn es variiert. Mal werden bei der Mahd (in einer Spanne von 10 cm bis 15 cm) nicht alle Insekten und Amphibien überfahren und totgemäht, dann staubt es (Minus 5 cm bis 0 cm) auf und schafft so Platz für Samen und erdbewohnende Insektenarten. Die Mischung fördert auch hier die Vielfalt. Der Wechsel der Altgrasstreifen ist wichtig. Es sollten nicht immer die gleichen Bereiche stehen gelassen werden. Rotieren Sie frei über die Fläche – aber bedenken Sie, dass Überwinterungsbereiche ungestört sein sollten und daher nicht mitten auf einer Spiel- und Liegewiese angelegt werden sollten, auf denen an Silvester das Feuerwerk stattfindet. Ein spannendes Argument ist auch, dass die Taubildung vor allem ab einer Höhe von 10 cm einsetzt. Somit ist der Kühlungseffekt ab 10 cm Vegetationshöhe größer.

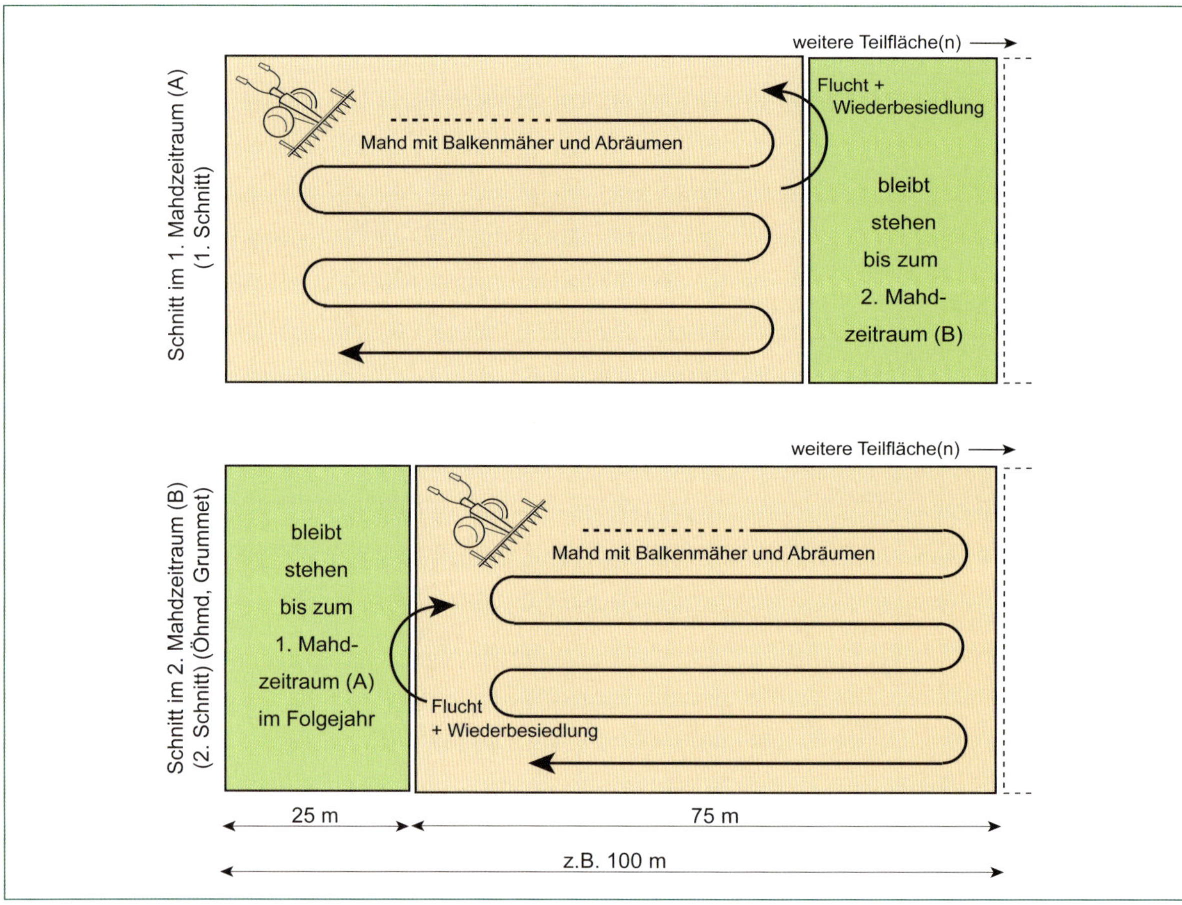


Diese Darstellung beinhaltet alle Aspekte von oben aus der Vogelperspektive. Nicht zu erkennen ist die variierende Mahdhöhe. Spannend ist in dieser Darstellung die Tatsache, dass sich die Teilflächen in Reihe schalten lassen. So können lange lineare Strukturen (Wegränder, Säume, Alleen, Parks) – hier in Kette – gepflegt werden, zum Beispiel: 75 m mähen, 25 m stehen lassen (nach GORTHNER 2022).

**Merke:**
Wer Schmetterlinge, Insekten und Blumen haben will, muss dafür sorgen, dass diese an Ort und Stelle überwintern und sich vermehren. Hoffen Sie nicht darauf, dass die Bewohner des Nachbarortes Ihnen nächstes Jahr Schmetterlinge schicken.

**Bild A** zeigt eine Streuobstwiese, bei der die Baumzwischenräume belassen wurden. Kritiker werden auf Mäuse hinweisen, dennoch konnten so einige Insekten überleben. Das abschnittsweise Pflegen von Straßenböschungen zeigt **Bild B** in Perfektion. In **Bild C** bieten die verdorrten Sommerstauden einen optisch interessanten Aspekt. Sie sorgen dafür, dass die Grillen zirpen und die Schmetterlinge auch noch im Herbst bei uns sind. **Bild D** zeigt eine Wiesenfläche nach dem Winter. Säume wie in **Bild E**, die durch die Wilde Karde charakterisiert sind, vertragen keine erste Mahd im Juni. Sie sind für das überjährige Stehenlassen prädestiniert. In Halmen und Blütenköpfen überwintern die Insekten, während Stieglitz und Co. die Samen im Winter fressen werden. Das Abräumen erfolgt im Frühjahr an den ersten warmen Tagen. Um Schäden durch die Befahrung zu minimieren, empfiehlt sich die Mahd mit der Heckenschere. Das Material kann auch teilweise als Garben gebunden und senkrecht auf der Fläche, an Bäumen oder in Hecken aufgestellt werden, um den verbleibenden Überwinterern eine Möglichkeit zu geben, doch noch zu schlüpfen.

Insekten brauchen Raum und Zeit.

**Tipp:**
Die meisten Arten können sich in einer Wildblumenwiese entwickeln, wenn der erste Schnitttermin jedes Jahr etwas variiert: Man darf durchaus in einem Jahr schon Ende Mai mähen, wenn man im nächsten Jahr mit dem Heuen bis Ende Juni warten kann. Aus diesem Grund sind Mahdzeiträume sinnvoller als Mahdzeitpunkte.

Verschiedene Aspekte einer Wiese im Verlauf eines Jahres. Gut sichtbar ist die Pflege des Akzeptanzstreifens, den ich gern ohne Mulchbrocken sehe, das Stehenlassen des Saums, das Schwaden und das Verbringen auf einen Haufen. Von diesen zentralen Haufen wird das Schnittgut mit dem Sauger eines Unimogladezugs entfernt.

## Abwandlungen des Grundkonzepts

Das Grundkonzept der ökologischen Mahd haben wir in vorangegangenem Abschnitt hergeleitet. Es bildet den Kern der möglichen nachhaltigen Mahdkonzepte und biodiversitätsfördernden Mahdrhythmen. Ausgehend von der im Kapitel „Grünflächentypen“ (ab Seite 53) angesprochenen Typenvielfalt müssen an dieser Stelle weitere Pflegekonzepte ergänzt werden, die das Grundkonzept funktionell und nachhaltig erweitern. Diese Typen sind zum einen aus der traditionellen landwirtschaftlichen Praxis abgeleitet, zum anderen von der Theorie inspiriert.

Eines haben aber alle Pflegeformen gemeinsam: Sie sind notwendig, um die Funktionsvielfalt des urbanen Grünraums zu erhalten.

Gehen wir bei der Betrachtung der weiteren Anpassungen von der Wiese aus. Neben der Wiese gibt es im urbanen Umfeld unterschiedliche Rasentypen, Staudenfluren bzw. Staudenpflanzungen und Weiden.

### Rasen

Auf die Pflege von Rasen soll in diesem Buch nicht grundsätzlich eingegangen werden. Es dürfte allen Beteiligten klar sein, dass das gedankenlose Abfahren der Flächen mit extrabreiten, schnellfahrenden Rasenmulchern/Sichelmähern in den seltensten Fällen den elementaren Lehrinhalten der Rasenpflege entspricht (Langeweilerasen). Das regelmäßige Mulchen von Rasen erfolgt nie in der Regelmäßigkeit, die dem Rasen und den Menschen dient. Mulchfetzen und Mulchhäufen sorgen schon beim Verpassen des optimalen Zeitpunkts um wenige Tage für einen hässlichen Anblick der Fläche. Der zusätzlich zerschredderte Müll macht die Wiese ungewollt zu einer „bunten Wiese“ im schlechtesten Wortsinn. Außerdem werden Hundekot, Erdhaufen und alles, was der Mäher erwischt, ziellos auf der Fläche verteilt. Auch wenn diese Form der Pflege als „wirtschaftlichste Form“ der Grünlandpflege in den Vergabeprozessen auftaucht, so erfüllt sie doch keine der vielen Notwendigkeiten der nachhaltigen Grünflächenpflege in einer lebenswerten Stadt. Selbst derjenige, der so mähen muss, möchte da nicht wohnen, wo er so mäht.

Zu unterscheiden ist: Der Intensivrasen (Scherrasen, Schurrasen, Schnittrasen) mit seiner typischen Rasenpflege und dem fachlichen Rasenbau. Der Rasen (Alltagsrasen, Gebrauchsrasen), wie wir ihn in Parks und anderen Rasennutzungsformen antreffen, braucht eine regelmäßige, bedachte Pflege, die ein schönes Stadtbild hinterlässt. Eben kein stumpfes Niedermachen von Vegetation, wie man es landläufig erlebt. Das Old-growth grassland als besonders wertvolle Form des Rasens sollte weder einer unbedachten Methodenänderung noch einer gut gemeinten „Ansaateuphorie“ zum Opfer fallen. Der Terminus wurde im Kapitel „Grünflächentypen“ und im Gastbeitrag (Seite 57) eingehend erläutert.

Dass diese Fläche eindeutig als Rasen gepflegt werden sollte, zeigt sich allein durch die dichte Nutzung. Der Englische Garten in München weist zu Recht weite Teile als Liegewiesen aus.

Der alte botanische Garten in Tübingen ist dem Englischen Garten durch seine Nutzung sehr ähnlich. Der intensiv gedüngt und bewässerte Rasen wird durch extensive Wiesen-/Rasenbereiche (im Vordergrund) umsäumt. Dadurch wird eine Publikumslenkung auf die zentrale Liegewiese erreicht.

Der gepflegte Rasen ist eine Kulturform, die am richtigen Platz und mit Bedacht einen festen Platz im öffentlichen Raum haben sollte. Somit ist auch der „Englische Rasen“ kein Schimpfwort, sondern ein Kulturgut. Die Rasenkunst ist alt, die Kultur des Rasens wertvoll. Die Nutzung des Spindelmähers, des Fangkorbs und die Vertikutierung sind Arbeitstechniken, die gepflegt, gelehrt und gut ausgeführt werden sollten. Keinen Platz in der nachhaltigen Stadtgrünflächenpflege hat jedoch der Langeweilerasen. Er muss ersetzt werden.

### Wiesen und Säume

Hier unterscheide ich drei Abwandlungen zum Grundkonzept. So wie das Grundkonzept eine Kopie der klassischen Heuwiesenbewirtschaftung ist, so sind auch alle anderen Anpassungen eine direkte Kopie von Grünlandpflegetraditionen der traditionellen Landwirtschaft. Sie sind durch die Nutzung entstanden und führten quasi passiv zu einer hohen biologischen Vielfalt. Die ökologische Geschichte fordert beim Saum eine andere Herangehensweise als auf klassischen Schurwiesen. Für die Verkehrssicherheit, die Annehmbarkeit/Akzeptierbarkeit (Akzeptabilität) und die Praktikabilität kann ein sogenannter Schröpfschnitt eine große Rolle spielen. Frühblüherwiesen, die wir auch zu den Blumenrasen zählen können, stellen zudem nutzungsbedingt andere Anforderungen an die Pflege als klassische Wiesen.

**Der Saum** ist eine vegetationscharakteristische Sonderform der Grünlandtypen. Seine Entstehung und ökologische Einnischung haben wir bereits kennengelernt. Er unterscheidet sich durch seine Extensivität. Säume werden allerhöchstens einmal pro Jahr gemäht. Auch längere Abstände sind durchaus denkbar. Betrachtet man Säume in Naturlandschaften, so werden sie unter Umständen so selten gestört, dass bereits eine Verbuschung einsetzt, ehe sie wieder zurückgesetzt werden. Säume bleiben lange erhalten. Sie werden allenfalls zwischen Spätherbst und Frühjahr abgeräumt, aber niemals komplett. Säume sind essenzielle Schutzlebensräume für Insekten und Niederwild. Das heißt, die Mahd ist so selten wie möglich durchzuführen. Aus Sicht der Insekten ist es sinnvoll auch bei der Pflege nie alles auf einmal abzuräumen. In jedem Stängel und Blütenkopf überwintern diese Tiere. Größere Lebewesen leiden auch unter der abschnittsweisen Pflege. Der sogenannte Randeffekt reduziert die geschonten Bereiche oft so weit, dass sie zu einem Angstraum (landscape of fear) werden und keinen Schutz mehr bieten. Ein in der Ökologie stets auftretendes Abwägen: Auch wenn man es gut macht, wird man immer Schaden anrichten – ebenso, wie wenn man nichts tut.

Bei der Pflege von Wiesen und Staudenfluren ist **der Schröpfschnitt** eine Kopie der landwirtschaftlichen Frühjahrsnutzung von Grünland. Zur Umstellung der Wiederkäuermagen wurden nach der winterlichen Heufutterzeit erste Gaben an frischem Grünfutter in den Stall gebracht. Dieses erste Frischfutter führte auf den Futterwiesen zu einem frühen ersten Schnitt. Auch erste Frühbeweidungen erfolgten in dieser Jahreszeit und die Tiere konnten sich erstmals nach dem Winter im Stall wieder die Beine vertreten. Aus praktischer Sicht ging es den Bauern um das Wohl der Tiere (schrittweise Umstellung der Verdauung) und um eine möglichst konstante Milchleistung. Aus biologischer Sicht führte diese vorsaisonale Nutzung zu einer Beeinflussung der Vegetation. So konnte eine erhöhte Wüchsigkeit der Gräser bei früher Beweidung eingeleitet werden. Erfolgte die frühe erste Mahd/Beweidung aber etwas später, so reagierten die zweikeimblättrigen Blütenpflanzen mit einem Wachstumsstopp und der möglichst raschen Ausbildung der Blüte. Diese Blüte erfolgte dann zwar in vergleichbarer Pracht, aber in sehr stark verringerter Höhe. Der Schröpfschnitt nimmt der Pflanze und der gesamten Fläche viel Energie und Nährstoffe, ein weniger hoher Blühaspekt ist die Folge. Der **Remontierschnitt** ist die staudengärtnerische Bezeichnung dieser Form des Schröpfschnittes. Durch eine gezielte Mahd werden der Blühzeitpunkt verlegt, die Wüchsigkeit beeinflusst und die Wirkung der Fläche gelenkt.

Links im Bild die im April geschröpfte, dennoch aber blühende Fläche. Die rechte Wiese ist ungestört herangewachsen. Für die Verkehrssicherheit ist das ein Gewinn.

Die durch den Nährstoffentzug schon früh geschröpfte Wiese blüht zeitlich etwas versetzt und mit etwa der halben Höhe → Remontierschnitt. Da die Gräser auf artenreichen Wiesen generell eine geringere Dichte haben, spielt die Stimulation deren Wüchsigkeit kaum eine Rolle. Für welche Situationen dieser Schritt hilfreich sein kann, dürfte klar sein: Erstens werden sehr wüchsige Wiesen abgemagert. Zweitens, und das könnte für die Anwendung dieser Mahdmethode entscheidend sein, werden die Flächen durch die geringere Höhe an verkehrsintensiven Stellen einen wichtigen Beitrag zur Sicherheit des Verkehrs liefern. Eine geschröpfte Wiese bleibt niedriger als ein Schulkind. Eine geschröpfte Ansaat fällt nicht vor lauter Wachstumseuphorie bereits Anfang Juni auf den Radweg. Verkehr, Blütenreichtum und Remontierschnitte sind eine ideale Kombination.

Warum machen wir das dann nicht überall? Wegen der Insektenvielfalt. Vielfalt bedeutet Vielfalt, in diesem Kontext geht es um den Strukturreichtum, die Gräser, die Samen, den Schutz. Eine geschröpfte Wiese bietet zwar ein ähnliches Pollen- und Nektarangebot, aber es fehlen dennoch wichtige Funktionen, die die gesamte Vielfalt unserer heimischen Lebewesen schlicht und einfach benötigt.

**Die Frühblüherwiese/der Blumenrasen** ist eine Sonderform des kommunalen Grünraums – und doch kennt sie jeder. Frühblüherwiesen sind in älteren Stadtparks recht häufig. Schon im letzten Schnee erkennt man die ersten Krokusse und Narzissen, Scilla, Winterlinge und andere Geophyten. Sie sind die erste wichtige Nahrung unserer heimischen Insekten. Gute Frühblüher sind selbstvermehrend und werden in diesen Flächen über die Jahre mehr. Dennoch ist das ganze Spektakel oft auch schnell vorbei. Wie im Abschnitt „Blumenrasen“ auf Seite 63 besprochen, können diese Flächen durch das Zupflanzen von Wiesenblumen des Frühsommers in ihrer Blütenpracht verlängert werden. So wird aus einer Frühblüherwiese eine Frühsommerwiese mit Wiesenschaumkraut und Margeriten und vielen anderen typischen Maiwiesenblumen. Dann aber kommt der sprichwörtliche Cut. Nach dem Verblühen der Margeriten mähen wir diese Fläche und werden sie den Rest des Jahres mit dem Rasenmäher (+ Fangkorb) als Rasen pflegen. Ideal ist diese Form der Pflege für Städte an den Standorten, wo alljährlich Sommerfeste stattfinden oder in den Sommerferien eine größere Liegewiese benötigt wird. Auch hier gibt es zwei direkte Vorbilder: die Heuwiese mit anschließender Beweidung, nach der Heuernte wurde die Fläche für den Rest des Jahres beweidet, oder ein recht häufiges Hausgartenphänomen: die Margeriteninsel. Alljährlich wird man in den Hausgärten Zeuge, dass die Rasenmäher alles, aber wirklich alles niedermetzeln, aber Margeriten immer stehen bleiben. Die schönsten Salbei- und Skabiosenaspekte werden niedergemacht, aber Margeriten bleiben stehen und dürfen verblühen. Danach ist der Rasen flächig. Diese Methode bereichert das Stadtbild um einen weiteren Aspekt und gehört aus meiner Sicht fest zur nachhaltigen Grünflächenpflege.

## Die Beweidung

Die Beweidung ist essenziell und der wohl wichtigste Beitrag zur biologischen Vielfalt. Die Gründe, warum das so ist, wurden bereits besprochen. Es wäre aber vermessen, wenn wir in diesem Buch auch auf alle Fragen der Weidetierhaltung eingehen wollten – es würde den Rahmen sprengen. Zwei unterschiedliche Formen der Beweidung würde ich unterscheiden: eine Stoßbeweidung, bei der die Weidetiere nur temporär, kurzfristig und mit jeweils etwa acht Wochen Abstand auf die Fläche kommen, und die naturnahe extensive Dauerweide, bei der eine gemischte Truppe dauerhaft auf der Fläche steht und auch keine Menschen mitmischen.

Für die Kommunen gibt es die Möglichkeit, Weide vollständig zu vergeben. Das klingt einfach und problemlos und das kann es auch sein. Aber grundsätzlich sind auch alle anderen Zwischenstufen möglich. Oft sieht man es, dass die Kommunen Teile der Weideinfrastruktur stellen. Fest installierte Zaunpfähle kennzeichnen die Flächen unmissverständlich. Ein Weidewagen mit PV-Anlage, Wassertank, Zaunstauraum wird überlassen und dient als Werbefläche für die regionale Vermarktung. Ein Stall und mehrere wolfssichere Weideunterstände werden von der Gemeinde gestellt und dürfen vom Hirten genutzt werden. Die Gemeinde kann zudem Heukurse anbieten und die Bürgerinnen und Bürger so zu Heumeistern machen, die das getrocknete Heu ihrer Gärten dann zum kommunalen Heusammelplatz bringen dürfen, wo der Hirte dann die Auswahl treffen kann, welches Heu er für gut und brauchbar erachtet.

Die Möglichkeiten sind vielfältig. Optimal ist es sicherlich auch, wenn die Stadt neben dem Bau- und Betriebshof einen eigenen Viehhof einrichtet. Was ist denn so verwunderlich daran, wenn man neben einem Gärtner und einem Maschinenführer auch noch einen Landwirt und einen Hirten beschäftigt? Der Beruf des Stadthirten bietet zudem ideale Möglichkeiten, Menschen sinnhafte Arbeit zu geben. Inklusion ist hier das Zauberwort. Menschen mit großen Hirten- und Hütekompetenzen finden sich unter den Geflüchteten und als Mitarbeitende im Stall bietet sich die Kooperation mit einer Werkstätte für Behinderte an. Aber auch andere Erwerbstätige können es sich sicherlich vorstellen, zumindest für einige Stunden, den PC mit der Arbeit als Hirte einzutauschen. Gibt es was Schöneres als Zaunkontrollen, die Interaktion mit Tieren und frische Luft?

Weideidylle auf einer kommunalen Weidelandschaft.

Der integrative Ansatz, der nicht mehr in die Kategorien „Schutz, Schmutz und Nutz“ eingliedert, sondern ökologisch eine Nutzung in Kreisläufen ermöglicht und in der der Mensch Tabugegenden akzeptiert, würde dann auch die Niederstammbäume schnell wieder wegputzen, denn wenn man sich mal überlegt, warum Hochstamm Hochstamm heißt, dann wird man schnell merken, dass die Kuh da eine Rolle spielt und es sinnvoll war, die Äpfel so hoch zu hängen, dass die Weidetiere darunter nicht alle Äste abknabbern und das Obst fressen.

### Exkurs: Wie wandern Samen? Die Reise der Blumen

Selbst bei der besten Pflege mit Mähmaschinen werden Wiesen oft nicht wirklich bunter. Einige Arten werden auf Dauer fehlen. Eine Anfrage erreichte mich, die schrieb, dass trotz jahrzehntelanger Pflege auf der Wiese kein Thymian auftaucht. Wir fragen uns: „Ja, wie soll er denn? Der Samen hat doch keine Beine.“ Eine Artenanreicherung „von sich aus“ ist sehr begrenzt. Mehr als 60 % der Samen haben keine Möglichkeit zu wandern. Der Apfel fällt bekanntlich nicht weit vom Stamm. Nur wenn er aufgelesen wird, kommt er weiter. Wir unterscheiden in der Pflanzenökologie folgende „Ausbreitungstypen“. Also wie wandern Samen?
Durch **A – Autochorie** (Samen wandern selbst), und zwar in folgenden Varianten:

- Barochorie (durch die Schwerkraft),
- Blastochorie (Ausläufer, Selbstableger),
- Herpochorie (selbstständiges Kriechen),
- Ballochorie (Selbststreuer) (angestoßen durch Tiere: Zooballochorie; durch den Wind: Anemoballochorie; durch das Wasser: Hydroballochorie; durch Schleudermechanismen: Autoballochorie).

Man merkt schnell, dass einem nur wenige Arten spontan einfallen, die so etwas tun (Klatschmohn, Springkraut, Erdbeere, Weidenröschen ...). Und kaum eine ist eine Wiesenblume (Kriechender Günsel).

Also brauchen wir Transportsysteme und kommen zum zweiten Typ:
**B – Allochorie** (Fremdausbreitung), das heißt Pflanzen nutzen Transportmöglichkeiten wie

- Anemochorie (durch den Wind, 13 % der Wiesenblumen können das). Dabei wird unterschieden in den Transport über den Boden: Chamaechorie; durch die Luft: Meteorochorie; gestreut und geschleudert: Boleochorie.
- Hydrochorie (durch das Wasser). Schwimmen im Meer: Nautochorie; im Fluss: Bythisochorie oder durch Regentropfen verschwemmt: Ombrochorie.
- Zoochorie (durch Tiere). Da kann man Tiergruppen unterscheiden. Ornithochorie (Vögel), Mymakochorie (Ameisen) ... Oder die Art und Weise wie Anhaften: Epichorie (1 % der Wiesenarten haften an Tieren); Darmpassage: Endochorie; im Mundraum: Stomatochorie; Zufall: Dysochorie.
- Und schließlich den Menschen: Ethelochorie: mit Absicht. Speirochorie: unbeabsichtigt mit Saatgut. Agochorie: unbeabsichtigt.

**C – Atelochorie:** Der Samen will gar nicht transportiert werden, sondern möchte da keimen, wo er entstand.

Diese Auflistung soll uns helfen, zu begreifen, was alles fehlt, damit Wiesen wieder artenreich werden. Es fehlen die Vögel. Es fehlen die wandernden Tiere (Fell, Darmpassage). Es fehlen die ungezähmten Bäche (Überschwemmungen).

Alles, was momentan – und gerade innerorts – wächst, ist aus dem natürlichen Wandern und Austauschen ausgeschlossen. Isoliert. Es folgt: Inzucht und genetische Vergreisung und dann das Aussterben. Naturschutz mit Zaun funktioniert also nicht. Wir brauchen Dynamiken und Vermengungen und Wanderung. Daher brauchen wir wieder Viehtrieb, wandernde Hirsche, lebendige Auen, Biber, Ameisen ...

Zum Beispiel eine Vorbeweidung Anfang April. Dann fressen die Tiere die Samenstände vom Vorjahr und tragen sie an andere Orte. Das wäre das Gegenmodell zur „späten ersten Mahd“.

Die Literatur versucht die Herkünfte unserer Wiesenblumen zu ergründen. So finden wir folgende Herkunftsmutmaßung: 30 % der Pflanzenarten stammen ursprünglich aus wiesenähnlichen Naturstandorten dieser Breiten (siehe Kapitel „Die Geschichte des Offenlandes“, Seite 13), 25 % aus Waldstandorten, 20 % aus temporär offenen Strukturen (Lichtungen/Säumen), 15 % aus den Steppen des Ostens und bei 10 % ist die ursprüngliche Herkunft unklar.

## Urbane Beweidung: Keine Mode, sondern Notwendigkeit

Beweidung war nie eine Mode. Eine Kuhherde war nie romantisches Accessoire. Es war eine Notwendigkeit und ein logischer Schluss, dass Grünflächen in und um den Siedlungsraum mit unterschiedlichen Tieren beweidet wurden. Hersbruck in Franken hatte diese Tradition bis in die 60er-Jahre des 20. Jahrhunderts aufrechterhalten. Dort wurde das Vieh von Gemeindehirten gesammelt und aus der Stadt getrieben. Die Zonierung des Flusses in Bereiche für Mensch, Wäsche und Vieh ist noch heute bekannt. Gemischte Herden, bestehend aus Gänsen, Ziegen, Schafen, Kühen und Pferden, bevölkerten die Gemeinden. Noch heute zeugen Ortsbezeichnungen und Flurnamen von dieser Geschichte. Hersbruck kennt Teilorte namens Kleinviehberg und Großviehberg. In Mitteleuropa verbreitet, findet man Bushaltestellen mit archaischen Namen wie „Kuhberg", „Obere Ochsenweide", „Sauhag" und andere Zeugen einer reichen Weidekultur in und um unsere Siedlungsräume. Im Raum Hersbruck hat sich mit dem Verein Hutanger (http://www.hutanger.de) eine Institution geschaffen, die bedrohte Weideflächen systematisch erhält. So könnte man sagen: „Im Raum Hersbruck gibt es noch Stadthirten". Betrachten wir die Notwendigkeit dieser Einrichtung, so ist es unwichtig zu entscheiden, ob es die Ersten sind, die Letzten oder die Einzigen, die die Phase der Hirtenlosigkeit überdauert haben.

Ein Beweidungshof wurde eingerichtet und eine Vielzahl von alten Weidelandschaften wird wieder beweidet, eng eingebunden in ein tragfähiges Vermarktungskonzept und dem klaren Ziel einer touristischen Vermarktung. Das Hutangerprojekt ist sicherlich ein großer Schatz in unserer Kiste der Möglichkeiten. Vor Ort wurden alle Chancen und möglichen Probleme am eigenen Leib erfahren. Praktischer Viehtrieb und bürokratische Formalitäten treffen hier aufeinander und das erprobte Wissen steht zur Nachahmung bereit, ohne dass man dieselben Fehler, die gemacht wurden, wiederholen muss.

## Neue Aufgaben warten: Stadthirten bereichern das Leben

Stadthirten? Auf jeden Fall. Neben dem klassischen Grünpflegebetrieb und dem Bauhof werden wir nicht darum herumkommen, dass in den Städten und Gemeinden wieder eine naturnahe, gemischte Beweidung (Kuh, Pferd, Schaf, Ziege, Schwein und Gans) durchgeführt wird. Naturnah und extensiv sind hier die konkreten Ziele. Ob der Stadthirte als städtischer Mitarbeiter abgesichert wird – oder ob man externe Landwirte mit ins Boot holt, ist zunächst eine Frage der Organisation. Dennoch dürfte es für Kommunen nicht schwer sein, einen der vielen aufgelassenen Höfe zu reaktivieren und ein schlüssiges Konzept zu stricken – ein Konzept für Weidediversität, für regionale Produktwertschöpfung, eine regionale Strategie für Naherholung und Erlebnisspaziergänge, ein Konzept für Tourismus und Naturerfahrung.

## Die Geschichte als Vorbild für die Vielfalt: Wie Augsburg wieder Weidestadt wurde

Weidetraditionen spielen dabei eine zentrale Rolle. Beispielsweise nennt sich Augsburg Weidehauptstadt Bayerns und nutzte die Jahrhunderte alte Weidetradition als Grundstein für die Beweidung der Stadt. Als zentraler Handelspunkt für Wolle im süddeutschen Raum war Augsburg Dreh- und Angelpunkt von Schafherden aus dem gesamten südlichen deutschsprachigen Raum. Alles, was Wolle hatte, zog nach Augsburg. Ein Knotenpunkt des Pastoralismus (großräumig ziehende Wanderhirten) mit ausgeprägten Weidestrukturen in den Lechauen. Als Umschlagplatz der Wolle von immenser Bedeutung gelangte Augsburg so zu wertvollen Weidelandschaften. Aber auch die Rolle als Stadt der Reichstage brachte die Beweidung zum Blühen. Unvorstellbare Mengen Fleisch wurden während der Reichstage verzehrt – keiner wollte sich lumpen lassen, wenn Kaiser, Adlige und Händler über Wochen miteinander über Wohl und Wehe der Bevölkerung, Geld, Macht und Hochzeiten berieten. Ausgeprägte Jungbullenweiden waren die Folge dieses Konsums. Ein Geschenk für die biologische Vielfalt.

Diese Geschichte macht sich der Landschaftspflegeverband Augsburg zunutze und reaktiviert die Beweidung mit Kühen, Schafen, Ziegen und Pferden (https://lpv-augsburg.de/landschaftspflege/weidestadt-augsburg/). In nur einem Kilometer Entfernung vom Augsburger Rathaus stehen die ersten Weidetiere. Über 200 ha werden beweidet. Extra ausgestattete Hirtenanhänger wurden angeschafft: Weidezaun, Wasser, Futter und Werbefläche für die Vermarktung inklusive. Wer will schon argentinisches Rindfleisch, wenn die Geschichte der regionalen Herden viel bissiger und griffiger ist? Nachhaltiger geht es kaum.

**Das Artensterben**

Webcode mung12423

## Wie Weiden zum Besuchermagnet werden: Weidelandschaften als Tourismusaspekt

Weiden sollte man als Erlebnis verstehen. Die Vorfahren des Menschen stammen aus der Savanne Ostafrikas. Locker geflockt stehen die Bäume in der Landschaft und Tiere ziehen hindurch. Der aufrechte Gang ermöglichte uns den Überblick – und schon unsere Vorfahren waren tief glücklich, wenn sie eine Herde entdeckten. Denn eine Herde bedeutete, dass die Familie nicht hungern musste. Dieses unglaubliche, vererbte Glücksgefühl erleben wir heute nur noch selten. In Rumänien ist der tägliche Viehtrieb unvorstellbar glücksstiftend. Auch die vielen tausend Touristen beim jährlichen Almabtrieb in den Alpen zeugen von der positiven Wirkung einer gesunden Herde. Man darf die psychosoziale Wirkung eines guten Weideaspektes nicht unterschätzen. Jede urbane Weide wird unweigerlich zum Ausflugsziel aller. Hier treffen sich alle Generationen – vom Kinderwagen bis zu Oma und Opa. Hier entstehen Freundschaften. Glücksgefühle werden erweckt. Ein gut gestaltetes Weidekonzept ersetzt auf einfachste Weise jegliche Bemühungen für ein gutes Freizeitangebot für Bürgerinnen und Bürger. In der Elbtalaue werden Safaris angeboten, um Touristen zu den Tieren zu fahren. Aussichtstürme vermitteln einen Hauch von Afrika, wenn die Kühe und Schweine in der weitläufigen Weide in einer Suhle liegen.

# La Bergerie Urbaine – Wie Schäfer eine Großstadt beleben

**Das Interview mit BASTIEN MASSIAS wurde von Philipp Unterweger geführt und von ihm mit Unterstützung von DeepL und Google-Translate übersetzt (zur Originalfassung siehe Seite 233).**

La Bergerie Urbaine ist eine landwirtschaftliche Kooperative, die Beweidung, Lebensmittelproduktion und Bildungsaktivitäten in der Metropole Lyon vereint. Seit 2019 durchstreift eine Herde Vendée-Schafe das Gebiet, um die Stadt lebendiger zu machen. Durch eine ethische Lebensmittelproduktion möchte La Bergerie Urbaine der Region Lyon eine Vielfalt an ökologischen, sozialen und wirtschaftlichen Dienstleistungen bieten. Dies wird als positiver Kreislauf der städtischen Landwirtschaft gesehen.

## Wie ging alles los und welchen Weg sind Sie gegangen?

Die Ziele von La Bergerie Urbaine sind stark in den Werten der kleinbäuerlichen Landwirtschaft verankert: eine Herde im überschaubaren Maßstab, die Freilandhaltung, ausschließlich mit Gras gefütterte Tiere, eine natürliche Haltung der Herde, der Direktverkauf, ein sehr begrenzter Einsatz von Mechanisierung, die Werte des Teilens und enge Verbindungen mit den Bewohnern.

Im Jahr 2019 haben wir 12 Mutterschafe und 1 Widder von einem zertifizierten Vendée-Züchter gekauft. Nach einigen Monaten brachten unsere Mutterschafe 16 Lämmer zur Welt, was es ermöglichte, die Herde zu vergrößern, mehr Flächen für die Beweidung zu erhalten und mit der landwirtschaftlichen Produktion (Fleisch und Wolle) zu beginnen.

Wir haben uns aus mehreren Gründen für die Vendée-Rasse entschieden. Zuallererst ist sie für ihre mütterlichen Qualitäten und ihre Fügsamkeit bekannt – ein wesentlicher Punkt im Hinblick auf Wanderweide und pädagogische Arbeit. Darüber hinaus handelt es sich um eine Rasse, die aufgrund ihrer nordeuropäischen Herkunft an eine stickstoffreiche Ernährung gewöhnt ist. Dies ist ideal für die Aufnahme von städtischem Grünland, das regelmäßig gemäht wird und daher überwiegend junge, sehr stickstoffhaltige Triebe aufweist. Zudem hat dieses Schaf eine sehr gute Fleischqualität. Zu guter Letzt hat uns seine Schönheit zum Staunen gebracht. Das Mausgrau seiner Beine und seines Gesichtes machen es zu einem prächtigen Schaf, das perfekt für die städtische Zucht geeignet ist.

## Was ist der Kern Ihrer täglichen Arbeit?

Das Hauptziel des Projekts besteht darin, „städtischen Naturräumen durch landwirtschaftliche und gemeinschaftliche Aktivitäten einen nährenden Wert zu verleihen".

Wir führen eine Vielzahl von Aktivitäten durch (landwirtschaftliche Produktion, Landpflege, Unterhaltung, festliche Veranstaltungen oder sogar Bildungsmaßnahmen), die unsere tägliche Arbeit sehr bereichern und mit vielen Partnern mit unterschiedlichem Hintergrund verbinden.

Täglich kümmern wir uns um die pastorale (Beweidung durch Hirtenkultur Anm. d. Herausgebers) Pflege von Naturgebieten (Wiesen, Unterholz, Brachland), die Gemeinden, Bildungseinrichtungen, sozialen Strukturen, privaten Akteuren usw. gehören. Durch eine städtische Nutztierhaltung pflegen wir diese Räume auf ökologische Weise und geben ihnen gleichzeitig ihre landwirtschaftliche Funktion zurück. Die Anwesenheit von Schafen ist sowohl eine nützliche als auch poetische Möglichkeit der Landnutzung. Beweidung schafft eine beruhigende Atmosphäre für die Bewohner, die täglich gern mit den Tieren in Kontakt kommen. Diese pastorale Bewirtschaftung ermöglicht das ganze Jahr über den Zugang zu Weideflächen.

## Tiere in der Stadt? Das ist für uns heute sehr ungewohnt.

Bis 1950 lebten Nutztiere in unseren Städten. Tiere wurden als Nahrungsmittellieferanten, den Transport und das Recycling organischer Abfälle benötigt, und ihre Exkremente ermöglichten eine qualitativ hochwertige Gemüseanbauwirtschaft. Mit dem Aufkommen des Kühlschranks und der Globalisierung des Handels wurden Nutztiere aufs Land verbannt. Um wettbewerbsfähig zu sein, haben landwirtschaftliche Betriebe intensive Produktionsprozesse entwickelt, die durch Chemie und Mechanisierung unterstützt werden.

Diese wirtschaftlichen Herausforderungen bestehen fort und zwingen die heutigen Züchter dazu, viele Techniken anzuwenden (Nahrungsergänzungsmittel, Antibiotika, in die Mutterschafe eingesetzte Hormonschwämme, Zucht in geschlossenen Gebäuden usw.), die sich nachteilig auf das Wohlbefinden der Tiere und die Produktionsqualität auswirken. Unser Projekt sieht vor, Tiere ausschließlich auf Gras, auf weitläufigen Flächen und ohne den Einsatz von Chemikalien zu züchten.

Darüber hinaus dürfen wir nicht vergessen, dass die großen Städte auf dem fruchtbarsten Land gebaut wurden und dass in städtischen Gebieten ein großes Potenzial für die Lebensmittelproduktion besteht, wenn dies tatsächlich durch staatliche Maßnahmen (Bereitstellung von Land, Finanzierung von Ausrüstung, Kommunikation, Verkaufsstellen usw.) gefördert würde. Schließlich ist die Rückkehr der städtischen Landwirtschaft und insbesondere der Viehhaltung eine Antwort auf allgemeinere Fragen der Renaturierung der Stadt, der von den Bürgern geforderten Verbindungen zum Lebensunterhalt sowie der städtischen Kühlung oder Ernährungssicherheit, die die größten Herausforderungen des 21. Jahrhunderts darstellen.

## Wie sieht das heute aus?

Heutzutage werden urbane Naturräume allzu oft als einfache ästhetische Orte ohne reale Nutzung wahrgenommen. Sie machen jedoch 40 % des Großraums Lyon (d. h. mehr als 21.000 ha) aus und sind für die Anpassung unserer Städte an die globale Erwärmung, die Erosion der Artenvielfalt und das wachsende Bedürfnis der Stadtbewohner nach „Natur" von entscheidender Bedeutung. Durch unsere Praxis der Wanderweide gelingt es uns, fragmentierte Naturräume, die nicht mehr direkt für die Nahrungsmittelproduktion genutzt werden, zu nutzen.

## Was ist Ihre Idee?

Wir sehen in diesen städtischen Naturräumen viel mehr als nur landschaftlich gestaltete Orte. Wenn sie landwirtschaftlich bewirtschaftet werden, bieten sie den Städten eine Vielzahl nützlicher Funktionen: Nahrungsmittelproduktion, Bereicherung der biologischen Vielfalt, Bewusstsein und Aufklärung über Umweltthemen, Schaffung von Arbeitsplätzen, Wasserspeicherung und Reduzierung von Wärmeinseln, Wohlbefinden der Einwohner, Luftqualität … Urbane Nutztierhaltung bedeutet für uns daher, die Stadt durch eine Landwirtschaft zu verändern, die Mensch und Umwelt respektiert.

## Wie funktioniert das praktisch?

Die Urbanisierung hat die Naturräume fragmentiert und alle landwirtschaftlichen Praktiken, wie wir sie uns in ländlichen Gebieten vorstellen, nahezu unmöglich gemacht. Angesichts dieser Beobachtung muss die städtische Viehhaltung ihre Weidemethoden anpassen, um den Tieren das ganze Jahr über gesunde und ausreichende Nahrung zu bieten.

La Bergerie Urbaine hat sich daher für eine Komplementarität zwischen pastoraler Bewirtschaftung (Erhaltung natürlicher Räume durch Beweidung) und wandernder Beweidung (Tagestouren, bei denen die Tiere in Parks, Brachland und am Fuße von Gebäuden bewegt werden, um die Futteraufnahme zu vervollständigen) entschieden. Diese Komplementarität ermöglicht es La Bergerie Urbaine vollständig ein Teil seines Territoriums zu sein und die vorhandenen Naturräume trotz ihrer Fragmentierung aufzuwerten.

Um ein effektives und nachhaltiges Weidemanagement durchzuführen, praktizieren wir die dynamische Rotationsweidemethode: Elektrische mobile Zäune grenzen den Freilauf ab und werden häufig bewegt, um das Nachwachsen des Grases zu optimieren und die Bodenverdichtung zu begrenzen. Diese Methode erfordert Zeit, hat aber den Vorteil, dass das Grasland sehr reaktiv bewirtschaftet werden kann und so eine Über- oder Unterbeweidung vermieden wird, die sich negativ auf die Fruchtbarkeit auswirken würde. Mobile Elektrozäune ermöglichen die Verbindung unterschiedlicher Nutzungsanforderungen auf städtischen Grundstücken (Gärtnerei, Erholungsgebiete, Sportgebiete, Biodiversitätsschutzgebiete usw.).

Der Zugang zu Gras in städtischen Gebieten bleibt ein großes Problem und unsere Standweiden würden allein nicht ausreichen, um eine wachsende Herde das ganze Jahr über zu ernähren.

Daher praktizieren wir zusätzlich die Wanderweide, die durch die Umsiedlung der Herde auf nahegelegene städtische Grünflächen den Zugang zu einer großen Menge und Vielfalt an Futterressourcen ermöglicht. Dadurch ist es möglich, die Schafe nur mit Gras zu füttern.

## Der Wert für die biologische Funktionalität

Im Jahr 2023 werden die Schafe von La Bergerie Urbaine 14 Hektar bewirtschaften und gleichzeitig agro-pastorale Biotope in städtischen Gebieten wiederherstellen. Dies kommt der wilden Artenvielfalt sowie dem Erhalt natürlicher und landwirtschaftlicher Flächen zugute.

- Schaffung agro-pastoraler Biotope
- Düngung und Reaktivierung der Bodenbiodiversität
- Freiflächen erhalten und den Einsatz von Maschinen reduzieren
- Samenausbreitung durch den Darmtrakt und das Fell
- Bekämpfung invasiver Arten: Möglichkeit eines wirksamen Eingriffs mit vorgelagerter Festlegung eines strengen Pflegeplans

## Zahlen, Daten, Fakten

**Die Haltung:**
- Unter freiem Himmel in der Metropole Lyon
- Nur mit Gras gefüttert, keine Nahrungsergänzungsmittel oder Getreide
- Lämmer, die unter der Mutter aufgezogen werden
- Ohne Antibiotika, Impfstoffe, Hormone oder Entwurmungsmittel
- Kräutermedizin- und Aromatherapie-Behandlungen

**Die Beweidung:**
- Weideland durch Blitzbeweidung mit hoher Tierlast über einen kurzen Zeitraum
- Die Tiere sind je nach Vegetationswachstum drei- bis fünfmal im Jahr für einen Zeitraum von 15 bis 45 Tagen auf den Standorten präsent
- Dynamische Rotationsweide zur Vermeidung von Überweidung
- Einsatz elektrifizierter mobiler Zaunnetze zur Anpassung an alle Geländearten

**Der Umtrieb:**
- Die Herde wird zu Fuß auf Strecken von 1 bis 10 km von Naturraum zu Naturraum über Gehwege und Fußgängerüberwege bewegt
- Die Strecken werden mit lokalen Partnern geplant und erfolgen unter völliger Sicherheit für Verkehr und Anwohner

**Die Ziele:**
- Fütterung der Herde und Nutzung/Förderung der Pflanzenvielfalt durch den Umtrieb
- Schaffen einer freundlichen und warmen Atmosphäre im Umfeld (Schaffung sozialer Verbindungen zwischen den Bewohnern)
- Umweltbewusstsein durch Gespräche zwischen Bewohnern und Hirten (Ökologie, Artenvielfalt, Konsum, Ernährung)

Insgesamt findet durch diese Praxis eine Transformation städtischer Naturräume statt, die von einer ästhetischen, landschaftlichen Funktion zu einer landwirtschaftlichen und nährenden Funktion übergeht. Dies kommt der Ernährungssicherheit des Territoriums sowie der Erhaltung der Artenvielfalt und der Aufwertung des Bezirks zugute.

### Wie erreichen Sie die unterschiedlichen Weiden?

Die Herde wird zu Fuß durch natürliche städtische Räume wie Parks, Brachland und bebautes Gebiet bewegt. Hirten leiten die Herde über mehrere Kilometer und laufen über Gehwege und Fußgängerüberwege durch die Stadt. Durch diese Praxis finden die Tiere eine reichhaltige und abwechslungsreiche Ernährung. Dies ist eine Möglichkeit, ihre Gesundheit zu bewahren und gleichzeitig unsere Wiesen zu schonen.

### Wenn Sie mit Ihren Schafen durch die Stadt ziehen, dann dient das vor allem der Ernährung der Tiere. Was passiert mit den Menschen, denen Sie begegnen?

Die Bewegung der Herde ermöglicht es, die Bewohner kennenzulernen, soziale Bindungen zu knüpfen und das Bewusstsein für Agrar- und Umweltthemen zu schärfen.

Die Anwesenheit von Schafen in der Stadt schafft eine untypische und warme Atmosphäre, die der Beruhigung, Bildung und Begegnung äußerst förderlich ist. Die Bewohner kommen, um einen Moment mit den Hirten zu verbringen, die Kinder entdecken, was ein Schaf ist und die ganze Nachbarschaft wird ganz natürlich im Rhythmus der Tiere lebendig. Wir bezeichnen die mobile Beweidung gern als eine echte „Lächelnfabrik".

All diese Momente des Lebens sind für uns eine Gelegenheit, unsere Erfahrungen und unser Wissen über agrarökologische Themen zu teilen, den Platz der Natur in der Stadt zu hinterfragen und das Bewusstsein für ethische Lebensmittel zu schärfen. Kurz gesagt, die Überraschung, die die Anwesenheit von Schafen hervorruft, vermittelt eine ganze Vorstellung von einer lebendigen und ernährungssouveränen Stadt.

Aufgrund des sozialen Nutzens und der Überraschung, die Wanderweiden mit sich bringen, werden sie häufig im Rahmen von Bildungsaktivitäten mit Kommunen, Sozialvermietern, Vereinen usw. durchgeführt. Diese städtischen Transhumanzen finanzieren unseren Verein und sind ein wichtiger Teil seines Wirtschaftsmodells. Sie ermöglichen gewissermaßen den Verzicht auf europäische Agrarsubventionen.

### Aber die Tiere? Mögen die Tiere das Leben in der Stadt?

Um die Tiere an städtische Reize (Kinder, Autos, Fahrräder, Hunde ...) zu gewöhnen, verbrachten unsere Hirten ihr tägliches Leben mit den Tieren und führten sie zunächst zu unseren sicheren Standorten und dann auf längeren, städtischeren und stärker frequentierten Routen aus. Heute respektieren unsere Schafe die Verkehrsregeln, schätzen Streicheleinheiten und freuen sich, auf ihrem Weg viele frische Pflanzen zu finden.

### Schadet ihnen das Gehen auf Beton nicht?

Nein, im Gegenteil, es feilt die Hufe und reduziert die Notwendigkeit, sie zu kürzen. Die natürliche Umgebung des Mufflons (Vorfahr der Schafe) besteht aus mineralischen/felsigen Gebieten. Es ist ein „gesunder" Raum für Bewegung, im Gegensatz zu manchen schlammigen/nassen Wegen, die Überträger für Bakterien und Pilze sein können.

### Stört sie der Lärm der Stadt?

Tiere können die Geräusche der Stadt durchaus akzeptieren, wenn sie daran gewöhnt sind und sie nicht als Gefahr empfinden. Wenn ihnen aber stundenlang ein Presslufthammer im Ohr dröhnt, stört es sie genauso wie uns! Außerdem gibt es in der Stadt auch viele wenig bekannte Naturräume, die abseits der Hauptstraßen liegen und nur wenig vom Lärm der städtischen Zentren betroffen sind.

## Werden Schafe in der Haustiertherapie eingesetzt?

Es kommt vor, dass wir Veranstaltungen mit medizinisch-sozialen Strukturen durchführen oder dass Gruppen von Menschen mit Behinderungen mit uns auf eine Wanderweide gehen. Allerdings betreibt La Bergerie Urbaine streng genommen keine „Zootherapie". Dies ist ein sehr spezifischer Bereich im Zusammenhang mit der Vermittlung von Tieren und allgemeiner mit der persönlichen Betreuung. Wir sind Bauern.

## Schafe liefern wertvolle Produkte. Erzählen Sie uns etwas über Ihr Angebot.

La Bergerie Urbaine ist ein kollaborativer Landwirtschaftsverband. Der Betrieb wird sowohl von Mitarbeitern als auch von Freiwilligen sichergestellt. Bei diesem Modell leiten Freiwillige bestimmte Aktivitäten und profitieren von einem Teil der Produkte. Die Mitarbeiter hingegen sorgen für grundlegende technische Abläufe und die tägliche Überwachung.

Die Freiwilligenarbeit ermöglicht eine Offenheit gegenüber den Bewohnern, eine gemeinsame Führung sowie einen bewusstseinsbildenden und pädagogischen Ansatz. Die festangestellten Mitarbeiter sorgen für eine optimale Produktion sowie ein effizientes Management.

Die Produkte werden an lokale Partner (Lebensmittelgeschäfte, Restaurants) sowie über unseren Online-Shop und bei landwirtschaftlichen Veranstaltungen verkauft:

- Fleisch von hoher Umweltqualität
- Handgefertigte Kissen, gefüllt mit 100 % Wolle aus Lyon
- Gemüseproduktion: getrocknete Pflanzen, Pestos, Chutney …
- Weitere Produktionen: Terrinen, Früchte …

**Kennzahlen seit 2019:**
250 mobile Weiden
900 km zurückgelegt
30 Gemeinden beweidet
75.000 Menschen erreicht
18.000 ehrenamtliche Stunden
1500 kg Fleisch
85 Lämmer geboren
45 Schafe im Jahr 2023
14 Hektar bewirtschaftet im Jahr 2023
Ungefähr 60 Tage Transhumanz pro Jahr
2 angestellte Hirten
20 bis 30 aktive Freiwillige

## Das gute Fleisch: Marketingargumente für urbane Beweidung

Gemischte Beweidung fördert die biologische Vielfalt. Gemischte naturnahe Beweidung fördert die Widerstandsfähigkeit unserer Landschaft. Die extensive Beweidung sorgt für eine sozial und kulturell aufgewertete Landschaftspflege. Der Schwerpunkt auf dem Multispeziesansatz, das heißt die Kombination von Rindern, Pferden, Schafen, Ziegen, Schweinen und Gänsen, hat für fast jede Notwendigkeit unserer Zeit eine Antwort. Vom Klimawandel über den Hochwasserschutz, der Luftreinhaltung und dem Artenschutz – keine Herausforderung kommt hier zu kurz. Noch besser wird die Betrachtung, wenn wir den „farm to fork"-Ansatz hier ebenfalls einbeziehen. Kein tierisches Produkt ist nachhaltiger als das biologische Fleisch aus regionaler extensiver Beweidung. Die zunehmende Forderung nach „Biodiversität in der Lieferkette" lässt sich hier exemplarisch aufzeigen. Für ein Steak aus dem regionalen Auwald, für ein Schnitzel aus dem Stadtpark oder einen Lammrücken von der städtischen Weide entfallen die schädlichen Emissionen der Soja basierten Tiermast. Kein Urwald wird gerodet, die regionale Vermaisung eingedämmt. Kurze Wege und der direkte Bezug zum Weidetier sichern das Tierwohl. Die Vermarktung dieser Produkte deckt einen Teil der anfallenden Kosten. Veredelt man die Produkte, so erhöht sich die Kostendeckung weiter. Beweidung ist schon heute ein zentraler Baustein für die Grünflächenpflege. Es wird sich in den nächsten Jahren viel in diese Richtung bewegen.

## Cambridge als traditionelle Vorreiterin

Wenn man das erste Mal Fotos von Grünflächen aus Cambridge sieht, kann man es kaum glauben. Die Recherche zeigt dann doch, dass es wahr ist, Kühe und Menschen harmonisch vereint in Stadtparks der weltbekannten Universitätsstadt. Im Frühjahr 2023 plante ich meine Reise zu den Kühen. In der Facebook-Gruppe „What's on – Cambridgeshire" stellte ich die Frage wann und ob denn Kühe zu sehen seien. Ich wollte sicher gehen, dass die Tiere auch da sind, wenn ich schon mit dem Zug von Süddeutschland bis ins Vereinigte Königreich fahre. Überschwänglich wurde mir geantwortet. Mit Fotos und mit jeder Menge Ortsbezeichnungen. Meine Reise war zu rechtfertigen. Ich fuhr los.

Nach einer sehr stimulierenden internationalen Bahnreise erreichte ich schließlich das Ziel und war aufgrund der gerade stattfindenden Abschlussbälle gefühlt der einzige Mann ohne Frack. Spannende Tage standen mir bevor, bei denen ich viel über die Beweidung des innerstädtischen Umfelds lernen sollte.

### Es gibt Parks und Commons.

Parks sind auch in Cambridge klassische Stadtparks, mit Rasen und Spielplätzen, so wie man sie in größeren Städten eben kennt. Commons unterscheiden sich davon kaum. Aber sie werden beweidet. In England sind sie ein für die Beweidung reserviertes Stück öffentlich zugänglichen Landes und gesetzlich derart gut geschützt, dass es kaum möglich ist, sie umzuwandeln. Die „common rights to grazing" sind eine Folge des „Acts of Enclosure" zu Beginn des 19. Jahrhunderts. Es wurden damals bestimmte Rechte erhalten, obwohl das meiste Land nun erstmalig eingezäunt wurde und vollständig in Privatbesitz überging. „Common right" heißt, dass der Besitzer bestimmte Nutzungen (Beweiden, Feuerholz sammeln, Fischen, Schweineweide im Wald) erlauben muss. „Commons" im rechtlichen englischen Zusammenhang sind also keine „Gemeinschaften", sondern immaterielles Allgemeingut. Vergleichbar mit einem Common ist in Deutschland die Allmende oder Gemeindeweide, dennoch gibt es Unterschiede in Historie, rechtlichem Schutz und bei den Besitzverhältnissen. Während in Deutschland viele dieser Allmenden quasi über Nacht zu Baugebieten wurden, stehen sie in England vielfach weiterhin der Bevölkerung gegen ein Entgelt zur Beweidung zur Verfügung. Nach einer Anmeldung darf jeder Viehbesitzer dort sein Vieh während der Monate April bis Ende Oktober weiden lassen. Ich lernte bei meiner Reise eine Tierärztin kennen, die ganz ohne eigenen Bauernhof 20 Rinder (Fersen und Ochsen) auf diesen Flächen weiden lässt. Im Winter stehen diese Tiere dann auf einem Pensionshof.

### Commons werden gepflegt.

Die Viehhaltung auf den Commons sorgt für deren Pflege. Insgesamt werden im Stadtgebiet so etwa 100 ha mit 50 bis 100 Tieren gepflegt. Weitere Arbeiten finden nicht statt. Durch den kommunalen Mitarbeiter, der im Englischen als Pinder bezeichnet wird, ist eine übergeordnete Fürsorge gewährleistet. Dieser Pinder (im Deutschen sprach man vom Pfänder) ist eine Art Schiedsrichter, Moderator und Weidemeister. Er sorgt bei tierischem Fehlverhalten für den nötigen Ausgleich und ist zugleich für Zaun und Weideinventar zuständig. Der Tierhalter kümmert sich nur um sein Vieh und benutzt dafür eine funktionsfähige und moderierte Weide. Weitere Leistungen erhält der Viehhalter nicht. Alle Agrarsubventionen gehen automatisch an die Stadt, die dadurch die Funktionsfähigkeit des Systems gewährleistet.

### Und die Menschen?

Menschen sind von den Weiden nicht ausgeschlossen. Auch Schilder sieht man keine. Auf den Weiden gibt es teilweise Spielplätze, Badestellen, Bänke und Mülleimer. Wege laden dazu ein, durch die Herden zu streifen. Färsen (jungfräuliche Kühe) und Ochsen (kastrierte Bullen) sind auf den Flächen geduldet. Auch eine Enthornung war lange gewünscht, was aber nicht kontrolliert wird, da es zudem auch mehr schadet als nutzt. Das Zusammenleben gestaltet sich sehr friedlich. Hunde, Kinder, Kinderwagen, Schulklassen und Badende tummeln sich zwischen den Kuhfladen und Tiergruppen. Das gute Miteinander, wie wir es von Almen kennen, wird hier gelebt. Gewohnheit sorgt für das gute Miteinander. Wenn man auf den Weiden spazieren geht, dann merkt man, dass dieses Bild stimmig ist. Wohlgefühl und Ruhe kehren ein, denn wir alle sind Nachfahren von Kuhhirten, die ihre Nachkommen jeweils nur am Leben erhalten konnten, weil sie gut mit den Tieren umgingen. Das sitzt tief im Hirn.

### Konflikte?

Konflikte gibt es auch. Die üblichen Themen wie Fliegen und Kot spielen überall dort eine Rolle, wo Menschen Unzufriedenheiten kanalisieren. Interessanterweise zeigten kleinräumige Studien, dass die

Verschmutzung des durch die Beweidungsflächen fließenden Flusses nach Durchströmen der ausgedehnten Furt sogar sauberer war als vor der Weide. Das mag an den vitalen Wasserpflanzengesellschaften liegen, die diese Flachwasserzonen besiedeln. Kühe, so sagten mir dortige Kuhbesitzer, machen selten in ihre Tränke, was daran liegt, dass erst nach dem Trinken die Phase des Widerkäuens folgt, welche zum zeitlich und räumlich späteren Absetzen der Fladen führt. Auch meckern hin und wieder „Tierfreunde", wenn sie eingezäunte Tiere sehen.

Zwei Hund-Kuh-Konflikte sind einer Halterin aus den letzten 20 Jahren bekannt und eine junge Färse erstickte in dieser Zeit an einer Plastiktüte.

## Was kann Cambridge noch?

Auch hier ist der Trend des Wiesensäens angekommen. Viele gute Flächen habe ich neben den Weiden gesehen. Sehr populär ist die neu angelegte Fläche vor dem Kings College. Hier kann man mit etwas Perspektivwahl eine Kuhweide, eine Blumenwiese und einen englischen Rasen auf einem einzigen Foto abbilden – die volle Bandbreite der guten Grünflächenpflege auf einen Blick.

*Mein bester Dank gilt Dr. Angelika von Heimendahl, welche als in Cambridge lebende und arbeitende Tierärztin ein großes Herz für die Commons entwickelt hat und dort seit Jahren 20 Tiere weiden lässt. Sie ließ mich an ihren Erfahrungen teilhaben und war mir eine wertvolle Hilfe.*

**Zitat:**
„Rinder sind etwas völlig Normales in Cambridge, wobei nicht alle es mit Landwirtschaft verbinden. Aber das Gefühl, dass es außer Autos und Menschen noch etwas anderes gibt, der Geruch, die Fladen auf den Wiesen haben schon etwas Ländliches." DR. ANGELIKA VON HEIMENDAHL
https://www.cambridge.gov.uk/media/8759/registration-of-stock-2020-terms-and-conditions.pdf

Um sich ein Bild von der Tragweite dieser Weideflächen machen zu können, muss man wissen: Es ging um das gute Leben. Der berühmte Liegerasen vor der Universität Bonn war einst die Professorenweide. Hier konnten die Lehrenden ihre Milchkü-

he tagsüber grasen lassen und abends frische Milch melken. Zugleich war das System gut geregelt und auch sanktioniert. Schäden durften nicht entstehen, sonst wurde das Tier einige Tage gepfändet, bis der Schaden durch Naturalien bezahlt war.

Heute liegen hier mehrere große Chancen für unsere Zukunft: (1) Wir betreiben aktiv Landwirtschaftsbildung „Woher kommt unser Essen?“. (2) Beweidung ist schön und ein Erlebnis. (3) Extensive Beweidung ist ein elementares Tool, um etwas gegen den Klimawandel und den Verlust der biologischen Vielfalt zu tun.

## Die Bandbreite der Pflege

Im folgenden Kasten ist die Pflege von Grünland durch Mahd und Beweidung vom Intensivrasen bis zur Dauerweide dargestellt.

**Die Pflege von Grünland im urbanen Bereich**

- Intensivrasen: z. B. Sportplatz
- Rasen: z. B. Verkehrssicherheit oder Akzeptanzstreifen
- Old-growth grassland: Regelmäßige Pflege mit Fangkorb
- Wiese 1-2-1: Siehe Konzept, Seite 113
- Schröpfschnitt: Im April/Mai, während Margeritenblüte
- Saum: Seltene Mahd, z. B. beim Erscheinen der Krokusse
- Stoßbeweidung: Weideruhe mindestens 8 Wochen, keine Überweidung
- Dauerweide: 1 bis 2 Großvieheinheiten pro Hektar, ohne Zufüttern, ganzjährig beweidet

### Zweitblüher und Trachtfließband

Kombiniert man die im Kasten genannten Methoden, so wird man merken, dass an eine lückenlose Verfügbarkeit von Lebensraum und Lebensmitteln für die Tiere gedacht ist.

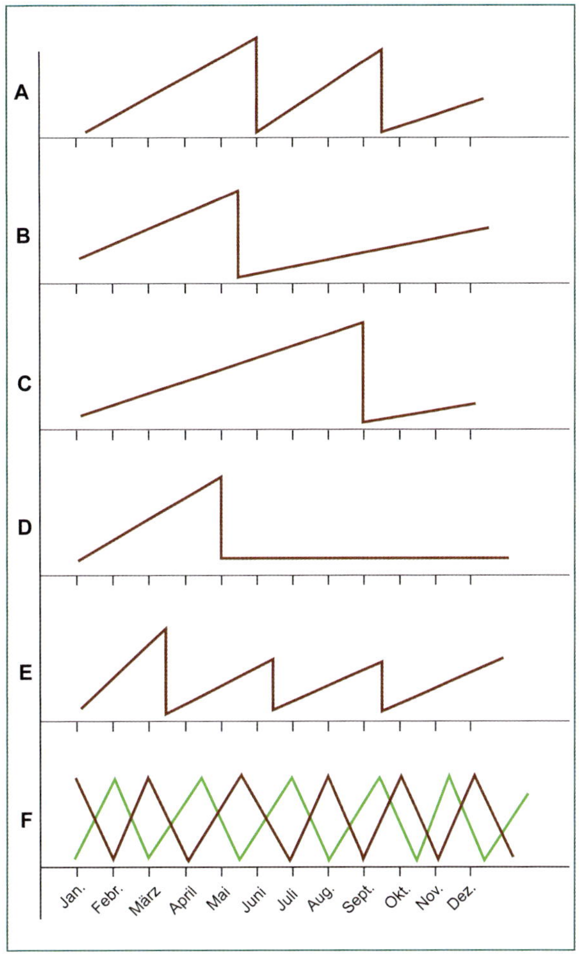


Wird in einer Kommune unterschiedlich gepflegt, so ergibt sich ein Mosaik aus Pflegetypen. Dadurch ist immer irgendwo eine Wiese ungemäht. Es ist nie alles gleichzeitig weg.
**A, B** und **C** entsprechen dem Grundkonzept der Mahd.
**D** ist der Blumenrasen, bei dem nach den Frühblühern und der Frühsommerwiese für den Rest des Jahres ein Rasen folgt.
**E** ist der Schröpfschnitt zur Reduktion der Wuchshöhe.
**F** ist die Beweidung, die nie flächig wirkt, sondern Strukturen schafft.
Kommt dazu noch die Tatsache, dass wir von Mahdzeiträumen sprechen und nicht von Zeitpunkten, so ist Leben auf den Grünflächen ganzjährig möglich, da immer Nahrung und Schutz vorhanden sind. Die Metapopulationsdynamik (Population aus Populationen) sorgt dann für Wiederbesiedelung und Austausch. Lokales Aussterben wird so in der Kommune verhindert.

# Ermutigen, statt ermatten

BERNHARD WILLI

## Wie ein Bienenroute-Reallabor der urbanen Grünflächenpflege nützen kann?

Die Welt braucht wieder mehr Lebensräume für Insekten. Das hat sich seit der sogenannten Krefeld-Studie 2017 herumgesprochen, national wie international, bei Wissenschaftlern wie bei Normalbürgern, in der Landwirtschaft wie im Hobby- und Freizeitbereich, in Unternehmen wie im öffentlichen Dienst.

Interessant ist die Erkenntnis, dass Naturschutzflächen, entgegen vielleicht mancher Erwartung, nicht als Insektenoasen positiv aufgefallen sind. Das legt den Schluss nahe, dass wir Menschen in der Art unserer Landnutzung insgesamt einen Lösungsansatz finden müssen, der anstatt einem „Entweder-oder" auf einem „Sowohl-als auch" basiert. Es ist nicht zielführend, Lebensraum- und Nahrungskonkurrenz zwischen Menschen und Insekten, genauso wie zwischen Insektenarten untereinander, per Verordnung und Verboten vom Schreibtisch aus gegeneinander wegzuschützen. So viele Flächen hätten wir gar nicht.

Wir glauben aber, Lebensräume sind genügend da, wenn wir sie intelligent vernetzen und klug nutzen. Voraussetzung ist, dass wir bereit sind, dazuzulernen und willig, es zu testen.

Damit das Brett nicht ganz so dick ist, möchten wir mit den Bestäuberinsekten anfangen. Denn die Ko-Existenz zwischen Mensch und Biene ist eine Erfolgsgeschichte von Anfang an. Zeigerinsekten sind somit die Bienenarten (Apiformes). Sie sind außerdem mit die besten Bio-Sensoren überhaupt. Im ersten Schritt ist das Ziel: die Verbesserung des Nahrungsangebots. Verbesserung von Nist- und Überwinterungshabitaten kommen danach.

### Wir haben einen Plan!

Ausgangspunkt unseres Handelns ist immer eine Fläche, egal ob eigen oder nicht, egal wie groß oder klein. Diese Fläche sollte angesät oder bepflanzt werden dürfen oder wenn sie schon bepflanzt ist, sollte sie Schritt für Schritt artenreicher, also zu einer Blühfläche, gemacht werden. Das ist alles.

Der bewusst niederschwellige Ansatz ermöglicht, dieser gigantischen gesellschaftlichen Herausforderung, millionenfach mit der „Weisheit der Vielen" zu begegnen. Jede Aktivität zahlt ein auf das Konto der Artenvielfalt. Dazu nutzen wir Software. Diese ist für jedermann kostenlos erreichbar unter www.bienenroute.de.

### Welche Rolle kann ich persönlich dabei spielen?

Jeder schlüpft in mindestens eine der folgenden drei Rollen und kann ohne Schulung sofort loslegen:

- Rolle 1: Blühflächenpate – entscheidet und bezahlt, was auf der Fläche gemacht wird.
- Rolle 2: Blütengärtner – legt die Bepflanzung an, pflegt und verbessert sie schrittweise.
- Rolle 3: Blütenbeobachter – zeigt mittels Fotos/Videos die Entwicklung auf und speichert laufend Beobachtungsdaten dazu.

Jeder startet als Bienenrouten-Laie. Jeder der einen Web-Browser aufrufen kann, kann mitmachen. Software-Installationen sind nicht erforderlich, auch nicht auf dem Smartphone. Fachkenntnisse werden durch die Praxis erworben (learning by doing).

### Welche Einstellung bzw. Sichtweise sollte uns miteinander verbinden?

Wir rücken Bestäuberinsekten in den Mittelpunkt und beobachten in der Natur, was sie zum Leben brauchen. Wir sind die Follower (Perspektivwechsel).

Wir sprechen eine gemeinsame (Daten-)Sprache. Die Benutzeroberfläche definiert die erforderlichen Schlüsselbegriffe.

Wir denken ohne Grenzen, aber wir fangen klein an (think big, act small).

Jeder lernt, seinen Beitrag selbst zu bewerten (if you can't measure it, you can't manage it).

Wir kümmern uns und pflegen, was wir angefangen haben.

Wir ermutigen uns gegenseitig zur Selbstwirksamkeit und belohnen gute Taten (Anerkennung).

Wir haben ein übergeordnetes gemeinsames Ziel (Ecosystem Restoration „Ökosystem Bestäubung" in der UN-Dekade bis 2030).

### Womit sollte jeder konkret einsteigen?

Jeder sollte beginnen, (s)eine Blühfläche systematisch zu beobachten. Systematisch heißt: zweimal pro Monat von März bis Oktober.

Ein „Blütenbeobachter" besucht (s)eine Blühfläche und schaut, was da blüht, und auch, ob und gegebenenfalls was auf den Blüten krabbelt. Davon macht er so viele Fotos, wie es interessante oder fotogene Motive hat oder es zeitlich möglich ist (Abb. 1).

Das macht Freude, es entspannt und man lernt viel über das Leben.

Noch auf der Fläche oder später zuhause am PC werden die gelungensten Fotos hochgeladen und der Name der Pflanze und gegebenenfalls des Insekts bestimmt, so gut es als engagierter Laie eben geht, Unschärfen sind erlaubt (Abb. 2). Bei der Bestimmung der Pflanze hilft Pflanzenerkennungssoftware, entsprechend bei der Bestimmung der Blütenbesucher. Wenn gewünscht, kann zur Nachbestimmung auch ein Experte hinzugezogen werden. Damit entstehen aus schönen Fotos brauchbare Datensätze als Messpunkte einer Blühfläche. Oder anders ausgedrückt: Ästhetische Erlebnisse werden in standardisierte Datensätze transformiert. Jeder kann so sein Naturerlebnis mit etwas Foto-Kunst und Bürger-Wissenschaft anreichern und zu einem gemeinsamen „Großen Ziel" beitragen. Das ist ein Kernelement der Bienenroute.

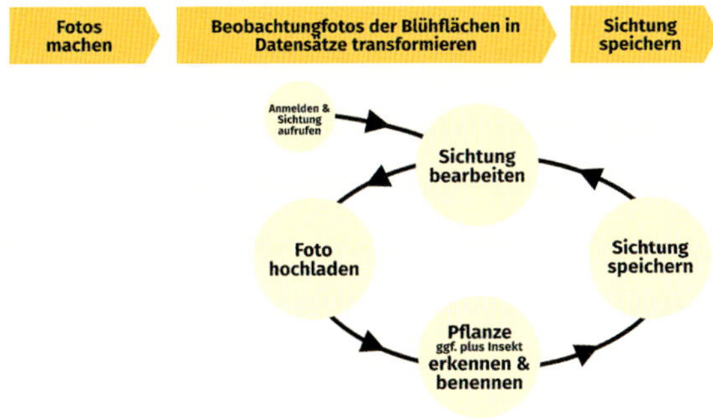


Abb. 2: Der Blühflächen-Beobachtungs-Workflow.

### Und was kommt dann dabei heraus pro Blühfläche?

Die über allem stehende These lautet „Blütenvielfalt schafft Bestäubervielfalt". Der persönliche Spannungsbogen ist: Kann ich diese These für meine Blühfläche bestätigen? Jede Blühfläche hat ihren eigenen Lebenslauf. Es kommt nicht darauf an, dass jede Blühfläche gleich bunt ist. Viel wichtiger ist zu sehen, ob eine Verbesserung in wichtigen Kennwerten aus Sicht von Bienen & Co. über mehrere Jahre erreicht werden konnte. Artenvielfalt ist das Produktionsziel der Stunde.

Einen entscheidenden Einfluss darauf haben Pflegemaßnahmen, z. B. zweischnittige Mahd fördert

Abb. 1: Beispielbilder für Blütensichtungen.

Wildblumen (Lichtkeimer) und ermöglicht Zweitblüte, Futternutzung entzieht Nährstoffe, schwächt Graswuchs, wohingegen bei Trockenwiesen einschnittige Mahd sich günstigster für die Blütenvielfalt erweisen kann. Was wann tatsächlich durchgeführt wurde, kann unter „Pflegeschritte auf dieser Blühfläche“ festgehalten werden. Die Blühflächenbilanz zeigt die zeitliche Entwicklung einer hoffentlich zunehmenden Attraktivität (Blütenvielfalt, Bestäubervielfalt) im Monats- oder Jahresraster. Sie gibt es unterjährig achtmal als Monatsabschluss, wobei der Oktoberabschluss gleichzeitig als Saison- bzw. Jahresabschluss gilt. Eine Blühflächenbilanz (Abb. 3) kann auf Knopfdruck aus der Bienenroute-Datenbank erzeugt werden.

### Warum ist ein Netzwerk besser als viele einzelne Blühflächen?

Das Ganze ist mehr als die Summe der Teile. Das gilt auch für Blühflächen.

Eine einzelne Blühfläche kann bei guter Bepflanzungsplanung ein sogenanntes Trachtfließband darstellen. Ein Netzwerk muss ein Trachtfließband sein. Bei einem Trachtfließband blüht durchgehend immer etwas für Insekten von März bis Oktober, das heißt, zeitliche Lücken werden im Nahrungsangebot vermieden.

Da fliegende Insekten zum Teil größere Strecken zurücklegen, braucht es eine Vernetzung sogenannter blühender Trittsteine, damit bei Zwischenlandungen Nahrung zur Verfügung steht. Um räumliche Lücken zu schließen, braucht es einen abgestimmten Verbund von mehreren Blühflächen. Ein sogenannter Büffetverbund bietet für jeden Spezialisten etwas und für die Generalisten Mischpollen mit hoher Pollendiversität und vermeidet so die negativen Folgen einseitiger oder mangelnder Eiweißernährung.

Je nach Insekten-Zielarten, die man fördern will, sind die Anforderungen an die Vernetzungskriterien unterschiedlich. Für viele der Bienenarten darf die Flugstrecke zur nächsten Tankstelle für Pollen (Eiweiß) oder Nektar (Kohlenhydrate) nicht größer sein als 600 m. Bei allen längeren Flugstrecken (in der Abbildung rote Verbindungslinien) bestünde ein hohes Risiko, unterwegs zu verhungern (Abb. 4). Das beste Angebot von uns Menschen an unsere Bestäuberinsekten wäre, fehlende blühende Trittsteine im Netzwerk schnellstmöglich zu ergänzen. Das Netzwerk hätte dann nur noch grüne Verbindungslinien.

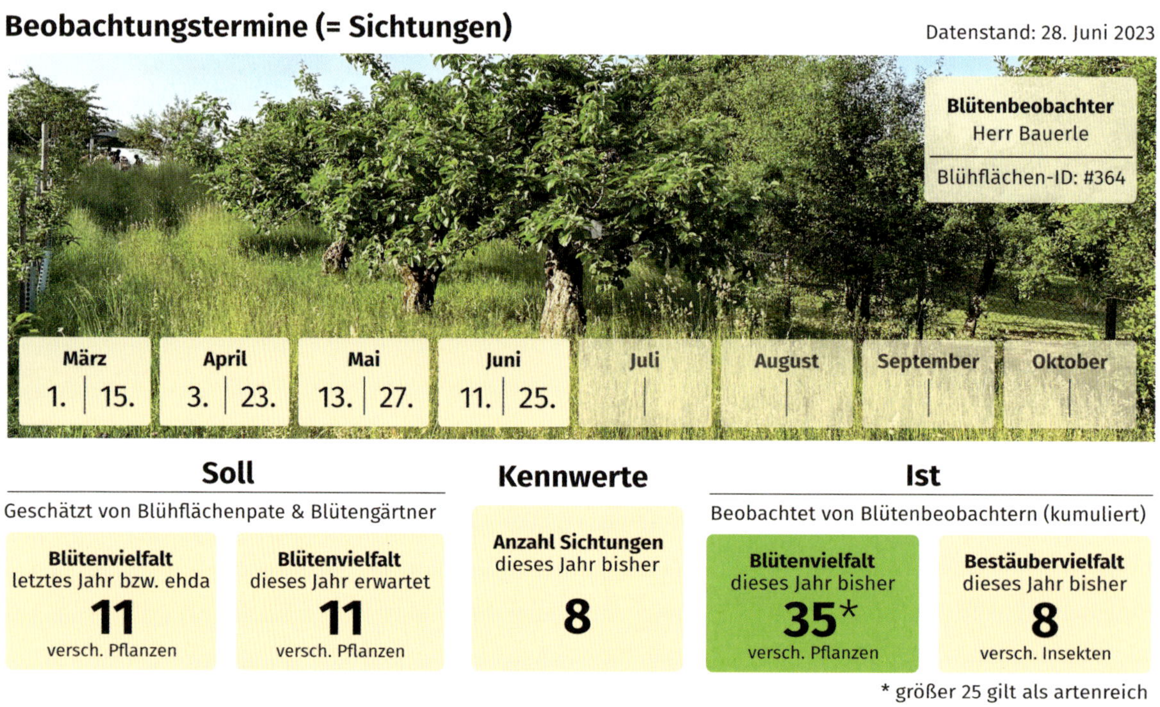


**Abb. 3:** Blühflächenbilanz einer Streuobstwiese mit Unterwuchs (echtes Beispiel).

Wir wollen diesen Effekt mit sogenannten Reallaboren testen. Ein Reallabor ist ein aus mehreren Blühflächen zusammengesetztes Netzwerk in einer Kommune und ist typischerweise mehrere Hektar groß. Es dient zum Informieren von Jung bis Alt, zum Ausprobieren von Pflegemaßnahmen und zum Aufzeigen von Veränderungen über einen längeren Zeitraum unter bekannten Bedingungen.

Unser sogenannter Halma-Algorithmus (realisiert von Wolfgang Kirchner) berechnet, abhängig von vorgebbaren Einstellungen, ein Blühflächennetz zum Beispiel aus Dreiecken und kann strukturelle Verbesserungen in der Landschaft gut verständlich darstellen. Dies geschieht beispielsweise mit einer Heatmap-Darstellung (eingefärbte Flächen), dargestellt durch ein Geoinformationssystem (GIS). Abbildung 4 zeigt die erreichbare Anzahl Bienenroute-Flächen (blühende Trittsteine), die ein Bestäuberinsekt mit 600 m Flugradius finden kann, wenn es in diesem Gebiet unterwegs ist. Bei kleinerem Flugradius, z. B. 300 m wie bei der Wildbiene *Andrena clarkella*, wären in der Abbildung mehr Kanten rot und die eingefärbten Flächen wären kleiner. Wo keine Färbung vorhanden ist, gibt es seitens des Reallabors kein Nahrungsangebot bzw. es wurden keine Flächen gemeldet.

## Zusammenfassung

Die Vorgehensweise der Bienenroute richtet sich primär an Praktiker und pragmatische Theoretiker. Das angedachte Prinzip zur Zusammenarbeit ist transdisziplinär, das heißt durchgängig von der Praxis zur Theorie und zurück. Die dringend notwendige Biodiversitätsstärkung braucht eine sogenannte Graswurzelbewegung, das bedeutet viele gesellschaftliche Initiativen aus der Basis der Bevölkerung heraus. Es muss schnell gehen, einfach sein und bezahlbar. Wir haben nicht genug Biologen, aber wir haben genügend Naturfreunde. Wir sollten es versuchen.

Jeder Einzelne, jeder Bauhof, der so handelt, unterstützt unmittelbar die bekannten internationalen, nationalen und kommunalen Biodiversitätsziele. Persönliches Engagement für das Gemeinwohl soll belohnt werden.

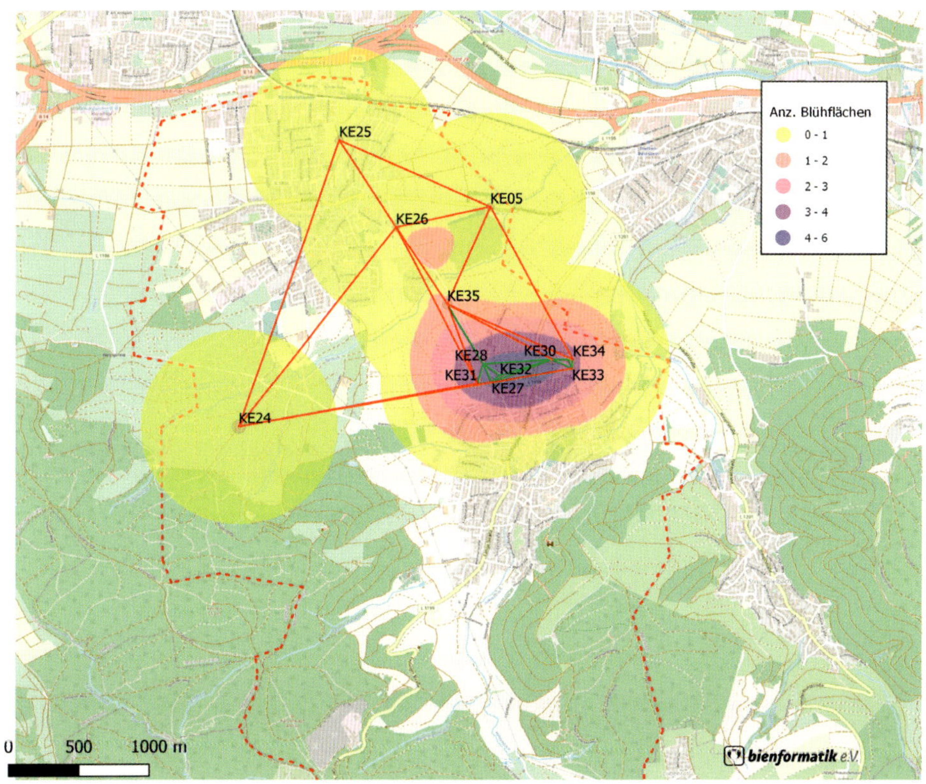


**Reallabor Kernen**

Stand 2021.08.

| Source | FLAECHE |
|---|---|
| KE05 | 2300 |
| KE24 | 7160 |
| KE25 | 2728 |
| KE26 | 1980 |
| KE27 | 3000 |
| KE28 | 1800 |
| KE29 | 900 |
| KE30 | 4000 |
| KE31 | 4000 |
| KE32 | 2500 |
| KE33 | 1500 |
| KE34 | 2500 |
| KE35 | 4000 |

| | |
|---|---|
| Insektenroute | 1.24x |
| Clusterradius [m] | 20.0 |
| ClusterMethode | Kreis |
| Flugradius [m] | 600 |
| Kanten [km] | 5.0 |
| Bluehflaechen | 13 |
| Anzahl Gebiete | 5 |
| Isolierte Bluehf. | 4 |
| Hmap Methode | Anz. Tanke |

**Abb. 4:** Heatmap eines Bienenroute-Reallabors mit 13 Blühflächen (zusammen knapp 4 Hektar); Map-Daten: © OpenStreetMap Contributors (https://www.openstreetmap.org/copyright).

Damit aber jeder Beitrag zählt, muss auf Ebene der Akteure ein Minimum an Daten zusammengetragen werden: Wo, wann, was blüht und wer die Blüten aufsucht. Diese wenigen elementaren Daten können leicht vorher/nachher verglichen oder auch aufaddiert werden, auch über mehrere Jahre. Nur was man messen kann, kann man verbessern. Verbesserung muss unser Anspruch sein. Wir sollten gemeinsam unsere ausgeräumten Landschaften und urbanen Grünflächen wieder einräumen!

Die Plattform www.bienenroute.de des gemeinnützigen Vereins bienformatik e. V. bietet dafür einen Standard und die digitalen Werkzeuge.

Wir wollen Leute inspirieren, als freiwillige Akteure diesen Weg nachhaltig zu unterstützen und Freude daran zu haben. Viele kleine Erfolgsstorys sollen zum Mitmachen und Nachmachen anregen. Das wäre eine große Chance für die Insekten und für unser Gemeinwohl.

Zitierte Quelle: ZURBUCHEN, A. & A. MÜLLER (2012): Wildbienenschutz – von der Wissenschaft zur Praxis. Haupt Verlag, Bern (Schweiz).

**bienformatik e. V.**

Im August 2018 haben 15 Personen sich vorgenommen, modernste Technologie mit aktivem Naturschutz und Bürgerbeteiligung zu verbinden. Es wurde der gemeinnützige Verein bienformatik e. V. gegründet.

Das Projekt Bienenroute: Aufbauen eines neuen digitalen Blühflächeninformationssystems in Abstimmung mit privaten und kommunalen Akteuren. Wesentlicher Impuls war die Remstal-Gartenschau 2019, ein Gemeinschaftsprojekt von 16 Kommunen. In diesem Zusammenhang wurden 225 Blühflächen mit zusammen 70 Hektar digital erfasst und die Gartenschaubesucher zum „Wandern auf der Bienenroute" eingeladen. 2020 Auszeichnung als Projekt der UN-Dekade Biologische Vielfalt.

Die Bienenroute ermöglicht Anwendern, die Attraktivität von Blühflächen für Bestäuberinsekten selbst einzuschätzen. Dies ist mit Fotos und Daten zu belegen. Wir wollen unterstützen und motivieren, das Nahrungsangebot an die Bestäuberinsekten Jahr für Jahr zu verbessern (Schritt 1). Das IT-System ist in der ersten Release im Online-Betrieb (www.bienenroute.de).

**Zusatzgedanken des Herausgebers: Honigbiene? Trachtlücke?**

Die Honigbiene ist zweifellos ein Insekt. Und im Rahmen des Insektensterbens geht's auch dieser Art schlecht. So schlecht sogar, dass der Wildtyp der heimischen Honigbiene in Deutschland als ausgestorben gilt. Die Honigbiene, wie wir sie kennen, ist ein landwirtschaftliches Nutztier, das zur Bestäubung und zur Honiggewinnung eingesetzt wird. Das wache Bewusstsein für den Rückgang unserer heimischen Wildinsekten und der zeitgenössische Trend des Imkerhobbys sorgen in bestimmten Kreisen für sorgenvolle Blicke. So wird befürchtet, dass die Zunahme der Bienenvölker in den letzten Jahren allein dadurch zum Insektensterben beiträgt, dass die Honigbienen als Nahrungskonkurrenten zu den heimischen Nektarsäuglingen gesehen werden. Die Zahlen zeigen eine deutliche Zunahme der Bienenvölker in den letzten 10 Jahren. Allerdings gibt es keine kriegs- und flächenbereinigten Zahlen, welche enorme Mengen an Bienenvölkern es in den Jahren vor den Weltkriegen gegeben hat. Landwirtschaftlich gesunde kleinbäuerliche Dörfer dürften in der Zeit vor der Industriezuckerherstellung voll von Bienenkörben, aber auch von wilden Insekten gewesen sein. So klar wie viele tun, ist der Zusammenhang mit Sicherheit nicht. Dennoch ist auch die Zahl der Blüten zurückgegangen (Verlust von Streuobstwiesen, Blumenwiesen und vieles mehr), demnach dürfte die Konkurrenzwirkung an manchen Orten bestehen, wenngleich man nicht vergessen sollte, dass viele unserer ca. 30.000 heimischen Insektenarten gar nichts von den Futterpflanzen der Honigbiene wissen wollen. Pauschal kann man die Animosität „Naturinsektenschützer gegen Imker" also nicht unterschreiben.

Auch der Begriff der sogenannten Trachtlücke muss kritisch gesehen werden. In einem natürlichen botanischen System tritt diese nicht auf. Irgendetwas blüht immer. Dennoch mag das für das Nutztier Honigbiene oft nicht ausreichen. Daher sollten wir die Tracht der Honigbiene als „systemrelevanten Treibstoff, als Nutztierfutter" sehen. Eine Trachtlücke ist für ein Bienenvolk demnach mindestens ein massiver Ertragseinbruch bei einem Nutztier oder sogar eine systembedrohende Situation der Nahrungsknappheit. Der Versuch, lückenlos Blüten für die Honigbienen bereitzustellen, ist demnach legitim, aber im Grunde nichts anderes als die Bereitstellung von Grünfutter für eine Kuh. Imkerliches Blütenfördern darf nicht als uneingeschränktes Mittel gegen das Insektensterben verkauft werden, denn das wäre für die Mehrheit der Sechsbeiner schlicht falsch.

# Citizen Science – die eigenen Flächen selbst untersuchen

MATTHIAS NUSS

Es ist nicht möglich, auf vielen Projektflächen ein aufwendiges wissenschaftliches Monitoring durchzuführen. Dennoch sind die Menschen, die auf ihren Wiesen eine angepasste Mahd durchführen neugierig, ob die gewünschten Effekte für die Artenvielfalt auch erreicht werden. Im Sommer lässt sich das leicht überprüfen, indem geschaut wird, ob Blumen blühen, Falter fliegen, Bienen summen und Heuschrecken zirpen.

Um den Mitmachenden ein Werkzeug an die Hand zu geben, Insektenarten auf ihren Wiesen zu erfassen und zu bestimmen, können auf der Projekthomepage oder mit einer App Insektenbeobachtungen mitgeteilt werden. Die App erlaubt eine interaktive Artbestimmung von Tagfaltern und Heuschrecken und besitzt eine Meldefunktion. Anhand angehängter Fotos, Videos oder Audios (Gesänge von Heuschrecken!) überprüfen Artspezialisten die Richtigkeit der Artbestimmung, korrigieren diese gegebenenfalls und geben die Daten für die Projekthomepage frei. So können zu jeder registrierten Wiese Insektenbeobachtungen gemeldet werden, die nach der Qualitätsprüfung im jeweiligen Wiesen-Blog angezeigt werden. Diese Meldefunktion ist eine Software-Anwendung des Projektes „Insekten Sachsen“ (www.insekten-sachsen.de).

Für die Erfassung von Pflanzen wird die App „Flora Incognita“ (https://floraincognita.de) empfohlen, welche vor Ort eine automatische Artbestimmung durch Künstliche Intelligenz erlaubt.

Mit diesen digitalen Werkzeugen wird den Menschen vor Ort ein Werkzeug an die Hand gegeben, Insekten- und Pflanzenarten, die sich auf ihren Flächen entwickeln, zu entdecken und zu dokumentieren. Die Freude über die eigene Entdeckung kann dabei eine wichtige Motivation zum Weitermachen sein. Überregional werden so viele Nachweisdaten über die Entwicklung der Artenvielfalt auf den Wiesen zusammengetragen. Anhand dieser Daten können wir sehen, dass Insekten schon im ersten Jahr der Mahdumstellung die Flächen besiedeln und welche Arten davon besonders profitieren. Es sind zunächst häufige Arten, die in der Umgebung vorkommen: Großes Ochsenauge (*Maniola jurtina*), Kleines Wiesenvögelchen (*Coenonympha pamphilus*), Hauhechel-Bläuling (*Polyommatus icarus*), Kleiner Kohlweißling (*Pieris rapae*) und Grünaderweißling (*Pieris napi*). Andere Arten, wie der Schachbrettfalter (*Melanargia galathea*), besiedeln die Flächen erst einige Jahre später. Es gibt also jedes Jahr neue Arten zu entdecken und deshalb lohnt es sich auch langfristig, die Artenvielfalt auf den Flächen zu dokumentieren.

### Bestandslenkung mit der Sense

Ein Bauer sagte mir einmal, er mäht seine Naturflächen immer erst dann, wenn der eigene „Leidensdruck“ am Maximum ist – oder, falls dieser Punkt nicht erreicht wird, so wie vom Naturschutz mindestens empfohlen. Der eigene „Leidensdruck“ wächst mit den Herausforderungen, den Gewohnheiten und der Freude am Beobachten. Was man früher kaum ertrug, findet man heute toll, denn nicht die vordergründige Gepflegtheit ist die Messlatte, sondern Naturphänomene: „Auf den Wiesenbocksbart freue ich mich jedes Jahr“ oder „Hoffentlich kommen im Winter wieder die Bergfinken und Stieglitze an meine Hochstauden“. Frei nach dem Motto „Ist der Ruf erst ruiniert, lebt’s sich völlig ungeniert“ könnte man diese Einstellung diffamieren oder man freut sich an den für sich selbst gestiegenen Ansprüchen – vom Rasenfreund zum Vogelfreund, eine tolle Entwicklung.

Was hat es also mit der „Bestandslenkung mit der Sense“ auf sich? Zum einen geht es nicht automatisch um die Sense. Auch wenn diese super ist, so steht sie hier vor allem exemplarisch für den lenkenden Eingriff mit einer Mähhilfe.

#### Drei Wege zur Bestandslenkung stehen uns zur Verfügung

Ich möchte Arten fördern?
Dann lasse ich sie als Insel stehen und hoffe, dass sie sich vermehren.

Ich sehe Arten skeptisch – oder sie sind wirklich ein Problem?
Dann mähe ich gezielt so, dass diese Arten zurückgedrängt werden.

Mit dem Remontierschnitt kann man zusätzlich den Blühzeitpunkt und die Wüchsigkeit beeinflussen.

Gerade die intensive Beweidung ist hier Fluch und Segen. Einige Arten werden durch die Beweidung (vor allem bei der Netzkoppelhaltung von Schafen) massiv gefördert, andere endgültig verdrängt. Die Vorliebe von Schafen für Blüten und Samenstände führt kumulativ bei einer stetigen Netzkoppelhaltung zur Artenverarmung der Fläche. Die intensive Beweidung ist eine Bestandslenkung hin zu beweidungstoleranten Arten (oft Gräsern) – daher spreche ich meist von einer extensiven, naturnahen Beweidung, die sich davon unterscheidet.

**Eine Nachricht an und für Chefs:**
Ein langjähriger und erfahrener Maschinenführer erzählte mir bei einer Bauhofschulung, dass er regelmäßig bei vollem Bewusstsein Igelfamilien überfährt und immer wieder gegen seinen Willen die schönsten Blumenbestände in voller Blüte ausradiert. Er habe es jahrelang mit Ausweichen und Anheben des Mähkopfes probiert. Die Folge dieser eigenmächtigen Erfüllung der Fürsorgepflicht und der Natursensibilität sei stets für ihn sehr belastend: „Warst du wieder betrunken?“, „Kannst du die Maschine nicht mehr bedienen?“, „Für was bezahlen wir dich eigentlich, wenn danach Bereiche ungemäht bleiben?“
Bei allen Hierarchien ist es aus meiner Sicht wichtig, dass man planende Kompetenz und ausführende Kompetenz mit einem Spielraum an Handlungsfreiheit ausstattet. Begründetes Abweichen vom Soll muss allen Mitarbeitenden erlaubt sein, gerade bei der Mahd muss dieser Kompetenzraum den Praktikern zugestanden werden.

## Technik und Kunstfertigkeit der Mahd

### Die Methoden: Das Ziel heiligt die Mittel

Ein Kapitel über Mähmaschinen zu schreiben ist schwierig, denn der Markt der Modelle wandelt sich schneller, als man ein Buch drucken kann. Eine konkrete Empfehlung würde zudem alle ausgrenzen, die mit anderen Mitteln arbeiten wollen oder müssen.

Zudem ist blinder Glaube an die Technik auch nicht zielführend. Man muss leider feststellen, dass fast alle Maschinen und Techniken, die weltweit der Biodiversität entgegenstehen, in Süddeutschland hergestellt oder zumindest maßgeblich mitentwickelt wurden – ob wir nun sägen, baggern, Landwirtschaft betreiben, freischneiden, synthetische Chemie ausbringen, Rasen mähen, schieben, scharren oder mit Wasserdruck reinigen. Klar, dass es mir in diesem Umfeld schwerfällt, die Bemühungen dieser Unternehmen, etwas gegen das Ausrotten der Natur und unserer Lebensgrundlage zu tun, in Worte oder gar in konkrete Empfehlungen zu fassen. Es wäre Werbung an der falschen Stelle:

> Denn Nachhaltigkeit beginnt nicht beim marktfähigen Produkt, sondern mit dem bereits erwähnten Dreiklang: Reduzieren – Ökologisieren – Kompensieren.

Daher glaube ich, dass es zwar sinnvolle, schonende Produkte geben kann, dass aber Verkaufsargumente wie „Scheuchen“, „Blasen“, „schonend Kreiseln“, „Reifendruckanpassung“ und grüne Gerätenamen und -gehäuse, kein Grund für uneingeschränkten Applaus sind. Auch die Universitäten sind hier in der Pflicht, dass sie sich nicht in die Falle des Grünforschens begeben und zur Marketingwissenschaft des grün angemalten Konsums werden.

Natur braucht Raum und Zeit. Der Raum ist da, er wird nicht größer. Die Zeit ist da, man muss sie der Natur nur geben.

Das Ziel heiligt die Mittel und wo ein Wille, da ist auch ein Weg. Wer Biodiversität fördern will, der kann das auch ohne moderne Maschinen und ohne teure Zertifikate. Eine Sense hilft dem Privatanwender mehr als der Traum vom unerschwinglichen Balkenmäher. Ein selten und mit Bedacht geschobener Rasenmäher ist wirkungsvoller und sensibler als ein Balkenmäher, der zur falschen Zeit am falschen Ort mäht.

Ich bin kein Fundamentalist beim Flächenpflegen. Aber die folgenden Punkte sollten wir einhalten:

- selten mähen (wo – wie oft, wurde besprochen),
- schonend mähen (abschnittsweise),
- das Schnittgut abräumen (lieber gleich als nie).

Klar ist, dass ein Balkenmäher, ein Bandrechen, ein Ladewagen die Ideale der Flächenpflege darstellen. Wenn die aber nicht da sind, dann sollte man nicht warten, bis man sie eines Tages hat, sondern auch mit unzureichenden Mitteln seinen Willen beweisen.

**Abschnittsweise Pflege schützt**

Webcode mung12396

## Mahdtechnik

Das Ideal sind Doppelmessermähwerke. Die Wahl des Geräteträgers ist eine Frage der Verfügbarkeit und der Vorlieben. Handgeführte Einachsgeräteträger, Kabinengeräteträger oder ferngesteuerte Mähraupen sind die drei großen Gruppen. Sonderformen wie Auslegerbalkenmäher oder Mähschaufeln runden das Angebot für Spezialanwendungen ab.

Eine sehr aufrichtige und durchdachte Entwicklung ist beispielsweise derzeit beim Hersteller Mulag zu beobachten. Der Mahdkopf für Ausliegerarme berücksichtigt viele reale Aspekte der Insektenökologie: Scheuchwirkung für Insekten, die flüchten, optimierte Luftführung beim Absaugen zum Schutz der am Boden liegenden Samen und Tiere, verminderter Walzeffekt der Laufrolle und ein optimiertes Rotationsschlagwerk zur Vermeidung des Propellersaugeffekts des rotierenden Messers. Das sind gut begründbare und kluge Überlegungen. Die Entwicklung von Insektengebläsen hingegen erscheint mir zu kurz gedacht, da sich Insekten selbst bei Orkanböen von 130 km/h sehr erfolgreich mit ihren sechs Beinen an Halmen und Strukturen festklammern. Wir kennen das von der Fliege auf der Windschutzscheibe und sehen es auch daran, dass bei starkem Westwind nicht plötzlich die Insekten Frankreichs am Rand des Schwarzwaldes landen.

## Abräumtechnik

Heuschieber zum manuellen Verschieben größerer Heumengen.

Der Multitwister ist ein Gerät, mit dem man wahlweise beidseitig schwaden und bürstend schieben kann. Er eignet sich für Kommunen hervorragend, da man mit ihm auch Flächen, die in einer Sackgasse enden, herausräumen kann und zusätzlich die Möglichkeit hat, linear zu schwaden. Das Herausräumen aus der Fläche kann dann zum Verladen eines Haufens führen.

Der klassische Bandrechen (hier mit einem Kabinengeräteträger) ermöglicht das lineare Zusammenführen von Schnittgut. Dadurch kann es in einem weiteren Arbeitsgang mit Ladewagen oder Ballenpresse abgeräumt werden.

Durch das Schwaden auf den Radweg wird die Aufnahme durch einen klassischen Ladewagen möglich.

## Kombinierte Techniken

Da immer ein gewisser Prozentsatz der Fläche stehen bleibt, ist es auch nicht fatal, wenn man den Zeitraum zwischen Mahd und Abräumen hin und wieder sehr klein hält. Hier im Bild läuft der Ladewagen direkt hinter dem Frontbalkenmäher und verlädt das ohnehin schon ausgesamte Pflanzgut direkt.

Der „Amazone Profihopper" ist zwar ein Mulcher, nimmt aber das Mulchgut durch Schnecken auf, welche das Absaugen von am Boden befindlichen Insekten und Samen verhindern. Eine pragmatische Zwischenlösung, wenn optimales Gerät nicht zur Verfügung steht.

## Streifen, Muster, Mosaike: Mahd mal phantasievoll

Altgrasstreifen ist ein Zauberwort – biologisch auf jeden Fall – und dennoch klingt nichts unattraktiver. Spätestens seit unserer Forschung in Tübingen, die den Wert der ungemähten Überwinterungsstreifen gezeigt hat, findet man sie überall. Leider werden wir so gut wie nie von den NGOs, Behörden und Naturnahpäpsten zitiert. Wir wissen also nicht, ob der „Altgrasstreifen", den manche auch Refugialstreifen nennen, mehrfach unabhängig voneinander populär wurde, oder ob unsere Forschung und die Publikationen ausschlaggebend für den Siegeszug waren. Für mich steht fest: „Altgrasstreifen" klingt unsexy. Ein bisschen wie schlecht rasiert, wie Käsekruste, wie muffeliger Altglascontainer. Dass Altgrasstreifen – oder Überwinterungshabitate – aber essenziell sind, dürfte allen klar sein. Wenn wir Insekten in unserem Umfeld fördern wollen, dann müssen wir dafür sorgen, dass diese den Winter vor Ort überleben – in Säumen, Hecken, Totholz, Laubhaufen und eben vor allem auch in den Altgrasstreifen. Dass diese nicht langweilig und gezwungen aussehen müssen, zeigen einige spannende Praxisprojekte. Diese sind darüber hinaus auch noch ein Beispiel moderner Kostenrechnung – denn Biodiversitätsmanagement unterliegt auf dem freien Markt auch kaufmännischen Überlegungen.

### Mosaikmahd

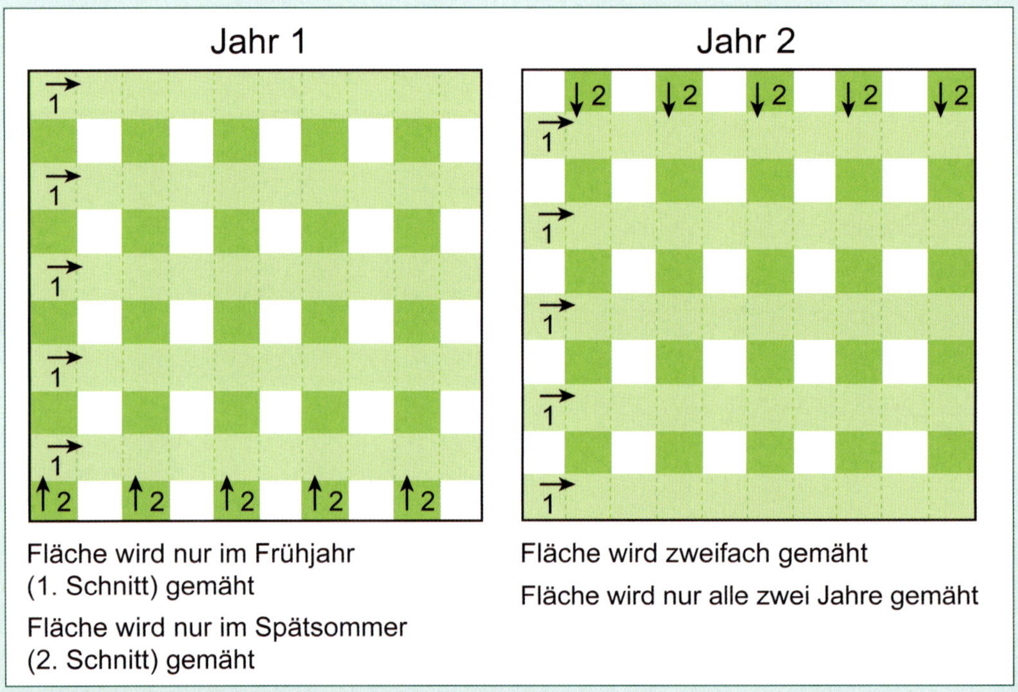


Eine Sonderform der Mosaikmahd wird in dieser Abbildung beschrieben. Rechtwinklig zueinander erfolgt hier die Mahd, die jeweils eine Mahdbreite auslässt, so wird ein sehr interessanter Effekt erzielt:

1. 50 % der Fläche werden bei der ersten Mahd gemäht.
2. 50 % werden bei der zweiten Mahd gemäht.
3. 25 % der Fläche werden in dem jeweiligen Jahr gar nicht gemäht.
4. Es entstehen zweierlei Überwinterungslängen und zweierlei Übersommerungslängen.
5. Im Folgejahr kann man das Raster um 0,5 oder um 1 verschieben, um noch mehr Strukturvielfalt zu erlangen.

Dieses Konzept sorgt für eine maximale Vielfalt auf der Fläche. Aber: Die wertvollen Weidestrukturen (Ameisenhäufen, Kothaufen, Scharrstellen, Suhlen ...) fehlen hier dennoch.

# Abenteuer Hummelmahd

MONA MERKLE

Wenn Mensch sich in Mausperspektive auf den Boden legt und eine kleine Weile eine Wiese im Sommer betrachtet, dann schrumpft die Welt ob der niederen Perspektive zusammen und wird zugleich größer. Auf einmal sind da nicht nur Gräser und Kräuter, ein paar Schmetterlinge und Hummeln. Auf einmal sind da Wege und Brücken, sich aufeinander zu biegende Halme, auf denen Ameisen miteinander kommunizieren und sich auf den Weg machen. Da wird ein Blütenkorb im Minutentakt von kleinen Wildbienen besucht und von trägeren, plüschigen Hummeln nach unten gebogen. Da wartet eine Spinne im Netz wie Thekla, die Kreuzspinne, bei Biene Maja. Da gibt es einen ganzen Kosmos zu entdecken, der an der Grasnarbe nicht endet, sondern mit winzig kleinen Springschwänzen und Hornmilben unter der Erde weitergeht. In diesen Kosmos dringt mehrmals im Jahr, manchmal schon bevor dieser sich überhaupt komplett entfaltet hat, die Kreatur des Mähers ein – in den meisten Fällen ein saugender, kreiselnder, alles zerhäckselnder Mulcher. Doch Pflege geht auch anders, habe ich inzwischen gelernt.

## Alle sagten, das geht nicht.

2018: Ich laufe aufgeregt mit meinem Laptop auf das Wörther Rathaus zu und werde gleich das Pflegekonzept der „Bunten Wiese“ dem Bürgermeister und einigen Mitarbeitenden vorstellen.

2020: Wir – mein Vater, mein Freund und ich – halten zum ersten Mal Freischneider in den Händen und bearbeiten eine Brombeerhecke. Drei Tage zuvor haben wir einen Frontbalkenmäher ausgeliehen und Mahdgut zusammengerecht.

2023: Ich stehe mit unseren Heuballenpressen neben kleinen bereits produzierten Heuballen am Rande einer 3 ha großen Wiese in Karlsruhe und schaue zu, wie einer unserer Mitarbeitenden Heu mit einer kleinen Maschine schwadet und zwei Grüne Heupferde davonspringen.

Angetreten sind wir als familiäres Beratungsteam mit der Vision, die Grünflächenpflege umzukrempeln und Lebensraum für Hummel, Heuschrecke und Co. zu schaffen. Die Hummel, genauer die Dunkle Erdhummel (*Bombus terrestris*) begleitet uns bis heute auf unserem Firmenlogo zusammen mit einer typischen Wiesenpflanze, der Wiesen-Flockenblume (*Centaurea jacea*). Die Erdhummel ist nicht nur eine der häufigsten Hummelarten Deutschlands, sie sieht auch süß aus, ist harmlos sowie leicht erkennbar und sorgt als gezielt eingesetzter Bestäuber für gute Ernten im Obst- und Gartenbau. Darüber hinaus spielen sie und ihre Verwandten auch eine wichtige Rolle bei der Bestäubung unserer Wildpflanzen. Kurzum: Die Erdhummel ist ein idealer Sympathieträger. Aber nicht nur deshalb ist sie Teil unseres Firmenlogos: Sie soll auch zeigen, wie wichtig unser Pflegekonzept für die Biodiversität ist. Die Erdhummel braucht wie alle bestäubenden Insekten blütenreiche Wiesen und keine totgepflegten Rasenflächen.

Um kommunale Grünflächen in blühende Wiesen voller Leben zu verwandeln, haben wir den Verantwortlichen anfangs Beratungen zu biodiversitätsfördernden Pflegemaßnahmen angeboten. Diese Beratungen wurden durch ein Monitoring ergänzt, bei dem wir ausgewählte Pilotflächen auf ihre Pflanzen- und Tierwelt untersuchten sowie weitere Parameter zur Beschaffenheit der Grünflächen bestimmten. Wir waren überzeugt: Die Kombination aus Beratung und Erfolgskontrolle würde sicher auf große Nachfrage treffen und zu schneller Umsetzung in den Kommunen führen.

Doch so einfach war es dann doch nicht. In den meisten Bauhöfen waren weder die Maschinen noch die Erfahrungen mit neuen beziehungsweise alten Pflegetechniken, wie zum Beispiel der Mahd mit einem Balkenmäher oder das Konzept der Streifenmahd, vorhanden. Man erinnerte sich höchstens an die stark ruckelnden, kleinen Balkenmäher von früher und malte sich aus, wie mühsam, teuer und aufwendig das ganze Unterfangen sein würde. Kein Wunder also, dass die meisten Maschinenparks nur aus Mulchern bestehen. Deswegen haben wir es einfach selbst in die Hand genommen: Maschinen testen, viel dabei lernen, Arbeitsprozesse weiterentwickeln und betriebswirtschaftlich wettbewerbsfähig werden. Frei nach dem Kalenderspruch: „Alle sagten, das geht nicht. Dann kamen wir, die wussten das nicht und haben's einfach gemacht.“

## Bergmaschinen

Wir sind in die Landschaftspflege als Quereinsteigende eher hineingeraten, als dass wir zielgerichtet darauf hingearbeitet hätten. Bei unseren Beratungen haben wir schnell gemerkt, dass Naturschutz nur begrenzt aus dem Büro heraus funktioniert. Konzepte müssen auch umgesetzt werden. Darüber hinaus wirken Beratende überzeugender, wenn sie nicht nur Dinge erzählen, die sie sich angelesen und theoretisch verstanden haben, sondern am eigenen Leib erfahren und somit (mit den Händen) begriffen haben. Dann weiß man auch, dass reine Handarbeit beim Schwaden oder bei der Heuaufnahme zwar sehr tierschonend ist, aber auch verdammt anstrengend. Zum Glück gibt es aber die Mischung aus Handarbeit und Maschinen, die einem das Leben erleichtern. Diese kleinen, leichten und handgeführten Helfer haben wir im Alpenraum entdeckt. Dort sind sie seit Jahrzehnten auf steilen Hängen im Einsatz. Einen Balkenmäher kennen die meisten noch, aber Heuschieber und kleine Rundballenpressen sieht man außerhalb bergiger Regionen selten. Sie eignen sich aber bestens für die meisten Grünflächen, da man sie gut transportieren kann, sie auch kleinere Flächen problemlos bearbeiten können und sie nicht zur Bodenverdichtung beitragen. Tiere haben überdies genug Zeit, um sich in Sicherheit zu bringen.

Um tatsächlich ins Handeln zu kommen, waren wir so mutig und haben erst Maschinen ausgeliehen und dann einfach gekauft. Dafür musste eine fällige Lebensversicherung herhalten. Jetzt besitzen wir einen Maschinenpark aus Portalmähern mit Doppelmesserbalken in unterschiedlichen Breiten, Rundballenpressen, Heuschiebern und Bandschwadern. Mit diesen Bergmaschinen haben wir uns ausprobiert, was in diesem Fall sehr wörtlich gemeint ist.

Als ungelernte Landschaftspflegende mit viel Idealismus, aber wenig technischem Wissen und ab und an auch zwei linken Händen haben wir schon Heubal-

Streifenmahd und Bergung des Mahdguts mit kleiner Rundballenpresse.

len aufgrund verstopfter Luftfilter in Brand gesetzt, mit stumpfen Messern Wiesen eher abgerupft als gemäht sowie zahlreiche Rechen auf Wiesen verloren und vergessen. Wir haben zu Pizza und Wein den Sonnenuntergang auf Heuballen beobachtet, aber auch Tränen der Wut und Verzweiflung bei gerissenen Antriebsketten und Seilzügen vergossen. Dabei haben wir immerhin insgesamt 200 ha durch unsere „Learning by doing"-Methode gepflegt und sind stetig besser geworden. Ökologische Pflege, unsere „Hummelmahd", bei der seltener und später im Jahr mit insektenfreundlichen Maschinen gemäht wird, Wiesenmuster verbleiben und Heuballen entstehen, muss natürlich das ein oder andere Mal erklärt oder auch verteidigt werden. Vielen Menschen sind vor allem die ungemähten Streifen oder Inseln ein Dorn im Auge, da sie nicht unbedingt der deutschen Ordnungsliebe und dem Ideal des „Englischen Rasens" entsprechen. Dabei kann man wunderbar an diesen kreativen Landschaftsmustern vorbeigehen und in Streifen und Inseln allerlei beim Fliegen, Summen und Brummen beobachten.

## Streifen, Muster & Kosten

Eine Streifen- oder Inselmahd ahmt die vormalige Kleinstrukturiertheit der Landschaft nach. Das heißt, es bleiben immer Nahrung, Rückzugsorte und Kinderstube für Insekten und andere Kleintiere stehen. Außerdem können Pflanzen blühen und aussamen. Abgesehen von allen ökologischen Vorteilen kann diese Form der Mahd auch monetär vorteilhaft sein: Richtig gemacht, senkt sie die Pflegekosten.

Der reduzierte Kostenfaktor entsteht dadurch, dass nicht die gesamte Fläche auf einmal abgemäht wird, sondern immer Streifen oder Inseln stehen gelassen werden. Da im Normalfall pro Quadratmeter abgerechnet wird, sinken die Kosten um den jeweiligen Prozentsatz an ungemähter Fläche. Entscheidend ist hierbei die Beschaffenheit der Wiese. Ist es möglich, bei einer zweimaligen Mahd die Hälfte der Fläche stehen zu lassen und somit einschürig zu pflegen? Oder ist die Fläche zu wüchsig und neigt zur Verbuschung? Dann sollte zweischürig gepflegt werden und zum Beispiel nur ein Drittel der Fläche stehen gelassen werden. Um die Beschaffenheit der Wiese richtig zu beurteilen, sind etwas Wissen über Pflanzen, das Beobachten der Fläche und ein Managementplan nötig. So lassen sich fachkundig durch eine vielfältige und angepasste Pflege Kosten sparen. Aber es kommt noch besser. Die „Hummelmahd" ist nicht nur eine Dienstleistung. Sie ist auch ein produzierendes Gewerbe, das wie die frühere Wiesenbewirtschaftung einen Rohstoff hervorbringt.

## Die Ressource Heuballen

Ziel der Pflege der meisten Grünflächen ist nicht unbedingt die Heugewinnung. Allerdings kommt man bei einer ökologisch nachhaltigen Mahd um das Thema Heu und dessen Verwertung selten herum. Dabei wird in Diskussionen häufig ein negatives Bild vom Mahdgut gezeichnet. Es fallen Begriffe wie Hundekot, Plastikmüll und Jakobs-Kreuzkraut. Es wird nicht nach hochwertigen Verwertungsmöglichkeiten gesucht, sondern nach einer kostengünstigen Entsorgung.

Ganz neutral betrachtet, entsteht jedoch einfach ein Naturprodukt: Heu; in gepresster Form, der Heuballen; ökologisch von uns erzeugt, Hummelheu®. Dabei handelt es sich um eine noch wenig genutzte Ressource, die eben kein „Müll" ist, sondern ein Wertstoff, welcher im Sinne der Kreislaufwirtschaft weiterverwendet werden kann. So führt eine Dienstleistung zur Herstellung eines Produkts, dessen Einsatzmöglichkeiten vielfältig sein können und müssen. Grünflächen sind zwangsläufig sehr unterschiedlich und Mahdgut ist nicht gleich Heu. Allerdings lässt sich direkt ausräumen, dass ungeliebte Dinge wie Hundekot, Plastikmüll und Jakobs-Kreuzkraut in die Ballen geraten. Bei einer Pflege mit kleinen Maschinen sieht man diese schon beim Mähen und Schwaden und kann sie spätestens, bevor sie in einen Ballen eingezogen werden, schnell entfernen.

So entstehen je nach Wetterbedingungen und Grünfläche Heuballen unterschiedlicher Qualität. Gute, trockene Heuballen von schönen Glatthaferwiesen an „unbefleckten" Standorten warten darauf, hochwertiges Futter für Kaninchen, Ziegen und Co. zu werden. Es gibt jedoch auch mittelprächtige Heuballen, die sich als Erosionsschutz im Weinberg oder als Sitz- oder Dekoelemente eignen (es hat schon die ein oder andere Party mit Heuballensitzen stattgefunden). Schließlich gibt es die Heuballen, die niemand mehr will, da sie nicht mehr so frisch aussehen. Diese können kompostiert, zu Terra Preta oder Biogas verarbeitet oder als Heupellets verbrannt werden. Immerhin steckt in einem 20-Kilogramm-Heuballen der Energiegehalt von etwa 7 Litern Heizöl. Doch nicht nur die Energie ist entscheidend – in einer Anhängerladung mit 50 Kleinballen sind auch rund 1,8 Tonnen klimaschädliches Kohlendioxid gebunden. Diese

50 %-ige Streifenmahd im Wohngebietspark Rieth in Erfurt mit interner Verwertung des Mahdgutes als Mulchscheiben an Bäumen.

Menge entspricht etwa der $CO_2$-Fixierung, die eine 30 m hohe Fichte in 80 Jahren erreicht. Je nach Verwertungsweg kann das gebundene $CO_2$ zumindest teilweise in den Boden gebracht werden.

Immer mehr im Kommen sind auch andere Produkte wie zum Beispiel Graspapier. Erhältlich sind schon Visitenkarten sowie Geschenk- und Briefpapier aus Grasfasern. Natürlich lassen sich nicht immer alle Möglichkeiten auf einmal nutzen. Dezentrale Strukturen und regionale Verwertungsmöglichkeiten müssen ausgelotet und dann genutzt oder neu erfunden werden.

## Wandel durch Handeln

Was gibt es sonst noch zu sagen? Körperliche Arbeit ist anstrengend. Eingefahrene Wege zu verlassen, erfordert Neugierde und Mut. Wir haben unsere Pilotflächen anfangs mit viel Blut (den Brombeeren geschuldet, die sich um einen schlingen), Schweiß (das beste Heu gibt es eben bei 30 Grad in der prallen Sonne) und durchaus auch Tränen (wenn der gefühlte Berg an Arbeit nicht bewältigbar scheint) gepflegt. Inzwischen erleichtern kleine gut eingesetzte Maschinen, eingeübte Arbeitsprozesse, an die Pflegeflächen angepasste Mähintervalle und ein eingespieltes Team die Arbeit. Damit ist die „Hummelmahd" machbar und bezahlbar geworden. Sie muss nur noch überall umgesetzt werden. Denn wenn man weiß, dass man nicht halb Deutschland allein bewirtschaften muss, sondern ganz viele Mitstreitende das Artensterben angehen wollen, dann fallen die Hektik und der Druck. Dann öffnet sich der Blick wieder für das auf einer Blüte sitzende Widderchen, die Zauneidechsen, die die Mahd überleben und davonflitzen, oder die Störche, die hinter einem her der leichten Beute entgegenstaksen, während die Sonne langsam untergeht. Also: Den Balkenmäher eingepackt, Arbeitssachen angezogen und die Hände schmutzig gemacht, denn Wandel passiert vor allem durch Handeln.

## Mulchen gehört auf den Acker: Wir bearbeiten Wiesen

In der Diskussion über die richtige Pflege von Grünflächen wird über kein Thema so kontrovers diskutiert und gestritten wie über das Mulchen. Mulchen ist eine weit verbreitete Technik, um Vegetation oder deren Reste in einem einzigen Arbeitsschritt sehr klein zu bekommen. Wie wir uns schon vorstellen können, ist es eine Technik, um effizient große Flächen bearbeiten zu können. Land auf, Land ab, sehen wir Mulchgeräte, welche landwirtschaftliche Flächen und andere Grünflächen bearbeiten. Der wissenschaftliche Diskurs hat früh erkannt, dass die extensive Pflege von Grünflächen einen signifikanten Beitrag für die biologische Vielfalt leistet. Dennoch ist es nicht so einfach. Die Kosten, die Arbeitszeit, die Wartungsarmut, die Fehlerunanfälligkeit machen Mulchgeräte zu wahren Lieblingen in der Grünflächenpflege. Diese Vorliebe macht es in der Debatte stets schwierig, zu erklären, warum diese Pflegetechnik für die biologische Vielfalt nicht optimal ist. Die wissenschaftliche Herangehensweise beinhaltet stets zunächst eine Literaturrecherche und auch hier stoßen wir auf unterschiedliche Ergebnisse. Während Westeuropa die extensive Pflege mit dem Balkenmäher, der Sense, Weidetieren und anderen schonenden Pflegemaschinen bevorzugt, finden wir vor allem in Polen und Tschechien einige Studien, die sich stark für das Mulchen aussprechen. Bei näherer Betrachtung liegt es aber nicht zentral am Gerät an sich, sondern an der Tatsache, dass durch das Mulchen gerade in den Mittelgebirgsregionen der beiden genannten Länder wertvolle Ökosysteme erhalten werden können, die sonst der Verbuschung und Verwaldung zum Opfer fallen würden. Die Betrachtung von ehemaligen Alm- und Hutelandschaften, die der Verbuschung und Verwaldung zum Opfer zu fallen drohen, ist aus Sicht der Ökologie nur mit dem einstimmigen Wunsch zu begegnen, dass das Offenland unter allen Umständen offengehalten wird. Wenn ich im Kapitel zuvor auf Seite 140 schrieb, dass der Zweck die Mittel heiligt, dann mag der Einsatz von Mulchgeräten wie ein Kompromiss erscheinen. Dennoch ist er kein Kompromiss, denn Mulchen schadet der Landschaft auf mehreren Ebenen. Betrachten wir den Ursprung dieser Maschinen, so stellen wir fest, dass der Einsatz ursprünglich für das Ackerland konzipiert wurde. Nach der Ernte der Feldfrüchte

Scheinbar sind schlecht gemulchte Rasen kein Problem, während viele allein bei dem Gedanken weniger oft zu mähen schlucken. Leider mulchen auch Kommunen mit hohen Biodiversitätsstandards viele Flächen und Ränder außerhalb ihrer Vorzeigeflächen. Das zeugt von fehlender Sensibilität für das Thema.

Wirkungsvoll und beeindruckend werden in Cambridge stellenweise Shire-Horses zur Pflege der Grünflächen eingesetzt. Das wirkt optisch sehr bereichernd und ist keineswegs nur ein Museumsgag. Unter www.starke-pferde.de finden Sie das Netzwerk für die Zugtiernutzung in Europa. Das Magazin ist sehr empfehlenswert und beleuchtet alle Aspekte der tierischen Zugkraft.

blieben auf dem Ackerland verschiedene Erntereste, Pflanzenteile und Bodenunebenheiten übrig. Um diese einer schnellen Verortung zuzuführen, wurde eine Maschine entwickelt, die mit heterogenem organischem Material zurechtkommt und dieses in einem einzigen Arbeitsschritt in kleinere Stücke zerlegen kann. Durch diese Maßnahme werden im Ackerbau die schnellere Verrottung und eine schnellere Bodenbearbeitung ermöglicht. Mulchgeräte können so einen wichtigen Beitrag beim Aufbau von Humus und lebendigen Böden leisten. Auf etwaige Nachteile dieser Maschinen, auch im Ackerbau, soll hier nicht weiter eingegangen werden. Ziel ist es, in diesem Kapitel klarzustellen, dass Mulchen eine Kulturtechnik des Ackerbaus ist und keine Pflegeform von Grünland. Grünland ist ein Ökosystem, das auf die Verdauungsorgane von Wiederkäuern und anderen Gras fressenden Tieren angepasst ist. Beim Grünland geht es nicht darum, die bestehende Vegetation zu verkleinern, um den Humusaufbau zu gewährleisten, sondern es geht darum, das Grünland artenreich und wirtschaftlich sinnvoll zu nutzen. Diese beiden Annahmen gehen allein dadurch verloren, dass Mulchgeräte ihm nicht gerecht werden.

Mulchen zerkleinert alles Leben, pflanzliches und tierisches. Durch die Verkleinerung sterben die in die Maschine geratenen Lebewesen einfach ab und werden der Verortung zugeführt. Rotierende Maschinen erlauben es den Tieren, fast nicht lebend aus dem Gehäuse dieser Maschinen zu entkommen. Die mehrfache Todeswirkung der Mahd haben wir in einem der vorherigen Kapitel bereits ausgehend erläutert. Sie gilt auch hier. Was nicht beim ersten Überfahren getötet wird, flüchtet und wird unter Umständen in einem weiteren Arbeitsschritt Opfer der Maschine. Eine weitere, indirekte, negative Folge dieser Mahdmethode ist die Anreicherung von Nährstoffen auf der Fläche. Das paradox of enrichment besagt, je nährstoffärmer eine Fläche ist, desto mehr Arten können auf ihr überleben. Nährstoffarmut bedeutet Artenreichtum. Nährstoffreichtum bedeutet Artenarmut. Der auf der Fläche verrottende Mulchfilz bedeckt über einen langen Zeitraum die gesamte Fläche. In der Biologie der Wiesenpflanzen unterscheiden wir grundlegend die Einkeimblättler und die Zweikeimblättler. Zu den Einkeimblättlern gehören die Gräser. Sie beginnen ihr Leben mit einem einzigen Keimblatt und wirken spitz. Die Zweikeimblättler starten mit zwei Blättern ins Leben. Wir können uns bildlich vorstellen, welche erheblichen Vorteile eine einkeimblättrige Pflanze beim Durchwachsen eines dichten Mulchfilzes gegenüber den zarten Zweikeim-

Heu statt Diesel. Hufspäne statt Reifenabrieb. Pferdepippi statt Motorenöl. Ein „Traktor", der sich selbst vermehrt. Schönheit auf der Wiese. Anspruchsvolle sinnstiftende Arbeit mit Tieren. Vierfußantrieb und kaum Bodenverdichtung. Alle diese Argumente unterstreichen die Arbeit mit Zugtieren.

blättrigen hat. Die Folge ist drastisch. Blumen und Kräuter, die stets mit zwei Keimblättern ins Leben starten, werden von der Mulchschicht ausgedunkelt und ersticken. Sie sterben auf gemulchten Flächen ab. Daraus resultiert die schrittweise Vergrasung der Fläche. Je länger eine Fläche gemulcht wird, desto weniger nährstoffarm wird sie (1. Grund der Verdrängung von Pflanzenreichtum). Zudem werden alle zweikeimblättrigen Blumen und Kräuter durch den verrottenden Mulchfilz, wie bereits gesagt, ausgedunkelt und sterben ab (2. Grund der Verdrängung von Pflanzenreichtum). Das beste Beispiel für dieses Dilemma sind die Straßenränder und Böschungen in Deutschland – tausende Kilometer vergrastes Grünland. Selbst die besten Ansaaten können so innerhalb weniger Jahre komplett verarmt werden und vergrasen.

# Landschaftspflege mit echten PS

KLAUS-PETER HAGEL

## Mähen und Abräumen von Naturschutz- und Ausgleichsflächen mit Pferdekraft

### Entstehungsgeschichte

2018 kam ein Forstdezernent des Forstamtes Sellhorn der Niedersächsischen Landesforsten auf die Idee, die forstamtseigenen Wiesen unter dem Gesichtspunkt des Insekten- und Artenschutzes anders als bisher zu bewirtschaften. Es sollte mit einem Balkenmäher gemäht werden, als Krönung sollte dieser mit Pferden betrieben werden. Nach langem Suchen nach jemandem, der das machen könnte, wurde er schließlich in Sachsen-Anhalt fündig und es wurden die ersten Versuche gestartet, leider mit etwas mäßigem Erfolg. Durch einen Zeitungsartikel wurde ich auf diese Aktion aufmerksam und nahm Kontakt zum Forstamt auf. Dort rannten wir offene Türen ein, es wurde für das kommende Jahr eine Zusammenarbeit vereinbart. In den Wintermonaten planten wir, mit welcher Mähtechnik wir diese Arbeiten bewältigen könnten. Uns war klar, dass auf den Naturschutzflächen mit den späten Mähterminen Opas Mähtechnik sehr schnell an ihre Grenzen stoßen würde. So wurde ein altes Mähwerk mit einem 1,50 m breiten Doppelmessermähbalken ausgerüstet und ein Hisko-Motorvorderwagen ausgeliehen. Ein großes Problem war die Logistik, da wir Pferde und Maschinen nicht gleichzeitig transportieren konnten und die einzelnen Flächen zu weit auseinanderlagen, um sie zu Fuß zu erreichen. So starteten wir 2019 in unsere erste Mähsaison. Es funktionierte, aber die Flächenleistung ließ zu wünschen übrig. Der einachsige Motorvorderwagen konnte nicht richtig eingesetzt werden, die sehr unebenen Flächen bewirkten ein starkes Deichselschlagen, was zu Lasten der Pferde ging. Auch das umgebaute alte Mähwerk war auf Grund seines Alters sehr reparaturanfällig. Trotzdem haben wir ca. 14 Hektar gemäht, mit der Zusage es im nächsten Jahr weiter zu versuchen. Daraufhin haben wir investiert, es wurde ein komplett neuer zweiachsiger Motorvorderwagen mit Achsschenkellenkung gebaut, das umgebaute Mähwerk wurde durch ein neues I&J-Mähwerk der Amish aus Amerika ersetzt. Jetzt konnten wir die von uns angestrebten Flächenleistungen erbringen. Auch das Logistikproblem wurde verbessert, da jetzt Mähwerk und Pferde mit einem Mal transportiert werden konnten. So sind wir nun in der Lage bis zu 0,5 Hektar in der Stunde zu mähen, unter Berücksichtigung des Tierwohls sind das insgesamt 3 Hektar pro Gespann und Tag.

Durch eine NDR-Dokumentation und aktiver Pressearbeit wurden noch andere Auftraggeber auf uns aufmerksam, wir liegen heute (2023) bei ca. 50 Hektar, die wir mit unseren Pferden jährlich mähen.

**Pferdestarke Landschaftspflege**

Webcode mung12397

### Warum ausgerechnet Pferde?

Immer wieder müssen wir uns anhören, den Balkenmäher gibt es auch am Trecker, warum also Pferde einsetzen? Diese Frage taucht besonders auf, wenn wir motorunterstützt arbeiten. Aber welcher Trecker mäht mit 3 Litern Treibstoff einen ganzen Hektar? Natürlich gibt es diese Mähwerke auch für Trecker. Der Vorteil beim Pferdezug liegt darin, dass die Mähgeschwindigkeit bei nur 4,5 km/h liegt, dadurch haben die Wiesenbewohner eine reelle Chance den ankommenden Messern auszuweichen. Hinzu kommt, dass es durch das Doppelmesser zu keiner Sogwirkung kommt und so keine Lebewesen verletzt werden. Es gibt Untersuchungen, dass der Mähbalken weniger Frösche verletzt als die Mahd mit der Sense.

Auch kommt es durch die Pferde zu weniger Bodenverdichtungen, wenn überhaupt, dann nur sehr punktuell. Diese können durch das Bodenleben wieder aufgeschlossen werden, anders als bei den streifenförmigen Verdichtungen der Trecker, die wie eine Barriere sind.

Durch die Arbeit mit Pferden wird der Erhalt der alten Arbeitspferderassen gefördert, das Wissen über die Arbeit mit Pferden wird für die nachfolgenden Generationen erhalten.

Das Pferd ist Sympathieträger! In der Öffentlichkeit haben wir eine sehr hohe Akzeptanz, die Menschen sind begeistert, wenn wir unsere Arbeit machen, oft kommt es zu sehr intensivem Austausch mit Zuschauern. Gerade in Naturschutzgebieten finden viele Menschen den Einsatz großer Maschinen als sehr störend.

Für mich selbst ist die Arbeit mit meinen Pferden Balsam für die Seele. Ich genieße jede Arbeit, bei der kein Motor die Ruhe der Natur stört.

Wichtig ist, bei allen Arbeiten mit dem Pferd professionell aufzutreten. Die historische Technik ist nur was für das Museum. Wer heute mit Pferden arbeiten und überzeugen will, kommt um moderne Pferdezugtechnik nicht herum. Nur damit ist eine akzeptable Leistung zu erbringen, ansonsten ist man sehr schnell in der Schiene „ist zwar ganz schön, dauert aber zu lange“, oder gar „das geht nicht“. Eine so festgesetzte Meinung ist nur sehr schwer zu revidieren.

## Einsatzmöglichkeiten

Die Einsatzmöglichkeiten von Pferden im öffentlichen Grün sind vielfältig, angefangen bei Naturschutzwiesen (Mähen, Schwaden, Abräumen), mähen von Wegseitenrändern, mähen von Parkwiesen durch pferdegezogene Walzenmähwerke. Es gibt in Schweden einige Kommunen, die ihre öffentlichen Parkanlagen so pflegen. Auch das Einebnen von Maulwurfshaufen und das Walzen der Flächen kann durch Pferde bewältigt werden. Zusätzlich könnte man sämtliche Entsorgungsarbeiten, wie z. B. das Entleeren der Müllkörbe oder die Abfuhr von Schnittgrün, mit Pferden realisieren.

Voraussetzung für solche Arbeiten ist eine gute Ausbildung von Pferd und Fuhrmann und die entsprechende Technik, um es als ernstzunehmende Dienstleitung anzubieten. Man muss genau wissen, was man tut!

## Probleme, Einschränkungen

Viele Auftraggeber sind der Meinung, dass da, wo die Maschinen nicht mehr fahren können, die Pferde eingesetzt werden können. Hier sind natürlich auch Grenzen gesetzt. Wenn man zu Fuß nicht mehr die Fläche betreten kann, weil der Untergrund zu weich

ist, geht das natürlich auch nicht mehr mit den Pferden. Auch bodenangetriebene Geräte kommen bei sehr weichem Untergrund schnell an ihre Grenzen und man muss dann auf Hilfsmotoren als Kompromiss zurückgreifen. Auch kleinzellige Strukturen sind eher hinderlich, da es bei einem häufigen Umsetzen zu einem erhöhten Zeitbedarf kommt, Pferde gehen nur Schritt, bei weiten Entfernungen ist ein Verladen nicht zu Umgehen.

Die moderne Pferdezugtechnik kostet viel Geld, das I&J-Mähwerk ist unter 10.000 € nicht zu bekommen. Hilfreich für eine unternehmerische Planung wären mittel- bis langfristige Verträge mit den Auftraggebern. Das würde dem Dienstleister die Investition erleichtern. Bei unseren Auftraggebern hat sich bis jetzt nur einer für eine mehrjährige Zusammenarbeit entschieden.

Viele Auftraggeber sind tendenziell interessiert, glauben aber, dass es nicht möglich ist. Dass auch die Pferdezugtechnik im 21. Jahrhundert angekommen ist, ist nicht bekannt. Es nützt wenig, gute Flyer zu haben. Aus eigenen Erfahrungen muss durch die Arbeit überzeugt werden, die Auftraggeber müssen einen live erleben, müssen sehen, dass wir wissen, was wir machen. Die meisten sind sehr erstaunt, wie gut das mit Pferden geht!

Man sollte sich genau überlegen, was man für Zusagen macht. Wenn man sich unsicher ist, ob das klappen könnte, sollte man ein Probearbeiten vereinbaren.

Das oberste Gebot ist das Wohl der Tiere! Die Pferde geben den Arbeitstakt vor! Als Mensch, der mit Tieren arbeitet, ist man ganz schnell im Focus der Tierschützer, deshalb ist es wichtig, ihnen so wenig Angriffsfläche wie möglich zu geben, das heißt, optimale Ausrüstung der Pferde, alters- und trainingsgerechte Beanspruchung der Pferde, keine Überlastungen.

Das Abräumen von Schnittgut ist eine für Blumenwiesen fundamentale Tatsache. Dennoch fällt es uns schwer, klare Antworten für das „wohin damit“ zu finden. Früher war es klar: „Wertvolles Viehfutter wird zu wertvollen Lebensmitteln für den Menschen“. Heute ist das anders. Die Wertschätzung von Grünland ist gesunken. In der Stadt vermüllt, entlang der Straßen verschmutzt, im landwirtschaftlichen Kontext ausgebeutet. Dabei wäre es so einfach: Das Nutztier als attraktiver und freudebringender Reaktor, damit aus Gras Lebensmittel werden. Oftmals ein weiter und kaum gangbarer Weg.

### Verwertung von Mähgut

- **Heu als Futter**
Die ideale Einsatzform für Grünschnitt ist und wäre: Tierfutter. Es ist uns leider allen klar, dass das aus verschiedenen Gründen nicht immer möglich ist.

- **Grasschnitt kompostieren**
Kompost ist ein unterschätzter Rohstoff. Der Weg zum guten Kompost ist zwar oft steinig, dennoch ist dieses Material zur Vitalisierung von Bäumen, Sträuchern, Beeten und Flächen noch viel zu wenig genutzt und seine Vorzüge nicht zuletzt aufgrund von heiklen Gesetzesvorgaben nicht immer nutzbar.

- **Entsorgung als „Müll“**
Müll ist ein Schlagwort, das bei der Versorgung von Grünschnitt viel zu oft fällt. Nur weil ihn jemand loswerden will, sei er Müll. Vielleicht sollten wir ihn einfach gar nicht loswerden wollen, sondern als Rohstoff neu schätzen lernen.

- **Energetische Nutzung**
Biogas und Heuverbrennung funktionieren nicht immer. Es lohnt sich jedoch auch hier, die Möglichkeiten pragmatisch im Auge zu behalten.

- **Kohlenstoffspeicherung**
Die Verwendung von Materialien aus der Grünflächenpflege zur Herstellung von Pflanzenkohle wird immer wieder neu gedacht. Die Umsetzung ist derzeit aber noch nicht so richtig in Fahrt gekommen. Bleiben wir dran.

- **Sonderwege**
Es dürfte uns allen klar sein, dass Sonderwege oft ein großes Potenzial haben – auch wenn es schwer ist, sie zu etablieren. Dabei denken wir nicht an das tonnenweise Verkaufen vom regionalen Badezusatz „Heublumenbad“. Faserige Pflanzenrückstände sind durchaus auch für die Herstellung von Verbrauchsgütern spannend: Graspapier und Verbundmaterialien könnten hier eine gute Alternative zum Holz sein.

Eine Patentlösung für die Verwertung von Mähgut gibt es nicht. Nutzungsmöglichkeiten variieren von Dorf zu Dorf und von Landkreis zu Landkreis. Hier lohnt es, immer weiter zu denken und sich von anderen Praktikern inspirieren zu lassen.

Spindelmäher mit Pferdekraft. Auch klassische Schurrasen können mit dem Pferd gepflegt werden. Der Einsatz eines pferdegezogenen Spindelmähers ermöglicht bis zu 0,7 ha/h. Außerdem sorgt das saubere Schnittbild des Spindelmähers für eine geringere Verletzung des Grases und schützt so den Rasen in Zeiten der längeren Trockenperioden vor übermäßigem Wasserverlust, da die Schnittkante schneller verheilt.

# Kommunikation

Jede Stadt ist anders. Alles wird individuell angepasst und dennoch erfinden wir selten das Rad neu. Vernetzung ist wichtig, das Gute zu erkennen, zu erhalten und weiterzuentwickeln.

Dabei fällt auf das Thema Kommunikation ein wichtiger Teil der Last. Wir müssen darüber reden, was wir tun. Nicht wegen des Eigenlobs, sondern weil es unsere Pflicht ist. Zum einen ist es der Einsatz von Steuergeldern, mit denen wir Antworten auf die Herausforderungen der Gegenwart suchen: die Klimafolgenanpassung, die Reduzierung von Hitzeinseln, die Schaffung von Glücksräumen und natürlich der Kampf gegen das Artensterben. Darüber müssen wir reden, auch um den Menschen die Angst zu nehmen vor den vielen, vielen Hiobsbotschaften in dieser nachrichtenprallen Welt. Der zweite Grund für eine gute Kommunikation ist viel pragmatischer und praktischer: Er spart Arbeit. Viele Telefonate und Mails können beantwortet oder vermieden werden, wenn man auf eine gute Broschüre, eine Internetseite, einen Social-Media-Kanal verweisen kann. Das erspart Zeit und Stress, es entlastet die Dienstwege, Druck wird aus dem Gemeinderat entnommen. Die Kritik wird nicht nach unten weitergegeben und führt dann dort zum Einsatz der Mäher, Laubbläser und Motorsägen. Ein gut vermitteltes Biodiversitätskonzept ist die Grundlage für die Akzeptierbarkeit der Maßnahmen. Kein Mitarbeiter wird so viel und mit so vielen Menschen reden können, wie die verschiedenen Medienkanäle erreichen.

Das Spannendste und zugleich Herausforderndste am Arbeitsplatz „Stadtgrün“ sind die Menschen. Im Fachjargon nennen wir sie Nutzungsanlieger oder Stakeholder. Sie beschäftigen sich jeden Tag mit uns – und wir sollten uns professionell mit ihnen beschäftigen.

## Problemfeldanalyse des urbanen Naturschutzes

Aktivitäten im Bereich des Biodiversitäts- und Klimaschutzes bergen für die Engagierten stets die Gefahr des Konfliktes (KNALL 2006). Zwar zeigen KOWARIK, BARTZ und FISCHER (2016), dass viele Studien für einen gewünschten Wandel der Pflege des öffentlichen Grüns sprechen und oftmals nur finanzielle und planerische Hürden zu überwinden sind, dennoch kann städtischer Naturschutz durchaus in einem Spannungsfeld zwischen Nutzungsanliegen und Schutzzielen liegen.

Aus dieser Erfahrung heraus kann sich ein möglicher Konflikt verstärken, wenn (A) wissenschaftliche oder ideelle Ziele so hoch angesetzt sind, dass sie einer Konfliktabwägung entzogen werden und/oder wenn (B) falsche Annahmen über Bedürfnisse und Vorbehalte der Nutzungsanlieger getroffen werden, weil diese auf eher einseitigen Vermutungen beruhen oder auf Rücksprache mit den Anliegern verzichtet wird.

Die Selbstevaluierung von NGOs ist ein bisher vernachlässigter Mechanismus zur Steigerung der Wirksamkeit, der Transparenz und der Akzeptanz. Methoden zur Evaluierung und der fehlende Druck scheinen ein Hauptargument für diese fehlende Reflexion zu sein (SEN 1987).

In dem nachfolgenden Abschnitt wird eine Analyse der bisherigen Resonanz auf die Initiative „Bunte Wiese“ durchgeführt, welche auf Basis ihrer gesamten Korrespondenz eventuelle Problemfelder aufdeckt und diese mit bisherigen Vorstellungen eines möglichen Konfliktpotenzials abgleicht.

(Die im folgenden Beitrag „Resonanz“ enthaltene Analyse der Problemfelder auf den Seiten 160 bis 169 wurde aus UNTERWEGER et al. 2017c in leicht veränderter Form übernommen).

**Korrespondenz und Medienresonanz**

Webcode mung12398

**Untersuchungen auf Grünflächen**

Webcode mung12399

### Resonanz

Die Arbeit der Initiative „Bunte Wiese“ fand in den regionalen und überregionalen Medien ein reges Interesse und wurde in den Printmedien mehrfach thematisiert. Die Artikel und die damit verbundenen Leserbriefe gaben weitere Hinweise zur Wirkung der Arbeit. Außerdem wurden mehrfach Karikaturen in regionalen Zeitungen zum Wirken der Initiative veröffentlicht.

Die Arbeit der Initiative „Bunte Wiese“ basiert primär auf regelmäßigen direkten Kontakten zu den Verantwortlichen der Grünflächenpflege in der Stadt- und Landesverwaltung sowie zur Bevölkerung. Dabei sind verschiedene Themenfelder zu Tage getreten, die mögliche Konflikte und Akzeptanzprobleme umreißen.

Dieser Datensatz wurde zu einem umfangreichen Textkorpus zusammengeführt und analysiert. Dabei wurden die einzelnen Texte mit Hilfe der Grounded Theory Methodologie (GTM) (GLASER & STRAUSS 1967; STRAUSS, CORBIN & NIEWIARRA 1996) zu verschiedenen Themenfeldern interessierender Phänomene, sogenannten „Konzepten“, verdichtet. In einem ersten Auswertungsschritt werden interessante wiederkehrende Muster, Meinungen und Denkrichtungen identifiziert, mit welchen man in einem zweiten Schritt differenzierter an das empirische Material herantreten kann: „Die Daten werden dahingehend ausgewertet, inwieweit sie Indikatoren des interessierenden Phänomens enthalten. Ziel der ersten Auswertung sind auswertungstechnisch gesehen Kodes bzw. inhaltliche Konzepte, die sich unmittelbar auf die Daten beziehen“ (BÖHM 1994). Durch immer feinere Analyse und iterative Verdichtung dieser Kodes werden die Konzepte weiter durch im Material gefundene Aspekte angereichert und somit „differenzierter, zahlreicher und abstrakter“ (ebd.). Diesen Prozess nennt man Kodieren und die differenzierten Konzepte werden schließlich als „Kategorien“ bezeichnet.

Diese Auswertungsmethode, die sozusagen die Daten selbst sprechen lässt, ermöglicht eine möglichst unvoreingenommene Erfassung von Problemfeldern. Dabei wird explizit nicht theorie- bzw. hypothesengeleitet an das empirische Material herangetreten, sondern es werden im Gegenteil mögliche theoretische Erklärungen am Material selbst entwickelt (Abduktion). Durch eine derartige Analyse der Korrespondenz können somit zusätzliche, vielleicht bisher übersehene Konflikt- und Gefahrenquellen erkannt und transparent gemacht werden.

**Was sagen uns diese Rückmeldungen?**

*Positive Resonanz:*
In dieser Arbeit möchten wir Konflikte und Akzeptanzprobleme des urbanen Naturschutzes adressieren. Dabei konzentrieren wir uns auf kritische Resonanzen und mediale Darstellungen, um die hierbei auftretenden Spannungsfelder zu identifizieren und zu ordnen. Positive Stimmen lassen wir daher in dieser Analyse bewusst außer Acht.

Die Analyse der Korrespondenz der „Bunten Wiese" konnte die folgenden Problemfelder abgrenzen:

1. Allgemeine Fragen zur Durchführung und Methodenunsicherheit.
2. Überaktivität.
3. Sorgen und Bedenken.
4. Die Abwertung von Engagement.
5. Gestalterisches Natur- und Weltbild.
6. Monetäre Fragen und Planung.

Diese Themenfelder stellen Herausforderungen der Arbeit der Initiative dar. Da es sich bei der Initiative „Bunte Wiese" um eine wachsende Mini-NGO handelt, muss neben der fachlichen und argumentativen Fundiertheit von Anfang an auf solche Schwierigkeiten geachtet werden, um den Erfolg und die Effizienz der Maßnahmen zu verbessern. Sicherlich sind einige dieser Problemfelder auch für andere Initiativen gültig und können daher für die Naturschutzarbeit verallgemeinert werden.

*Kritische Resonanz:*

**1. Allgemeine Fragen zur Durchführung und Methodenunsicherheit**

Fragen bilden den Schwerpunkt unserer Korrespondenz und erschließen eine große Bandbreite an ungelösten Problemen.

Viele Anfragen richten sich zunächst auf die grundlegenden Schritte zur Extensivierung einer bestehenden Rasenfläche. Dabei fällt der Wunsch nach „Wildnis und Vielfalt" (BMUB & BfN 2012; BMUB & BfN 2014, 2016) deutlich auf. Dieser wird sehr unterschiedlich erklärt. Es zeigt sich bei den Interessierten jedoch meist eine große Unsicherheit, etwas falsch zu machen. Diese Sorge beruht dabei vorwiegend auf der Methodik zur Umsetzung und dem fehlenden Wissen über die natürlichen Entwicklungsprozesse einer naturnahen Wiese. In späteren Quellen werden noch andere Vorbehalte genannt.

„Nach dem Besuch (...) bei Ihnen sind beim ersten Versuch des Mähens Zweifel bei mir entstanden. Ich habe mich bald schuldig gefühlt, etwas zu zerstören. (...) Bis jetzt handelt es sich also um eine Wiesenfläche (...), die im Jahr so etwa bis zehnmal gemäht wird. Mich würde ein starkes Interesse an Ihrer Arbeit reizen. Was kann ich tun, um eine Wiese in Ihrem Gedanken zu erhalten? Einfach wachsen lassen oder etwas dazu zu tun (helfen?)." (Mail vom 09.05.2014)

Methodische Probleme liegen hier kaum vor, vielmehr die fehlende Erfahrung, wie sich eine Wiese bei reduzierter Mahd entwickelt. Solches Erfahrungswissen kann nicht vorausgesetzt, sehr wohl aber grundsätzlich zu jedem Zeitpunkt vermittelt werden.

Da es verschiedene Methoden zur Extensivierung gibt, treten auch methodenspezifische Probleme auf. Im besten Fall nennen die Absender auch selbst Lösungsvorschläge.

„Wir möchten die bunte Wiese in unserem kleinen Garten umsetzen, was erst mal nicht funktionierte. Das Problem war wohl (...) das Saatgut, denn der Rasensamen vom Baumarkt ist dafür ungeeignet. Die Halme knicken um und dadurch sieht die Wiese schlimm aus. Nun sind wir dabei, autochthones Saatgut zu organisieren." (Mail vom 28.09.2013)

Oft werden die Fragen sehr kurz und allgemein verfasst.

„Wie wird aus einer einfachen Wiese eine bunte Wiese?" (Mail vom 07.08.2013)

Fragen zur natürlichen Entwicklung bei Extensivierungsmaßnahmen, zu Aussaat autochthonem Saatgut, Mahdtechniken und anderen methodischen Problemen sind meist einfach zu beantworten. Zum einen liegt schon die innere Bereitschaft zum Wandel beim Absender vor. Bei den Antworten geht es damit „nur" um die Vermittlung von Methoden.

Schwieriger wird es, wenn sich bestimmte Pflegeformen traditionell überliefert haben und eine Veränderung begründet werden soll.

„Vom Opa hat er (der mittlerweile erwachsene Enkel. Anm. d. Autors) gelernt, wie er den Mulcher am Traktor montiert und diesen bedient. Wir mulchen schon immer. Er kann auch nur mulchen, weil der Opa ihm nur das gelernt hat. Aber mulchen, das kann er gut." (mündliche Aussage der Mutter, Juli 2015)

Hier steht die tradierte Handlung des Mulchens im Vordergrund. Dabei ist die Argumentationskette einfach, aber nahezu undurchbrechbar. Bereits dem Großvater wurde auf Nachfrage von Seiten der Gemeindeverwaltung bestätigt, dass Mulchen gut ist. Nun ist es schwierig, diese alte behördliche Empfehlung anzuzweifeln, zumal der bereits erwachsene Sohn der Aussage nach in seinem Handlungsrepertoire bezüglich der Pflegeformen schließlich aufs Mulchen beschränkt ist. Dadurch gerät der Prozess des Wandels in eine Sackgasse, in die man beim Versuch, tradierte Handlungen und eingeschränkte Handlungsfähigkeiten zu verändern, häufig gerät.

„Mein Problem war u. a. bisher die ‚Beseitigung' bzw. Entsorgung des Schnittgutes. Die örtlichen Landwirte waren an der Abnahme nicht interessiert bzw. konnten das Schnittgut nicht verwerten, da mit einem Mulchmäher gemäht. Es stört mich sehr, die nicht unerhebliche Grüngutmenge mühsam zu mähen, mühsam zusammenzurechen, mühsam aufzuladen und dann gegen Gebühr beim Wertstoffhof abzuliefern." (Mail vom 17.11.2014)

Auch die Unterschiede der Mähertypen, die Handhabung nach der Mahd und die Nutzung des Schnittgutes bieten Raum für viele Fragen. Meist lassen sich diese gut klären. Als problematisch erweist sich jedoch meist die Anschaffung von geeigneteren Maschinen, die begrenzte Arbeitskraft und die möglicherweise schwierige Lage der Flächen. Die Anschaffung eines Balkenmähers und die Entfernung des Schnittgutes können nicht von allen Flächenbesitzern „gestemmt" werden. Diese Argumente dienen als Erklärung dafür, dass viele Flächen weiterhin intensiv gepflegt werden.

Erstaunlicherweise treten kaum direkte Fragen zu den eigentlichen Beweggründen der Initiative „Bunte Wiese" auf. Fragen wie: „Was ist Biodiversität?", „Was sind Arten?", „Hat die Natur überhaupt Defizite und Probleme?", „Wie kann ich diese erkennen, bewerten und was dagegen tun?" gibt es praktisch nicht.

### 2. Überaktivität

Neben der Sorge vor einer fehlerhaften Ausführungspraxis spielt – sozusagen am anderen Ende des Spektrums – in vielen Fällen auch eine gewisse Übermotivation eine Rolle. So klingt in vielen Briefen die Freude heraus, aktiv zu werden. In der Initiative wird eine Institution gesehen, welche die Argumente für die Anlage von Naturwiesen im eigenen Garten liefert. Dieser Wunsch nach aktivem Handeln zeigt eindeutig, dass Naturschutz immer noch als aktives Handeln gesehen wird, obwohl in vielen Fällen ein durchaus passiver Naturschutz fachlich sinnvoller wäre.

„Was die Gestaltung des Stücks Lands angeht, ist mir ganz überlassen. Wichtig wäre aber Pflegeaufwand und dass es sich um einen Hintergarten handelt." (Mail vom 26.01.2015)

Hier ist die Gestaltungsmöglichkeit der Hauptmotivator. Das „Sich-selbst-überlassen" ist dabei meist eine eher untergeordnete Alternative.

Bei der Preisverleihung des Zwiefalter Naturfonds (Zwiefalter Klosterbräu) für die Initiative „Bunte Wiese" wurde diese Auffassung ebenfalls deutlich.

„(Der Verein XY) erhält für sein Engagement den Preis, da er aktiv Nistkästen aufhängt, diese säubert, die Wege pflegt, Hecken schneidet und im Herbst das Biotop putzt. Die Initiative ‚Bunte Wiese' erhält die Hälfte des Preisgeldes, da sie nicht aktiv handelt, sondern nur für eine Reduktion der Pflegeeingriffe durch den Menschen eintritt" (sinngemäß, Laudatio zum Preis des Zwiefalter Naturfonds).

Hier zeigt sich, dass der Wunsch nach weniger Eingriff in natürliche Prozesse, welchen wir durch großen argumentativen und öffentlichkeitswirksamen Aufwand erreichen, bei der Bevölkerung und bei Juroren nicht die gleiche Wertschätzung erfährt, wie zum Beispiel eine aktive Naturschutzgruppe, die durch tatkräftigen Einsatz von menschlicher Arbeitskraft aktiv auf das Schutzobjekt einwirkt. Diese Abminderung von konzeptionell begründetem „passivem" Naturschutz, im Sinne von „Natur Natur sein lassen", stellt unserer Auffassung nach ein Hauptproblem der derzeitigen Naturschutzdebatte dar, da hier deutlich wird, dass nur menschliche, zum Teil sogar auch nur die körperliche oder ressourcenverbrauchende Arbeit als wertvoll angesehen werden.

„Tatsächlich ist der Park vor einem Jahr zuletzt gründlich gepflegt worden." (Schwäbisches Tagblatt 13.10.2012)

Dieser Auffassung wird bei den städtischen Modellwiesen der Initiative insofern Rechnung getragen, da um diese Flächen ein etwa ein Meter breiter „Akzeptanzstreifen" regelmäßig gemäht wird. Dadurch werden Wegränder freigehalten und dem Bürger verdeutlicht, dass der Verzicht auf die Mahd hier bewusst und nicht aus Nachlässigkeit erfolgt ist. Auffallend und bemerkenswert sind dabei folgende zwei Punkte:

A: Der Akzeptanzstreifen ist selten schmaler als ein Meter, meist wird er stetig breiter, in extremen Fällen sogar bis zu drei Metern.

B: Mähmaschinen wenden meistens auf der Blumenwiese, um den Rasen nicht unnötig mit Fahrspuren zu verunstalten.

(Beobachtungen und fotografische Dokumentationen in der Gesamtzeit unserer Arbeit)

Scheinbar werden Naturflächen als Ressourcen zwar wahrgenommen, ein direkter (ggf. auch finanziell bedeutsamer) Wert und die Notwendigkeit einer besonderen Rücksichtnahme werden diesen Flächen aber erst durch die „Veredelung“ durch aktive menschliche Bearbeitung zugesprochen.

„Für den Menschen hat die Grünfläche an der Sternwarte – außer dass ihre Unterhaltung günstiger wird – an Attraktivität eingebüßt: Gestrüpp statt englischer Rasen, Verwilderung statt Idylle.“ (Schwäbisches Tagblatt 13.10.2012)

„Im Herbst erinnert die kleine Grünfläche eher an Brachland als an eine angelegte Parkfläche.“ (Schwäbisches Tagblatt 13.10.2012)

**3. Sorgen und Bedenken**

Dass naturnahe Wiesen ein gewisses Konfliktpotenzial darstellen, zeigt sich in einer Vielzahl von Nachbarschaftsstreitigkeiten und Bedenken.

„… mir gefällt die Idee und Umsetzung der ‚Bunten Wiese‘ sehr gut. Wir praktizieren das zuhause in unserem Garten auch – sehr zum Leidwesen einer Nachbarin übrigens …“ (Mail vom 16.09.2014)

„Für die Initiative Ihrer Arbeitsgruppe bin ich sehr dankbar. Ich habe seit 1967, dem Baujahr unseres Hauses in Tübingen, einen Garten mit Wiese statt Rasen. Dazu gibt es heimische Sträucher und ein paar Obstbäume. Seit Ihre Schilder über ‚blumige Wiese‘ zu sehen sind, hat die Kritik an meinem Garten wegen ‚ungepflegtem Garten‘ und ‚Quelle von Unkraut‘ nachgelassen.“ (Mail vom 20.08.2015)

Info-Tafeln mindern somit vermutlich dieses Konfliktpotenzial.

Durch eine Vergrößerung naturnaher Flächen ergeben sich die von uns propagierten Veränderungen. Diese führen zu einem Mehr an Pflanzen und Tieren. Dass Tiere in der Gesellschaft ein Faktor sind, welcher oft auch Sorgen bereitet, zeigt sich in einer Reihe von Gesprächen und Briefen.

„… allerdings sind meine Bemühungen bzgl. einer ökologisch wertvollen Wiese in einer mäusegeplagten Monokultur geendet.“ (Mail vom 28.04.2015)

Der Flug von „Unkrautsamen“, Mäuse und Maulwürfe sind unabhängig von ihrem Nutzen oder Schaden ein Gegenargument für naturnahe Wiesen, ohne dass die Ängstlichen wissen, wie sich eine naturnahe Wiese generell entwickelt.

Bei der Erhebung der Wanzendiversität waren auf die Aussage: „Wir fangen und untersuchen Wanzen“ oft Kommentare folgender Art zu hören: „Oh Gott. Die stechen. Igitt“ oder „Bleiben Sie mir mit diesen Tieren vom Leib. Das sind wohl auch Bettwanzen.“ Bei unseren stationären Fallen wurden gelegentlich direkte Assoziationen mit dem Fang von Malariamücken gemacht, da anscheinend Bedenken mit Bezug auf Prognosen zukünftiger Malariaausbrüche in unseren Breiten aufgrund des Klimawandels über die Medien transportiert wurden. Parasiten wie Zecken und Stechmücken scheinen dabei tatsächlich ein beliebtes Argument zu sein, welches gegen die Idee urbaner Naturwiesen eingesetzt werden kann. Allerdings konnte die Initiative in den bisherigen Untersuchungen auf den Modellflächen keine Zecken nachweisen.

Auch der Wildwuchs und die „Verwaldung“ bereiten vielen Bürgern Sorge.

„Ich bin Anlieger an der von Ihnen ‚gepflegten‘ Wiese. Obwohl ich durchaus Ihr Anliegen begreife, möchte ich trotzdem, dass die Wiese wenigstens einmal gemäht wird. Ansonsten verwaldet hier alles sehr schnell, vorzugsweise mit Eschen. Wie es dann aussieht, können Sie am angrenzenden Grundstück im Süden der Wiese sehen. Da das hohe Gras jetzt umfällt, wird das Mähen immer schwieriger. Denn Sie werden ja nicht mit dem Balkenmäher in 2 cm Höhe mähen wollen! Oder??? (Mail vom 04.07.2013)

Diese Angst vor der Verwaldung kann die Initiative durch das vertretene Mähregime von ein bis zwei Mahden pro Jahr schnell entkräften. Das jährliche Mähen verhindert das Aufkommen von Sträuchern und Bäumen.

Wie bereits erwähnt, begegnet die Initiative solchen Bedenken auch durch die Anlage von Akzeptanzstreifen. Diese stellen zudem die Verkehrssicherheit der Gehwege sicher.

Noch immer bieten Wiesen und eine naturnahe, extensive Gestaltung von Gärten und Grünflächen ein großes Potenzial für Vorurteile. Faulheit und fehlende soziale Konformität sind Zuschreibungen, denen man durch aktive Pflegemaßnahmen begegnen möchte. So werden Rasen oft nur gemäht, weil „man es so macht“.

Das Geräusch des Rasenmähers liegt dabei gleichsam als mahnender Donner in der Luft, und oft multipliziert sich die Anzahl der brummenden Mäher, sobald ein Mäher im Wohnviertel damit begonnen hat.

„Eine Blumenwiese also! Langes Gras! Idyll für Dornschlängelwasauchimmer und Glockenblumendingsbums! Du bist bloss zu faul zum Mähen!" (Karikatur, Schwäbisches Tagblatt 30.12.2013)

Diese Motivlagen mit Bezug auf einen Ausbruch aus Gewohntem und sozialen Zwängen sind ernstzunehmende Ängste, mit welchen man in vielen Bereichen des Naturschutzes umgehen muss.

Wie bereits die Naturbewusstseinsstudien 2013 und 2015 zeigen, ist die direkte Gefahr von Naturzerstörung für jeden einzelnen noch nicht in den Köpfen und im Verhalten der Mehrheit der Menschen angekommen (BMUB & BfN 2014, 2016). Zwar sehen 83 % der Bundesbürger mit Sorge auf den schädlichen Einfluss des Menschen auf die Natur, dennoch werden Naturschutzbemühungen oft eng parteilich oder in Verbänden verortet und nicht als überparteiliches Grunderfordernis angesehen.

„Ich unterstütze euch, denn ich war auch schon immer ein Grüner" (mündliche Mitteilung).

Dadurch wird assoziiert, dass nur bestimmte Personengruppen für den Schutz der Natur zuständig seien und dass auch nur für diese Gruppen der Schutz von Natur wichtig sei.

„Zum Thema Grün in der Stadt: Es ist bedauerlich, wenn die Zusammenarbeit zwischen der Stadt und engagierten Menschen wie denen von der Initiative ‚Bunte Wiese' einmal nicht so klappt, wie man sich das vorstellt. Wir sind jedenfalls sehr interessiert an der Zusammenarbeit und Förderung von derlei Projekten. Vielleicht hilft es diesen Gruppierungen, einmal bei uns in der Fraktion vorbeizuschauen. In den Fraktionssitzungen suchen wir explizit den Diskurs und die Anregungen von Initiativen wie ‚Bunte Wiese' und anderen." (Mail vom 24.05.2015, Fraktion AL/Grüne)

„... Ich möchte Ihnen/euch hiermit zum Ehrenamtspreis des Landes Baden-Württemberg gratulieren. Schön, dass ich auf diese Weise von Ihren Anliegen und Aktivitäten höre! Ich hoffe, Sie sind erfolgreich mit der Begrünung im öffentlichen Raum Tübingens, denn: grün tut gut – was ich als Grüner natürlich schon von Amts wegen so sehe." (Brief vom 10.12.2014; Daniel Lede Abal, MdL BW)

Immer noch wird der Schutz von Natur als Steckenpferd begrenzter Teile der Bevölkerung angesehen. Dies zeigt, dass die Gesamtrelevanz von Biodiversitäts-, Natur- und Klimaschutz noch nicht verstanden wurde. Natur- und Klimaschutz hat eine weitreichende Bedeutung, weit über Parteigrenzen und Verbandsinteressen hinaus. Diese Einschränkungen bremsen Naturschutzbestrebungen erheblich. Ziel muss es daher sein, Vorurteile zu überwinden und auf rein ideologische Inhalte im Naturschutz zu verzichten.

Interessant sind auch Bemerkungen, die Naturschutz als eine Option unter vielen ansehen und Artenschutz- bzw. Klimaschutzprojekte nicht als Grundpflichten anerkennen. Zudem hört man oft Argumente wie: „Wir haben Enkel, daher können wir das Gras nicht wachsen lassen" (Kommentar eines Nachbarn 2015). „In unserem Garten müssen Kinder spielen, daher sind Wiesen unpraktisch". Die Abwägung „Spielen oder Natur im Garten" ist interessant, da sie vordergründig alle Spiele zu Rasenspielen (Ballspiele und Freiluftflächenspiele) macht. Betrachtet man die durchschnittlichen Gartengrößen in einer Stadt und die reale Zahl der im Garten spielenden Kinder, so fällt auf, dass Kinderspiele oft als Entschuldigung für den fehlenden Willen für mehr Gartennatur angesehen werden. Dies zeigt sich auch daran, dass Spielen weit über Rasenspiele hinausgeht und gerade das Spielen in der Natur eine prägende und bildende Wirkung entfaltet (STOPKA & RANK 2013).

Die übergeordnete Relevanz von urbanem Naturschutz ist noch nicht in allen Stadtverwaltungen und bei allen Bürgermeistern angekommen. So wurde die „Bunte Wiese" auch deshalb für ihr Engagement ausgezeichnet, da sie sich als stadtverwaltungsunabhängige Initiative für ein nachhaltiges Pflegekonzept städtischer Grünflächen einsetzt.

„Auch durch Eure Rückmeldungen haben wir uns ja dann dafür entschieden, nicht die Stadt Tübingen, sondern die Initiative ‚Bunte Wiese' als Beispielprojekt auszuwählen." (Mail vom 12.02.2013)

Dass diese übergeordneten Ziele nicht komplett anerkannt werden, zeigte sich in diesem Abschnitt eines Presseberichtes:

„Dafür dürfen sich die Parkbesucher im Sommer über Schmetterlinge, Hummeln und andere Insekten freuen – jedenfalls diejenigen, die dem etwas abgewinnen können." (Schwäbisches Tagblatt 13.10.2012)

Hier wird der Artenschutzgedanke der Initiative „Bunte Wiese“ als Partialinteresse begriffen. Dabei erscheint es so, als wolle sich eine Gruppe von Schmetterlingsfängern ein Paradies auf Kosten der restlichen Gesellschaft schaffen. Das Wissen über weitreichende politische und rechtliche Zielsetzungen des Biodiversitätsschutzes scheint diesem Journalisten zumindest auf den ersten Blick verborgen.

**4. Die Abwertung von Engagement**

Dass der Name „Bunte Wiese“ durchaus auch der Name eines Naturkindergartens sein könnte, hat kommunikative Vor- und Nachteile. Bemerkenswert ist die Verniedlichung dieser Arbeit. Teils ziehen Kommentare die Arbeit auch ins Lächerliche.

Eine frisch angesäte und mit Info-Tafel versehene Modellwiese war durch einen Fehler des Gartenbauunternehmens nicht gekeimt. Dies zog Hohn und Spott nach sich und wurde sogar bei Facebook kommentiert:

„Ich hab auch schon Studenten vor der Fläche und dem Schild stoppen sehen, die das auch witzig über skurril bis lächerlich fanden. Vielleicht sollte man ein Zusatz‚schild‘ anfertigen mit: ‚Hier entsteht eine Bunte Wiese! Dieser Prozess dauert mehrere Monate bis Jahre.‘“ (Mail vom 23.10.2013)

In Zeitungskarikaturen wird die Arbeit in ein besonders fragwürdiges Licht gestellt.

„… Dornschlängelwasauchimmer und Glockenblumendingsbums …“ (Karikatur, Schwäbisches Tagblatt 30.12.2013)

Dieses Zitat verballhornt die Vielzahl der oft propagierten Artnamen und zieht die gesetzlichen Artenschutzbelange ins Lächerliche, die aufgrund von seltenen Arten eine Veränderung oder Einstellung von Bauplanungen oder Pflegemaßnahmen erfordern.

Auch die Person des engagierten Mitglieds einer Naturschutzorganisation wird in Karikaturen gerne ins Lächerliche gezogen. So überzeichnet eine Karikatur im Mitgliederheft der Stadtwerke das Bild des Wiesenbefürworters:

Die Karikatur im Infoheft des örtlichen Energieversorgers zeigt eine ältere Dame, die als Super-Gänseblümchen verkleidet auf einem Rasen protestiert und mit Parolen wie „Schafft blühende Landschaften“, „Für Artenvielfalt auch in der Stadt“, „Weg mit dem Rasenmäher“, „Blümchen leiden beim Schneiden“ und „Lasst Wiesen sprießen“ auf sich aufmerksam macht. Ihr passiv beäugter Einsatz wird durch einige Ameisen unterbrochen, welche an ihr hoch krabbeln. Dadurch verwandelt sich ihre Demonstration in einen wilden Tanz mit Schmerzensschreien, um die Ameisen abzuschütteln. Die Passanten bleiben nun erstaunt stehen und geben Kommentare wie „Nie wurde das harte Los der Wiesenblumen realistischer und ergreifender dargestellt. Ich bin tief betroffen“, „Ich mähe nie mehr meinen Rasen“ und „Mama, warum trampelt die Frau da auf den Blümchen rum?“. (Karikatur, TüWelt Oktober 2014)

Aufmerksamkeit in den Medien und den verschiedenen Genres ist ein wichtiges Mittel für die Unterstützung der Arbeit der „Bunten Wiese“. Karikaturen schaffen dabei eine übergeordnete Relevanz, da durch diese Form der Pressemitteilung mögliche Mängel der eigenen Arbeit überzeichnet werden. Durch das kritische Analysieren dieser Darstellungen können daher Optimierungen für zukünftige Projekte vorgenommen werden.

**5. Gestalterisches Natur- und Weltbild**

Im Gespräch mit Passanten und anderen Gesprächspartnern fällt auf, dass die Initiative sehr oft unbewusst und unabsichtlich als Initiative „Grüne Wiese“ bezeichnet wird. Dieser unbewusste Versprecher zeigt deutlich, dass sich das Bild der Wiese in den Köpfen stark gewandelt hat. So werden Wiesen mittlerweile oft mit der Farbe Grün verknüpft. Das Gestaltungsanliegen von Grün zu Bunt hinsichtlich der Farbnuancen, aber auch einer höheren Vielfalt an Lebensformen und -gesellschaften, erscheint daher noch relevanter zu werden. Betrachtet man unterschiedliche Wiesen gemeinsam mit Passanten, so werden Wiesen sehr verschiedenartig wahrgenommen. Disteln, die nachweislich einen enormen Wert für verschiedene Tiergilden haben, zählen zu den potenziellen „Angstpflanzen“.

„Ich mag keine Disteln, sie bereiten mir Angst, da sie in meinem Garten die Rosen bedrohen“. (Aussage eines Zeitungsredakteurs beim Interview, 2015)

Andere Pflanzen, vor allem Margeriten, zählen zu den „Lustpflanzen“. Diese werden fast immer vom Rasenmäher verschont und in Inseln kultiviert. Das fällt besonders auf, wenn Salbeiflächen gemäht werden und nur die Flecken, auf denen die Margerite mit dem Salbei vergesellschaftet ist, stehen bleiben.

In den Köpfen der Betrachter scheinen sich sehr starke Vorstellungen der idealen Blumenwiese manifestiert zu haben.

„Wir suchen eine Mischung, die für Käfer und Schmetterlinge nützlich ist und auch etwas für das Auge bietet, da wir unseren ehrenamtlichen Gassiegehern und Gästen des Tierheimes eine angenehme Umgebung bieten möchten. Dabei soll der Umweltgedanke aber nicht vergessen werden.“ (Mail vom 03.06.2013)

Sobald sich dieser Blühaspekt ändert oder verblühte Flächen dominieren, scheint es an der nötigen Akzeptanz und dem Verständnis zu fehlen.

„Für den Menschen hat die Grünfläche an der Sternwarte – außer dass ihre Unterhaltung günstiger wird – an Attraktivität eingebüßt: Gestrüpp statt englischer Rasen, Verwilderung statt Idylle.“ (Schwäbisches Tagblatt 13.10.2012)

„Mitte Oktober wirkt selbst die bunteste Blumenwiese grünbraun-struppig. Und bis auf Heuhüpfer sowie einige Admiralfalter auf der Suche nach Fallobst scheint zurzeit für Laien nicht viel darauf los zu sein.“ (Mail vom 16.10.2012)

Bereits 1983 beschreibt DIETER WIELAND in seinem Film „Grün kaputt – Landschaft und Gärten der Deutschen“, wie sehr 40 Jahre Waschmittel- und Hygienewerbung in Deutschland das Naturverständnis geprägt haben. Der bekannte deutsche Humorist BERNHARD-VIKTOR CHRISTOPH-CARL VON BÜLOW weist ein Jahrzehnt später in einem Interview auf das „Katalogdenken der Deutschen“ hin. Dieses Denken wurde durch die Vielzahl der Warenkataloge geprägt und spiegelt sich sprachlich in zum Teil abstrusen Substantivkomposita wieder (VON BÜLOW 1993).

Neben der sprachlichen Prägung führte dieses Katalogdenken zu einem Denken in Idealbildern und verbaut vielfach den Mut, Ungewohntes als schön oder akzeptierbar zu erachten. Die Medien, Gartenbaukataloge, Samenhandlungen, Urlaubsprospekte und Kinderbücher arbeiten stets mit einem sehr begrenzten Bild der natürlichen Blumenwiese. Teilweise wird dieses Bild durch die Verwendung von nicht heimischen Wiesen oder Staudenbeeten verzerrt. So hängt die Wahrnehmung von Wiesen meist stark mit diesem vorgeprägten Bild zusammen.

„… am Samstag habe ich an Ihrem Stand 2 Päckchen Samen für die Blumenwiese mitgenommen. Nun hat meine Nachbarin an diesem Tag ebenso im Garten gearbeitet und Interesse an diesem Samen bekundet. Könnten Sie diesen Samen für ca. 40 m² uns zur Verfügung stellen? Wenn ja, wo könnten wir diesen Samen abholen?“ (Mail vom 08.08.2012)

Neben dem bereits erwähnten Wunsch des aktiven Handelns, spielt hier die Samentüte eine bedeutende Rolle. Sie ermöglicht es, ein gekauftes Bild der Wiese einzubringen. Dadurch umgeht man den natürlichen Prozess einer schrittweisen, natürlichen Entwicklung und sät von vornherein ein durch den Katalog legitimiertes Bild. Dies wirft spannende Folgefragen hinsichtlich „normierter“ Vorstellungen von Wiese(n) auf.

„Ich habe noch Fragen, zu einer möglichen Wiese in Quakenbrück: Es handelt sich wie gesagt um ein Brennessel-Distelgestrüpp. Es handelt sich um früheren humusreichen Gartenboden.“ (Mail vom 26.01.2015)

Die Angst vor Disteln und Brennnesseln, welche nicht in der Idealvorstellung einer Wiese vorhanden sind, wird hier deutlich. Unbekannte Pflanzen haben es daher schwer, als wiesentypisch und wünschenswert anerkannt zu werden.

Da bei der Neuanlage von Wiesen aus Naturschutzgründen auf regional autochthones Saatgut zu achten ist (BUCHAROVA et al. 2016; DURKA et al. 2016) (und im Idealfall auch ortstypische Blumenkonstellationen ausgewählt werden sollten), kann den Idealvorstellungen natürlicher Wiesen leider nicht immer entsprochen werden.

„Also Ihre Wiese war ja scheußlich. Für die Insekten war das sicher gut. Aber für den Menschen war da ja überhaupt nichts dabei. Schrecklich. Man muss schon schauen, dass es dem Menschen gefällt. Ich würde auf jeden Fall so eine Bunte Mischung dazu mischen, damit auch was für den Menschen dabei ist.“ (Gespräch über eine frisch angesäte Wiese mit 60 % heimischen Wildblumen)

„Heute tragen die Bäume Früchte und sind stattlich gewachsen – letzteres gilt auch für Pflanzen, mit denen vor drei Jahren niemand geplant hatte“ (Schwäbisches Tagblatt 13.10.2012)

Bei einer Führung meinte eine Studentin: „Bunte Wiese? Aber hier fehlen doch die Rottöne“. Demnach spielen auch die Farben eine wichtige Rolle bei der Akzeptanz.

„… das Projekt geplant habe und mir dabei aufgefallen ist, dass die Wiesen nun nicht mehr allzu bunt sind. (…) Als ich mir den hinteren Teil angeschaut habe, habe ich gedacht, dass das eigentlich nicht wirklich so eine Wiese ist, auf der ich das Projekt mit den Kindern machen will." (Mail vom 01.07.2014)

„... die Wiese ist wohl gerade die einzige, die zur jetzigen Zeit richtig blüht. Das ist für Kinder beeindruckender als viele verschiedene Gräser und Blätter ..." (Mail vom 01.07.2014)

Die fehlende Farbenpracht einer natürlichen Wiese hat demnach auch Auswirkungen auf die Motivation von Naturpädagogen, wenngleich einige dennoch den Wert erkennen.

„... auf einer Wiese blühen nicht nur Blumen, auch Gras, Unkraut und unscheinbare Dinge, und doch ist alles wunderschön und hat seine Existenzberechtigung". (Mail vom 11.03.2014)

„Trotzdem nicht nachvollziehbar, wie der Journalist darauf kommt, dass die Grünfläche für ‚den' Menschen an Attraktivität eingebüßt hat. Hat er zuvor auch z. B. Kinder und Blumenfreunde befragt, ob diese einen einheitsgrünen ‚englischen Rasen' – der übrigens bei nicht ausreichender Bewässerung oft braun-vertrocknet daherkommt – tatsächlich idylli-

Karikatur im Kundenmagazin TüWelt der Stadtwerke Tübingen im Oktober 2014. Die Erlangung von Aufmerksamkeit in den Medien und den verschiedenen Genres ist ein wichtiges Mittel für die Unterstützung der Arbeit der „Bunten Wiese". Karikaturen schaffen dabei eine übergeordnete Relevanz, da durch diese Form der Pressemitteilung mögliche Defizite der eigenen Arbeit überzeichnet werden. Satire kommt damit einer ihrer Hauptfunktionen nach und liefert gute Ansatzpunkte für Diskussionen. Durch die kritische Analyse dieser Darstellungen können daher Optimierungen für zukünftige Projekte vorgenommen werden. Die Wiedergabe der Abbildung erfolgt mit freundlicher Genehmigung von Haimo Kinzler und den Stadtwerken Tübingen.

Karikatur im Schwäbischen Tagblatt Tübingen am 30.12.2013. Als Beispiel für die „Angst vor Faulheit". Noch immer bieten Wiesen und eine naturnahe extensive Gestaltung von Gärten und Grünflächen ein großes Potenzial für Vorurteile. Faulheit und fehlende soziale Konformität sind für viele Stadtbewohner zu vermeidende Attribute, was sie in der Stadt zu einer intensiven Pflege von Grünflächen motivieren könnte. So werden Rasen oft nur gemäht, weil „man es so macht". Das Geräusch des Rasenmähers liegt dabei gleichsam als mahnender Donner in der Luft, und oft multipliziert sich die Anzahl der brummenden Mäher, sobald ein Mäher im Wohnviertel damit begonnen hat. Die Wiedergabe der Abbildung erfolgt mit freundlicher Genehmigung von Sepp Buchegger und dem Schwäbischen Tagblatt.

scher und interessanter als eine Wiese finden?" (Mail vom 16.10.2012)

Die zunehmende Entfremdung von nicht oder wenig gestalteter Natur führt dazu, dass sich Vorstellung und Realität von Naturerscheinungen oft weit auseinander bewegen. Der Mut, Natur, so wie sie sich von selbst entwickelt, im städtischen und dörflichen Raum zu akzeptieren und sich von ihr begeistern zu lassen, ist schwierig zu aktivieren. Durch das landläufig verbreitete Bild von idealen Blumenwiesen trauen sich viele Flächenbesitzer nicht mehr, zu den Standorteigenschaften ihrer Fläche zu stehen und deren Eigenheiten als einmaliges Schauspiel einer natürlichen Entwicklung zu genießen.

#### 6. Monetäre Fragen und Planung

Die Scheu vor Veränderungen im eigenen Umfeld (Garten oder Stadt) findet sich auch in der Vorstellung von monetären Werten wieder. So erscheinen Rasenflächen als wertvoller, weil ihre Pflege meist kostenintensiver ist. Dies wird zusammen mit den Kosten für die Landschaftsplanung angeführt.

„Marianne Rudolf, die hier oft mit ihren Hunden spazieren geht, ärgert sich über diese Verwahrlosung: ‚Das Geld, immerhin eine viertel Million Euro, ist umsonst investiert worden, wenn man die Anlage nicht pflegt.'" (Schwäbisches Tagblatt 13.10.2012)

Hier zeigt sich, dass extensive Bewirtschaftung nicht als besondere Maßnahme, sondern als unterlassene Pflege angesehen wird.

„Wir planen für Menschen, nicht für Tiere" (mündliche Mitteilung einer Architektin für Campusplanungen 2013) zeigt auch die Einstellung von Planern des Landes.

„Hier sind Firmen von innovativen Jungunternehmern. Diese wollen eine moderne Gestaltung des Umfelds und keine naturnahen Wiesen. Schließlich soll das Umfeld ja auch für die Produkte werben." (Mitteilung eines Planers 2012)

Es liegt abermals ein eindeutiges Stufendenken vor, welches den direkt gestaltenden Einfluss des Menschen und die Planungshoheit weit über natürliche Prozesse stellt. Den verlorenen Rasen als verlorenes Paradies darzustellen, fällt Befürwortern der naturnahen Wiesen schwer. Allerdings müssen hier kulturgeschichtliche Faktoren und natürliche Verhaltensmuster des Menschen bedacht werden. Der Wert des Mähens und der Wert des sichtbaren „Sieges" über natürliche Prozesse erscheinen hier als Mittel zur Macht- und Qualitätsdemonstration.

„... berichtete lt. Tagblatt vom 27.10.12 Baubürgermeister Soehlke zu dem Thema, dass demnächst dort der ‚verwilderte' Zustand durch Teilmahd verändert werden soll. Bemerkenswert aber das Zitat: ‚Ziel sei aber nicht, alles abzumähen. Grundsätzlich müsse Tübingen für Grünflächen vermehrt Pflanzlösungen finden, die aus Kostengründen wenig Pflege und wegen der Ökologie viel Raum für Lebewesen bieten.' Soehlke sprach vom Konzept ‚bunte Wiese'" (Mail vom 27.10.2012)

Nach den menschorientierten Planungszielen der Campusplaner scheint sich in anderen Planungsstäben eine Verknüpfung der vordergründig gegenläufigen Interessen als unausweichlich abzuzeichnen.

„Der Städter ist doch ein gespaltenes Wesen: Er schimpft, wenn er auf dem Land unterwegs ist, über die Landwirte, die ihre ehemals blütenreichen Mähwiesen in oft geschnittenes, monotones Wirtschaftsgrünland umwandeln, um damit Biogasanlagen oder Stallvieh zu füttern. In der Stadt dagegen können die

Grünflächen – und zwar nicht nur die Fußballplätze oder Liegewiesen – nicht genug gepflegt sein!" (Mail vom 16.10.2012)

„..., dass die Initiative gute und wertvolle Arbeit leistet, und ich komme gerne zu einer Auszeichnung, sobald ich hier ‚oben' etwas anderes als monotone Grünflächen und Kahlschlag sehe ... wofür ich ganz sicher nicht die ‚Bunte Wiese' verantwortlich mache, aber so ist es im Moment nun mal. Ich mag mir gar nicht vorstellen, wie es hier aussähe, wenn es sie auch nicht gäbe." (Mail vom 15.04.2015)

## Was bedeutet diese Auswertung für uns?

### Themenfeld 1: Allgemeine Fragen zur Durchführung und Methodenunsicherheit

Wie den Kommentaren zu entnehmen ist, spielen Aspekte der generellen Umsetzung und Entwicklung von durch Menschen wenig beeinflusster Natur im urbanen Bereich eine bedeutende Rolle. Diese sind das am einfachsten zu lösende Problem bei Naturschutzmaßnahmen. Durch eine fundierte Öffentlichkeitsarbeit und genaue Praxisanleitungen können derartige Fragen bereits im Vorfeld geklärt werden. So ist es besonders wichtig, nachahmbare Vorbilder zu schaffen, welche die Einfachheit der Aktionen demonstrieren und durch ihr positives Erscheinungsbild zur Nachahmung einladen.

### Themenfeld 2: Überaktivität

Zum einen stellt die Überbewertung der Notwendigkeit aktiv durch den Menschen eingebrachter Pflegemaßnahmen ein Problem für wenig bzw. kaum gestaltete Natur im Stadt- und dörflichen Raum dar. Dabei spielt das Bedürfnis nach aktivem Handeln eine zentrale Rolle. Wie die Auswertung des vorliegenden Materials zeigt, herrscht ein Primat des „Schaffens" vor. Naturschutz durch weitgehendes (es wird ja weiter gemäht, aber deutlich weniger) Laufenlassen scheint wenig salonfähig bzw. im öffentlichen Bewusstsein angekommen zu sein. Dies könnte psychologisch erklärt werden: Nach BANDURA & MCCLELLAND (1977) ist es ein Grundbedürfnis des Menschen, die Dinge, die ihn umgeben, aktiv zu kontrollieren (Kontrollbedürfnis). RYAN & DECI (2000) sowie DECI & FLASTE (1995) definieren zudem unter anderem Kompetenz(erleben) bzw. Wirksamkeit als ein psychologisches Grundbedürfnis des Menschen und verstehen darunter das Gefühl, durch sein Handeln zielgesteuert und effektiv auf als wichtig erkannte Dinge einzuwirken und dadurch seine Umwelt aktiv zu gestalten und diese Gestaltung wahrnehmen zu können. Das führt unter anderem dazu, dass sich viele Menschen mit dem Verständnis für einen passiven Naturschutz eher schwertun.

Zum anderen geht es um Effektivität. Während die Zahl der Freizeitnaturwissenschaftler/-innen in den letzten Jahren stark abnahm, steigt die Zahl derer, welche eine aktive Rolle im Naturschutz leisten möchten, an. Dabei steht das praktische Handeln im Vordergrund. Die meisten Menschen, welche Insekten und Pflanzen bestimmen und somit den Wert und die Veränderungen in der freien Natur wahrnehmen, sind mittlerweile akademisch gebildete oder anderweitig geschulte Experten. Die Zahl der Hobbybotaniker und -entomologen ist in den letzten 30 Jahren drastisch eingebrochen (Entomologentag 1991; BLANK 2004; HEINITZ & OERTNER 2005). Auf der anderen Seite wird praktischer Naturschutz vorwiegend auf Habitatpflege und -hege reduziert. Der Spaß an der Nutzung effizienter Maschinen ist weit verbreitet und ein Hauptgrund für die Überpflege des öffentlichen Grüns. Aus naturschutzfachlicher Sicht sollte der Einsatz von Maschinen jedoch stark reduziert und darauf geachtet werden, dass der Arbeitsaufwand stets zur Flächengröße passt (WIELAND et al. 1984; UNTERWEGER, W.-D. 2014). Die Art der Mahd wirkt sich direkt auf die Insekten- und Pflanzendiversität von Grünflächen aus (VAN DE POEL & ZEHM 2014). Einen ihrer regionalen Ursprünge mag dieses Pflichtbewusstsein zur Manipulation der häuslichen Umwelt bereits 1492 haben, als in Stuttgart die Kehrwoche verpflichtend wurde (UNSELD 1994). Im 17. Jahrhundert, mit der Einführung von Kirchenkonventen, wurden diese Pflichten stark erweitert und von Pfarrer und Vogt überwacht. Bemerkenswert ist es, dass trotz Luthers Fokussierung auf Gnade, Glaube und Schrift auch in protestantischen Gebieten die „Erdenarbeit zur Erlangung von Himmelslohne" eine zentrale Rolle spielt. Neben religiösen Nachteilen wurden auch drastische irdische Strafen (Enteignung, Militärdienst) verordnet, sobald man nicht im Gemeindesinn tatkräftigen Einfluss auf sein natürliches Umfeld ausübte (UNSELD 1994; UNTERWEGER & UNTERWEGER 1995).

### Themenfeld 3: Sorgen und Bedenken

In diesen Analysen konnten Stellungnahmen zusammengeführt werden, welche auf Ängste oder Befürchtungen hinweisen und sich in zwei große Blöcke gliedern, nämlich sozial- und naturbezogener Art.

Erstere beziehen sich auf die eigene soziale Stellung (z. B. in der Nachbarschaft oder im sozialen, wirtschaftlichen Umfeld). Dabei sind sowohl die Befürchtungen zur Veränderung von Konventionen als auch die Folgen eines veränderten Grünflächenbildes wichtig. Auch hier werden wiederum grundlegende psychologische Bedürfnisse des Menschen – jene der sozialen Eingebundenheit bzw. Erfahrung von Zugehörigkeit und der Wunsch nach Wertschätzung durch andere – tangiert. So kann, soziologisch betrachtet, eine „bunte Wiese" gar als Distinktionsmechanismus genutzt werden (Herabblicken auf die „verwilderte Wiese" in Abgrenzung zum eigenen, gepflegten Rasen – oder umgekehrt). Ein unterschiedliches Ästhetik-Empfinden kann somit bewusst zur sozialen Abgrenzung genutzt werden (BOURDIEU 1982).

Die naturbedingten Ängste beziehen sich auf unbekannte und anscheinend unberechenbare Veränderungen und Bedrohungen in einer Umwelt, in der ein Mehr an Natur zugelassen wird. Auch hier lässt sich die unterschwellige Sorge vor einem Kontrollverlust als Ursache vermuten.

Beide Formen der Befürchtungen sind ein Thema für Aufklärungsbestrebungen. Es gilt sie abzubauen, will man Renaturierung nicht gegen den Willen der Bevölkerung durchführen. Projekte, die dies bewirken, müssen bereits in der Kinder- und Jugendarbeit angeboten werden. Da Wertemuster und ästhetisches Empfinden sowohl angeboren als auch geprägt sind (HERRMANN 2011), sollte die Prägephase darauf hinwirken, dass Neutralität und Akzeptanz bei der graduellen Bewertung von Naturphänomenen überwiegen. Die Tatsache, dass Kunst und Architektur in verschiedenen Kontexten und Zeiten unterschiedlich bewertet werden (HERRMANN 2011), kann auf die ungestörten Ökosysteme nicht angewendet werden, da Natur als Erscheinung in Bezug auf den Menschen als zeitlos anzusehen ist.

Sozialen Ängsten ist besondere Aufmerksamkeit zu schenken, da sich hier die wohl gravierendsten Probleme einer Handlungsveränderung ergeben. Das Unterbrechen von Scheintraditionen, das Aufbrechen kultureller Praxis im Sinne einer geistigen Programmierung, ist ein Schlüssel zum Erfolg. Sie bedarf einer entsprechenden Aufklärung, die nicht leicht zu bewerkstelligen ist und auf Widerstände stößt, da die Veränderung von Gewohnheiten von den meisten Menschen als bedrohlich angesehen und daher (zunächst) abgewehrt wird.

**Themenfeld 4: Die Abwertung von Engagement**

Wie Karikaturen und schriftliche Dokumente zeigen, neigen einige Akteure dazu, die Arbeit von fachfremden Interessengruppen oder das Engagement in ihnen unbekannten Bereichen ins Lächerliche zu ziehen oder Fehlschläge und Missgeschicke als wunden Punkt besonders zu betonen. Diese Verballhornung stellt jedoch bei ausreichendem Fachwissen und ausreichender Überzeugung kein Problem dar, da es in der Regel besser ist, unterschätzt als überschätzt zu werden. So sind die meisten Punkte einer möglichen sachlichen oder ideologischen Kritisierbarkeit und einer unreflektierten bzw. unsachlichen Diffamierung meist argumentativ leicht zu entkräften.

Sicherlich sollte aber bei der Projektrealisierung stets ein Augenmerk darauf gerichtet sein, dass zynische und populistische, scherzhafte, zum Teil aber auch deligitimierende Ausführungen zum Naturschutz auch dann, wenn sie wissenschaftlich leicht zu entkräften sind, bei manchen Personengruppen hochgradig wirksam sind. Neben Fachwissen und dem Wissen darüber, wie man dieses in einem aufklärenden Sinne einsetzen kann (Stichwort „Umweltbildung"), ist eine gewisse Selbstironie sicher nicht falsch. Ein humorvoller Umgang mit „veräppelnden" Darstellungen wird auch vom Gegenüber wesentlich besser aufgenommen als eine beleidigte Reaktion, welche eher als „Straßensperre" für die weitere Kommunikation wirken kann.

**Themenfeld 5: Gestalterisches Natur- und Weltbild**

Dass Natur- und Artenschutz noch immer eine besondere Rolle in der gesellschaftlichen Debatte einnehmen, zeigt sich in der Korrespondenz der „Bunten Wiese". So werden Naturschutzziele als Partialgruppeninteressen angesehen und zum Teil auf (partei) politische Richtungen reduziert. Vielfach wird ein Engagement für Nachhaltigkeit und biologische Vielfalt allerdings auch aufgrund mangelnden Interesses oder anderer politischer Orientierung abgelehnt. Ein Mainstreaming von Natur- und Artenschutzgedanken tut daher Not. Das heißt, dass diese nicht länger als Nebensächlichkeiten behandelt werden, sondern ähnlich wie das Sparen von Wasser oder die Einsparung von Energie ein Begleiter der täglichen Handlungen werden.

Dass Natur mittlerweile auch ein Konsumgut geworden ist, zeigen verschiedene Studien (PÜTSCH 2006). So wird Natur meist zweigeteilt. Zum einen spielt die konsumierbare und nutzbare Natur eine Rolle. Diese zeigt sich in Form von exklusiven

Urlaubszielen, Naturerlebnisangeboten und einer Vielzahl von Hobbies. Auf der anderen Seite steht die Natur als Grundausstattung der Erde mit der gesamten Vielfalt ihrer Ökosystemfunktionen. Oft wird die Natur nur auf die erste Form der Wahrnehmung reduziert und die Vielfalt der Funktionen, Dienstleistungen und Bereitstellungen außer Acht gelassen. Spannend ist auch die ideologische Verortung von Naturschutzbemühungen. Dies zeigt eindrücklich folgende Polemik aus einem Foto in der Mediathek eines wichtigen Blattes des Landwirtschaftssektors: „... und wenn das letzte Feld enteignet und der letzte Hof gestorben ist, werden die Grünen merken, dass man den Wolf nicht essen kann!" (top-Agrar, 30.04.2015)

Diese Anspielung auf die durch die Umweltbewegung seit den 1970er-Jahren bekannt gewordene „Weissagung", die den Cree-Indianern zugeschrieben wird, bedient sich in unübersehbarer Weise einiger Begriffsfelder aus dem (Anti-)Kommunismus und setzt diese politisch falsch und populistisch in Verbindung mit der Partei der Grünen. Auch in der Arbeit der „Bunten Wiese" spielte es immer wieder eine Rolle, dass sie, auf eine bestimmte parlamentarische Partei bezogen, verortet wurde. Der Klima- und Biodiversitätsschutz sollten jedoch als gesellschaftliche Grunderfordernisse angesehen werden. Daher ist es wichtig, dass Schutzinitiativen überparteilich arbeiten und ihr Wissen ideologiefrei und dem Fachwissen verpflichtet einbringen.

### Themenfeld 6: Monetäre Fragen und Planung

Diese Inhaltsanalyse zeigt, dass neben sozialen, ideologischen und umweltbezogenen Bedenken auch das monetäre Bewusstsein eine wichtige Rolle bei der Steigerung der Akzeptabilität extensiv gemähter Wiesen im urbanen und zum Teil dörflichen Bereich spielt. So werden oft finanzielle und andere am Menschen direkt messbare Größen (Arbeitszeit, Zahl der Unterstützer, Pflegeaufwand) in den Diskussionen als Argumente gegen Veränderungen und mehr Natur eingesetzt. Dabei spielen Pflegeaufwand, historische Bau- und Planungskosten sowie der Nutzungswandel eine bedeutende Rolle, um gegen eine Reduktion der intensiv gestaltenden Eingriffe auf Grünflächen zu argumentieren. Dieses Themenfeld schließt sich somit eng an das vorherige an und zeigt die noch fehlende Verknüpfung verschiedener messbarer Werte (Arbeitszeit, Geld, Pflegeintensität) mit Pflegeformen, die vordergründig ein anderes Bild darstellen, als das mit diesen Werten verknüpfte.

Die Monetarisierung von Natur und Schutzbestrebungen ist ein kontrovers diskutiertes Thema. Dennoch erscheint eine ökonomische Bewertung von wenig beeinflusster Stadtnatur nötig, um zu zeigen, dass eine Reduktion der aktiven Beeinflussung und Bearbeitung von Naturschutzflächen durch den Menschen keine Abwertung bedeutet. Wenn es humanorientierte Parameter sind, mit denen in der heutigen Gesellschaft die Wertigkeit einer Sache oder einer Handlung angezeigt werden muss, um Akzeptanz und Unterstützung zu finden, dann gilt es – nicht kritiklos, aber dennoch – den Wert und Nutzen solcher Initiativen auch in dieser Sprache darzustellen.

**Fazit für die Praxis**
**Naturschutz auf wenig beeinflussten Flächen in der Stadt (verbunden mit der Förderung biologischer Vielfalt) kann besser gelingen, wenn die kommunikativen und wertbezogenen Fragen in systematischer Weise genauso bearbeitet werden wie die naturwissenschaftlichen und planerischen.**

Anhand des Beispiels „Projekt Bunte Wiese" ergaben sich folgende Anknüpfungspunkte für die praktische Umsetzung:

- Naturschutz erfordert praktische und ideelle Maßnahmen, um möglichen Ängsten und Vorbehalten in der Umsetzung durch Vorbilder und Ideen zu begegnen.
- Natur braucht Raum und Zeit zur Entfaltung. Überaktivität und der Wunsch nach Bearbeitung stehen dem gegenüber. Genuss und Beobachtung sollten eingeübt werden, um allzu aktive Manipulationen zu reduzieren.
- Der Wert und die Schönheit von Natur, der oft nur durch vordergründige Aufgabe von menschlichen Werten (Fleiß, gärtnerisches Engagement) erzielt werden kann, muss so vermittelt werden, dass Sorgen und Bedenken bezüglich der scheinbar geschmälerten eigenen Rolle in Gesellschaft und Natur gemindert werden.
- Das Beobachten von Pflanzen und Tieren und der Schutz von Lebensräumen müssen gesellschaftlich aufgewertet werden, sodass diese von einem größeren Teil der Bevölkerung als attraktiv angesehen und geachtet werden.

- Natur- und Artenschutz sind Aktivitäten für eine nachhaltige Entwicklung. Ähnlich wie das Einsparen von Energie und Wasser ist auch das (methodisch und kommunikativ) abgesicherte Wiederansiedeln oder Erhalten von Pflanzen- und Tierpopulationen als privates Ziel zu fördern.
- Natur ist wertvoll. Die Wertschöpfung der Umwelt sollte auf verschiedenen Ebenen (monetär, gesundheitlich, funktionell, aber eben auch jenseits allen direkten Nutzens) vermittelt werden.
- Durch verschiedene, angepasste Maßnahmen kann die Akzeptanz und Etablierung von mehr wilder Natur in der Stadt gelingen. Ein Modell zur flächigen Einführung von natürlichen Wiesen ist oft kein Problem der praktischen Umsetzung, sondern eine Frage der menschlichen Einstellung und des Willens zu einem Miteinander von Kultur und Natur bzw. von Naturerhaltung als einer kulturellen Praxis.
- Naturschutz wird häufig an die staatliche Naturschutzverwaltung sowie Naturschutzverbände „delegiert". Dem gegenüber sollte die Idee eines „gemeinschaftlichen Naturschutzes" stärker entwickelt werden. Dieser könnte vor allem im urbanen Bereich darin bestehen, dass Bürgerinnen und Bürger in Kooperation mit städtischen Verwaltungsstellen öffentliche wie private Grünflächen aus den üblicherweise praktizierten intensiven Mähregimen (klassische Rasenpflege) herausnehmen und durch aufwachsende naturnahe Wiesen (mit nur maximal zweimal jährlicher Mahd) ersetzen. Hierdurch würde die Identifikation der Stadtbevölkerung mit „ihrer Natur" gestärkt und die Motivation zur Durchführung von Naturschutzmaßnahmen im eigenen Umfeld gefördert.

## FAQs und Antworten: Sammlung der wiederkehrenden Fragen

Die sechs Problemfelder sind aus realen Problemen abgeleitet. Fast alle Fragen, die häufig im Kontext einer naturnahen, extensiven Grünflächenpflege auftauchen, lassen sich einer der sechs Kategorien zuordnen. Die Beantwortung der Fragen zählt man zur Kommunikation. Gemeinsam müssen Sie sich eine Strategie erarbeiten, um auf solche Fragen gewappnet zu sein. Einfach zu mähen und alles so „wie früher" zu machen, ist in den seltensten Fällen eine Antwort.

Zu jedem guten Grünflächenpflegekonzept gehört eine fundierte Strategie der Kommunikation: Wie treten wir auf? Da die Aufgaben mehr sind als Wahlkampfargumente, muss man sich bei den Antworten auf den Auftrag unserer Gesellschaft berufen: Sie sind die kleinste Verwaltungseinheit unseres Planeten. Sie handeln für das Große und Ganze. Da gibt es kein Umknicken und kein Ausweichen.

> Als gutes Beispiel für die Klärung von wiederkehrenden Fragen zeigt sich die Homepage des Berliner Grünflächenamtes Charlottenburg-Wilmersdorf. Hier werden systematisch wiederkehrende Fragen aufgegriffen und so kann bei Bedarf mit der passenden Verlinkung geantwortet werden.
> https://www.berlin.de/ba-charlottenburg-wilmersdorf/verwaltung/aemter/strassen-und-gruenflaechen/gruenflaechen/artikel.1185504.php

## Studien zur öffentlichen Wahrnehmung

Akzeptanzstudien sind in der Forschung ein beliebtes Mittel, um über die Einstellung von Menschen gegenüber Sachverhalten Rückschlüsse ziehen zu können. In verschiedenen Fotoumfragen befragten wir die Bevölkerung Tübingens im Rahmen von Abschlussarbeiten zu den Projekten und Veränderungen im Grünflächenmanagement. In einem unserer Fragebögen zeigten wir Bilder typischer regionaler Rasen und Wiesen und baten die Teilnehmer ihre ersten Eindrücke zu beschreiben. Nach der ersten Präsentation der Bilder lieferte unser Fragebogen fundierte naturschutzfachliche Information zu artenreichen Wiesen. Schließlich folgte eine weitere Fotostrecke, bei der manche Bilder wiederholt und andere erstmals gezeigt wurden.

Die Wirkung dieses Bildungsblocks wurde dadurch geprüft, dass die Teilnehmer die Bilder hinsichtlich folgender Wirkungen bewerten mussten: (1) Attraktivität, (2) Gepflegtheit und (3) bereichernde Wirkung für das Stadtbild.

Der Naturschutz in der Stadt ist stets eng mit gesellschaftlichen Interessen verbunden. Daher hatten die Befragten auch die Möglichkeit zu entscheiden, ob sie an den gezeigten Wiesen etwas verändern würden. Die meisten Teilnehmer waren mit den Wiesen einverstanden und wünschten sich keine Veränderung in der Pflege der Flächen.

Außerdem befragten wir die Teilnehmer, ob sie mehr natürliche Wiesen im Stadtgebiet sehen möchten.

Die meisten Teilnehmer waren für eine Ausweitung der natürlichen Grünflächenpflege im Stadtgebiet.

Die Teilnehmer konnten zudem angeben, welche der Verbesserungen die städtischen Flächen noch attraktiver gestalten könnten. Die Einführung von Bäumen, Sträuchern und Bänken wurde für Rasen und Wiesenflächen vorgeschlagen. Wege, die die Wiesen durchqueren, sowie die Vergrößerung der Flächen und die Ausweitung der Anzahl von Wiesen wurden ebenso erwähnt.

Als Argument gegen mehr Wiesen wurden die „Angst vor Natur" und die „Hässlichkeit" erwähnt. Auf der anderen Seite bieten sowohl Rasen als auch Wiesen verschiedene Nutzungsoptionen für Stadtbewohner. Diese sind oft auch der Pflegeform geschuldet (Genuss von Wiesen, Spielrasen, Liegewiese etc.).

Das Ziel dieser Studie war es, das Verhältnis von Stadtbewohnern zu städtischer Natur auf verschiedenen Wegen besser zu verstehen. In diesem Zusammenhang bearbeiteten wir vier Fragestellungen, welche (I) die Veränderung der Wahrnehmung von Grünflächen nach der Bereitstellung von fachwissenschaftlichen Informationen (sprich Öffentlichkeitsarbeit, z. B. in Form von Infotafeln) und (II) die Rolle der Demographie und des persönlichen Verhaltens mit diesem Wandel untersuchte. Außerdem wollten wir herausfinden, ob (III) ein Wunsch nach Wandel bestehender naturnaher Flächen existiert und ob sich die Bevölkerung (IV) weitere Grünflächen mit natürlichem Pflegemanagement wünscht.

Derartige Studien gibt es mittlerweile in vielen Ländern und in den unterschiedlichsten Regionen der Welt. Ihr Wert liegt vor allem in der breiten Verallgemeinerung und Abstrahierung der Ergebnisse.

In Anlehnung an die Ergebnisse der Naturschutzbefragungen in städtischen Landschaften (BRIEGEL 2007; JUNGE et al. 2011; JUNGE et al. 2015) und in Gärten (LINDEMANN-MATTHIES & MARTY 2013) und die positive Beziehung von Stadtbevölkerung und städtischer Natur im Allgemeinen (BMUB & BfN 2016; HOYLE et al. 2017; SOUTHON et al. 2017) untersuchten wir diese Ergebnisse hinsichtlich des Wertes von Umweltbildungsmaßnahmen. BOTZAT (BOTZAT et al. 2016) hingegen untersuchte mehr als 200 wissenschaftliche Arbeiten hinsichtlich der Wahrnehmung von städtischer biologischer Vielfalt und bemerkte die weitgehend unterschätzte Rolle von gewöhnlichen urbanen Grünflächen. Diese Wissenslücke soll in unserem Beitrag aufgegriffen werden. Des Weiteren fanden diese Autoren (BOTZAT et al. 2016) heraus, dass biologische Vielfalt meist aus ökosystemarer Sicht betrachtet wird, während unsere Studie persönliche Vorlieben und das persönliche Wissen über Natur und Artenvielfalt in den Fokus setzt.

Die multifunktionelle Rolle von städtischem Grün (THRELFALL & KENDAL 2018), wie zum Beispiel der intrinsische „Wert für Natur" oder der Wert für den menschlichen Nutzen, muss ein wichtiger Teil von Stadtplanungen sein und macht es daher nötig, sowohl naturwissenschaftliche als auch soziokulturelle Studien bei der Planung heranzuziehen. Einige Studien konnten bereits diese beiden Wege bei der Naturbewertung in Betracht ziehen (HARRIS et al. 2017). Der besondere Wert dieser Studie ist es, dass der Wert für die biologische Vielfalt auf diesen Flächen bereits in vorausgehenden Studien untersucht werden konnte (ADE et al. 2012; HILLER & BETZ 2014; KRICKE et al. 2014; WASTIAN et al. 2016; UNTERWEGER et al. 2017a) und wir nun in dieses bereits etablierte Konzept die Wahrnehmungsuntersuchungen der Bevölkerung integrieren können.

Das Ergebnis, dass Tiere und Pflanzen im Zusammenhang mit Wiesen – als erster Gedanke – öfter genannt werden, zeigt, dass lebende Organismen Schlüsselfaktoren (Sympathieträger) für die positive Wahrnehmung von Landschaft sind. Insekten wurden wiederum öfter genannt als Pflanzen – ein Ergebnis, das mit anderen Studien übereinstimmt (JUNGE et al. 2015). In diesen Studien wurde gezeigt, dass Tiere der bevorzugte Aspekt in der Naturlandschaftsbewertung sind. Laut KOVACS (KOVACS et al. 2006) ist Schönheit ein sehr wichtiger Faktor, der sowohl unsere Emotionen als auch unsere ökologischen Praktiken beeinflusst. Schönheit ist ein sehr diverses Konzept, was man daran sehen kann, dass sowohl Rasen als auch Wiesen öfter mit dem Begriff Schönheit verbunden werden. Das zeigt, dass wir den Begriff Schönheit bei Schutzkonzepten vorsichtig verwenden müssen (KONDO et al. 2012), da Schönheit den Konflikt zwischen naturwissenschaftlich ökologischen Entscheidungen beeinflussen kann (FARNSWORTH & ROSOVSKY 1993; JOHNSON 1995). Folgen wir der Idee von BOGNER (BOGNER 1999; BOGNER & WISEMAN 1999; WISEMAN & BOGNER 2003), so sind unsere Ergebnisse in Schutz und Nutz teilbar. In unserem Falle bedeutet das, das anthropozentrische Nutzungsideen (der Wert für den Menschen) und naturfokussierte Werte aufgespalten werden können. Diese Neuklassifizierung zeigt, dass sowohl auf Rasen als auch auf Wiesen der menschzentrierte Wert höher ist als der Schutzgedanke.

Dieses Ergebnis zeigt die Wichtigkeit, die Wahrnehmung der Menschen im Prozess des urbanen Biodiversitätsschutzes einzubeziehen, da egoistische Ideen, wie z. B. das Wohlbefinden, eine wichtige Rolle im Naturschutz spielen. Die Vermittlung zwischen verschiedenen Interessen muss ein zentraler Baustein dieses Schutzes sein (SATTLER et al. 2011; BOTZAT et al. 2016; NORTON et al. 2016), um ästhetische Ziele mit ökologischen Zielen zu vereinen.

### Expertenwissen

Die Auswertung der Ergebnisse der ersten Fotostrecke betont die Wichtigkeit von Umweltbildungsmaßnahmen im Rahmen des Schutzes der biologischen Vielfalt. In Pretests fanden wir heraus, dass Wiesen als attraktiver und bereichernder für die Städte angesehen werden als Rasen (JUNGE et al. 2015). LINDEMANN-MATTHIES et al. (2010) zeigten, dass Menschen fähig sind, zwischen artenarmen und artenreichen Pflanzengesellschaften zu unterscheiden. Wir vermuten, dass Wiesen in diesem Zusammenhang aufgrund ihrer höheren Vielfalt bevorzugt wurden.

Die Wirkung der bereitgestellten Bildungseinheit kann in unserem Pre- und Posttest (Seite 175) gezeigt werden. Nach der Gabe der Experteninformation wurden Wiesen attraktiver, gepflegter und bereichernder empfunden als zuvor. Interessanterweise führte die Experteninformation nicht nur zu höheren Werten auf Wiesen, sondern auch Rasen wurden nach der Wissensgabe höher bewertet. Das kann eine Folge der generell höheren Wahrnehmung von grüner Infrastruktur sein, die es im Vorfeld vielleicht so noch nicht gab. Wir wissen nicht, ob die beobachteten Veränderungen nach der zusätzlichen Information eine Langzeitwirkung haben oder nur kurzfristig auf die Bevölkerung wirken.

Nachdem wir das Schild und das Wissen gezeigt haben, entsteht Abbildung 2 auf der rechten Seite. Wir vergleichen, wie sich der Wert der Wiese mit oder ohne Umweltbildung gestaltet. Und siehe da: Mit einer gelungenen Öffentlichkeitsarbeit steigt der Wert der Gepflegtheit (Balken in der Mitte). Wiesen werden nach Wahrnehmung einer Umweltbildungsmaßnahme als gepflegter wahrgenommen als ohne.

Aus diesen beiden Ergebnissen folgt: Das Adjektiv „gepflegt“ reicht nicht aus, um Grünflächen in einer Stadt zu bewerten. Wir verlieren gegen einen Rasen immer, wenn wir nur mit „Sauberkeit“, Gepflegtheit“, „Ordentlichkeit“ und dergleichen argumentieren. Die Vielfalt der Wiesen muss sich auch in der Vielfalt der Adjektive und Argumente abbilden, mit der wir für sie werben.

Mehrere Bildpaare, wie dieses, nutzten wir in der Befragung, um die Empfindungen „attraktiv“, „gepflegt“, „bereichernd“ für das Stadtbild abzufragen.

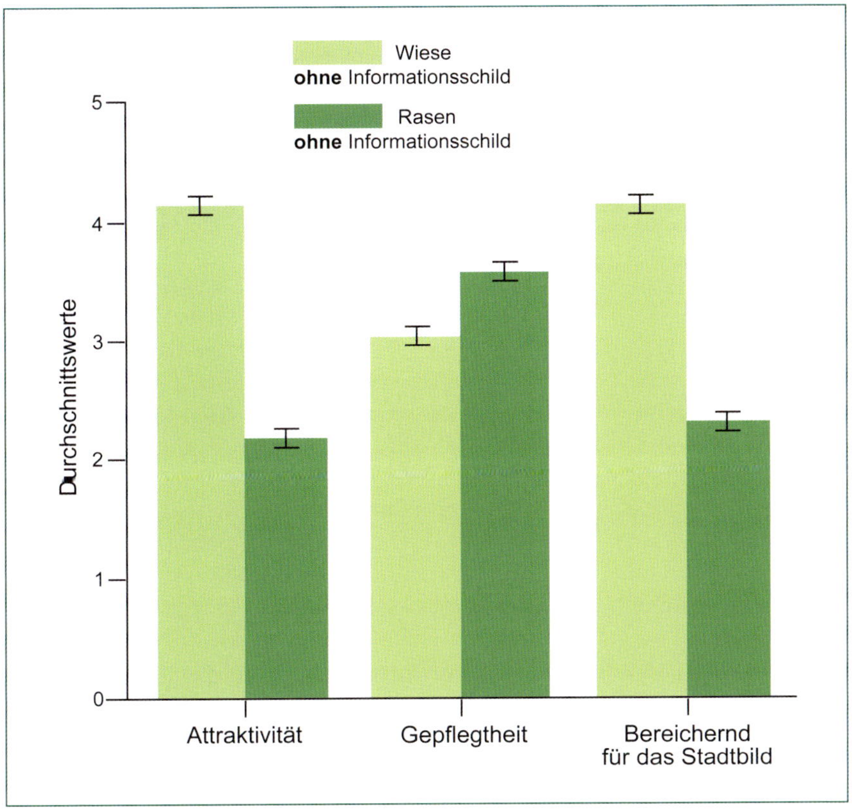


So unattraktiv derartige Darstellungen auch sein mögen, so spannend ist der Inhalt. Abbildung 1 zeigt den direkten Vergleich von Rasen und Wiesen vor der Umweltbildung, also bevor der Passant das Schild entdeckt oder die Homepage der Stadt gefunden hat. Das Ergebnis ist erwartbar. Rasen werden gepflegter als Wiesen wahrgenommen.
Das stimmt, denn ein gemähter Rasen ist in kurzem Zustand frisch gepflegt. Dass Wiesen jedoch als attraktiver und bereichernder für das Stadtbild empfunden werden, freute uns sehr. Beim Rundgang durch eine vielfältige Stadt, bereichert eine Wiese eben die Vielfalt der Eindrücke. Das macht sie attraktiv (nach UNTERWEGER et al. 2017b).

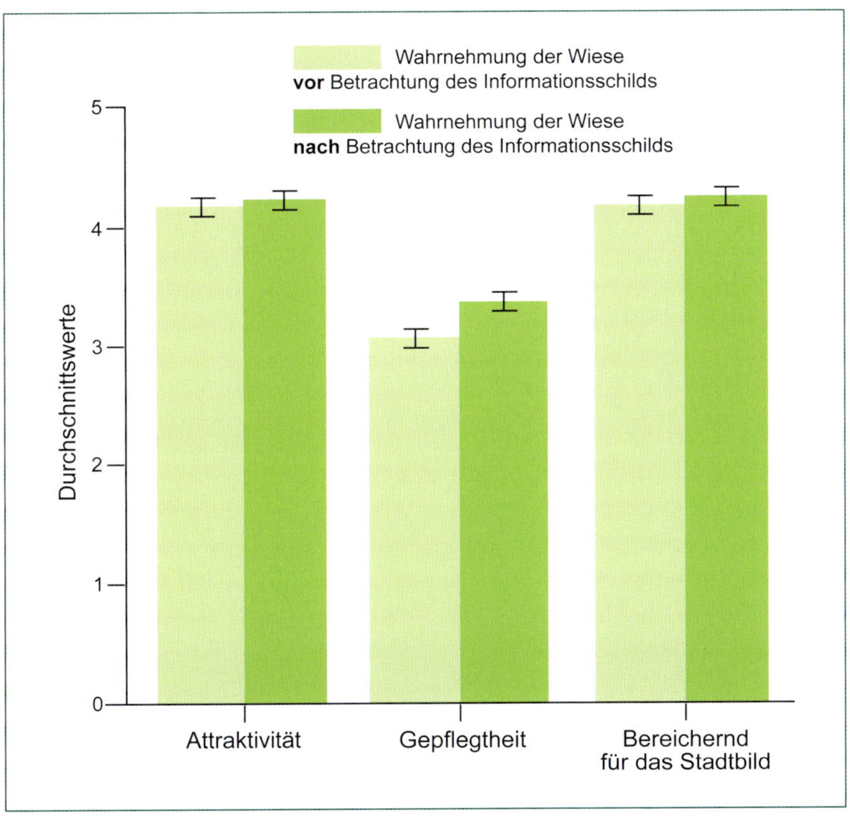


Abbildung 2 zeigt den Vergleich von Wiesen mit und ohne Schild. Besonders spannend ist die Tatsache, dass Wiesen mit Schild als gepflegter wahrgenommen, als Wiesen ohne Schild. Auch die anderen Werte steigen. Der Wert von Umweltbildung (hier in Form eines Schildes) lässt sich dadurch zeigen. Die wahrgenommene Gepflegtheit steigt allein durch gutes informieren (nach UNTERWEGER et al. 2017b).

**Das Adjektiv „gepflegt" reicht nicht aus, um Grünflächen in einer Stadt zu bewerten. Die Vielfalt der Wiesen muss sich auch in der Vielfalt der Adjektive und Argumente abbilden, mit der wir für sie werben.**

Ein wichtiges Ergebnis ist zudem die Tatsache, dass Gepflegtheit bei Rasenflächen stets höhere Werte erzielt. Gepflegtheit ist eine Eigenschaft, die man besser praktisch beeinflussen kann als die abstrakten Werte „Attraktivität" und „bereichernder Effekt". So müssen Maßnahmen, wie zum Beispiel die Einführung von gepflegten Akzeptanzstreifen angewandt werden, um auch hier ein Maximum an Gepflegtheit zu vermitteln, stets jedoch mit dem Ziel, dass wilde Natur an Zustimmung gewinnt. Es kann durchaus ein Schlüsselfaktor in politischen Entscheidungen und Planungen sein, sich aus diesem Grund gegen Natur zu entscheiden, falls der Faktor „Gepflegtheit" isoliert betrachtet und nicht im Kontext mit Attraktivität und bereichernden Faktoren gesehen wird. Aus diesem Grund muss das Expertenwissen dauerhaft und anhaltend präsentiert werden – zum Beispiel durch Informationstafeln, sodass das Wissen um den Wert von Natur verinnerlicht wird.

Das Alter spielt eine wichtige Rolle in unserer Studie. Jüngere Teilnehmer bewerten Rasen attraktiver und bereichender als ältere. Das steht im Gegensatz zur Vermutung, dass jüngere Teilnehmer durch angepasste Lehrpläne besser in Umweltproblemen ausgebildet sein sollten als ältere (LINDEMANN-MATTHIES & BOSE 2008). LINDEMANN-MATTHIES und BOSE (2007) sowie JUNGE et al. (2009) fanden heraus, dass ältere Menschen artenreiche Wegränder gegenüber artenarmen bevorzugten, ein Ergebnis das darin begründet sein mag, dass artenreiche Gemeinschaften für ältere Menschen ein gewohnter und geprägter Anblick sind. Auf der anderen Seite zeigen Teilnehmer, die jünger als 40 Jahre sind, eine höhere Bewertung der Faktoren „Biodiversität", „Insekten", „Gras" und „Käfer" als ältere. Vergegenwärtigt man sich jedoch, dass diese Menschen Rasen bevorzugen, muss also eine andere Begründung hinter der hohen Einschätzung liegen als das Bildungsargument. Die Anzahl der Menschen, die in dieser Altersgruppe an Heuschnupfen leidet, ist höher als in der Gruppe der Älteren (Robert-Koch-Institut 2011). Das kann damit im Zusammenhang stehen, dass die jungen Teilnehmer die Diversität von Gräsern auf Wiesen höher einschätzen als auf Rasen. Außerdem erfüllen Rasen für junge Menschen andere menschfokussierte Funktionen, wie z.B. Sport, Erholung, Spielen und Grillen (BMUB & BfN 2016). So mag dies der Grund sein, dass hier die menschbasierten und egoistischen Faktoren eine sehr wichtige Rolle spielen.

Die Analyse der Verhaltensdaten zeigt, dass Wiesen und Biodiversitätsaspekte von Menschen mit einer höheren Liebe für die Natur besser bewertet werden. Das zeigt sich auch in den geringeren Bewertungen von Rasen. LINDEMANN-MATTHIES et al. (2010) zeigten, dass Menschen die Biodiversität oft überschätzen, wenn diese eigentlich gering ist, und unterschätzen, wenn diese hoch ist. Unser Fragebogen zeigte, dass vor allem Frauen und Teilnehmer mit einer großen Wahrnehmung von Natur und solche, die Tiere und Pflanzen häufig beobachten, die Biodiversität in Städten höher einschätzen als andere.

Unsere Ergebnisse zeugen davon, dass Wiesen eine generell hohe Akzeptanz in der Stadt haben. Die meisten Teilnehmer stimmten für eine Erweiterung von natürlich gepflegten Wiesen in städtischen Gebieten und unterstützten keine Veränderung des natürlichen Pflegemanagements. Diese Ergebnisse stimmen mit anderen Studien über die Naturwahrnehmung überein (BMUB & BfN 2012; BMUB & BfN 2016). Der Unterschied zwischen den gegebenen Antworten und der fehlenden Umsetzung in städtischen Gebieten kann daher durch die verschiedenen Interessensgruppen erklärt werden (NORTON et al. 2016), denen es an Vernetzung fehlt (AJZEN & FISHBEIN 2005). Verschiedene Aspekte der biologischen Vielfalt, zum Beispiel „die Artenvielfalt" oder „ökosystemare Funktionen" müssen eine wichtige Rolle für die Einführung von Biodiversitätsschutzflächen im Stadtgebiet spielen. Die anthropozentrischen Argumente, die sehr stark in unseren Ergebnissen repräsentiert waren, müssen jedoch auch in den Entscheidungen berücksichtigt werden. Unsere Ergebnisse unterstreichen die Wichtigkeit von Bildung in traditionellen Naturwissenschaften (LÖBL 2014; COX & GASTON 2015; COX et al. 2017a), um die Wahrnehmung und Akzeptanz von ungeschönter und wilder Natur zu steigern. Außerdem müssen wir uns bewusst machen, dass die menschgemachten Argumente oft als Totschlagargumente eingesetzt werden können und daher schon im Vorfeld ernstgenommen – und förderlich eingesetzt werden müssen.

Weitere Studien, die wir zum Teil mit digital bearbeiteten Bildern durchführten, ließen den Schluss zu, dass die Pflegeform der Grünflächen oft weniger beachtet wird als das Angebot der vom Menschen nutzbaren Infrastrukturelemente. So ist eine Bank, eine Statue, ein Mülleimer oder schlicht der gerade, direkte Weg zur Bushaltestelle wichtiger als die Form der Grünflächenpflege.

Vielfalt. Der Charme der späten 50er-Jahre des vergangenen Jahrhunderts trifft auf Kunst und eine extensivierte Grünfläche. Der Sauberkeitsstreifen zeigt: „Das ist Absicht und kein Ruinenviertel". Die Bronze-Skulptur des „Gralsucher" wurde von der Künstlerin Anne-Katrin Altwein aus Weimar geschaffen. Sie entstand 2002 für den Garten des Hegelbaus der Universität Tübingen.

Bei diesen Bildtrios, deren Bewertung schnell und quasi aus dem Unterbewusstsein heraus durchgeführt werden sollte, zeigte sich, dass die Faktoren „Baum“, „Statue“, „Lampe“ und „Bank“ in der Diskussion höheren Einfluss auf die Wahrnehmung hatten als die Pflegeform der Grünfläche, des „Rasens“ oder der „Wiese“.

Auch wenn „kleine Abschlussarbeiten“ oft nicht groß genug angelegt sind, um später international publiziert zu werden, so zeigte sich bereits in der Erstellung solcher Bildgruppen, dass die Diskussion nur selten über die Pflegeform der Grünfläche geführt wurde.
Die Rahmenbedingungen standen jeweils schneller im Mittelpunkt des Gesprächs: „die Qualität, Wahrnehmung und Zeitempfindung der Architektur“, „die Möglichkeit Fahrräder abzustellen“, „die Erreichbarkeit der Haupteingänge ohne Umwege“, „das Argument der Versiegelung“.
Auch hier darf man nicht voreilig Angst vor Natur haben. Den Menschen geht es oft um andere Faktoren. Wahr- und ernstgenommen zu werden und ein bereicherndes Leben in der Stadt führen zu können, ist ein wesentlich tiefer verankerter Anspruch als das leider viel zu oft eingebrachte Argument der sterilen naturfernen Aufgeräumtheit.

### Was folgt daraus?

Bei der Einführung eines naturnahen, ökologischen Grünflächenpflegekonzeptes sollte man an alle Faktoren des 14-Punkte-Plans (siehe Seite 194) denken.

Lassen Sie sich nicht einreden – und reden Sie es sich auch selbst nicht ein –, dass ausschließlich Sauberkeit und Gepflegtheit das Maß ist, mit dem man Grünflächen bewertet. Die Zahl der Argumente ist höher.

Die Akzeptanz in der Bevölkerung ist ein sehr individuelles und schwer zu erfassendes Maß. Schon eine einzige Mail kann dazu führen, dass man glaubt „die ganze Welt" findet das Projekt unpassend. Daher sprechen wir bei derartigen Projekten von der sogenannten Akzeptabilität (Akzeptierbarkeit, Annehmbarkeit). Diese ist von den Argumenten abhängig, die wir dem Projekt geben. Ein gut erarbeitetes Grünflächenkonzept mit einer breiten Begleitung bietet genügend Argumente, um annehmbar zu sein.

Oft geht es den Menschen gar nicht darum wie die Flächen aussehen. Es geht ihnen darum, dass sie wahrgenommen werden. Eine Bereitstellung von Bänken zeigt, dass wir wollen, dass sich die Bürgerinnen und Bürger wohlfühlen. Mülleimer unterstreichen den Wunsch nach Sauberkeit. Kunst betont das gute Umfeld. Ein Akzeptanzstreifen zeigt: Hier sind Gärtner am Werk und wir werden nicht vernachlässigt.

## Akzeptanzstreifen: Der einfachste Weg zu positiver Wahrnehmung

Als Akzeptanz-, Sauberkeits- oder Sicherheitsstreifen bezeichnen wir einen Streifen, der eine urbane Wiesenfläche an den Seiten umgibt, die für den Passanten zugänglich ist. Das heißt, dass entlang von Wegen und Plätzen ein Streifen stets sauber gemäht ist. Dieser Streifen, der idealerweise mit Fangkorb, in jedem Falle aber ohne Mulchfetzen, gepflegt wird, kann unterschiedlich breit sein. Von einer Rasenmäherbreite (50 cm) bis zu einem Meter sehen solche Streifen gut aus. Auch wenn es 3 Meter breite Rasenmäher gibt, ist es dann in den meisten Fällen kein Streifen mehr und schlicht und einfach zu breit. Auch sollte man lernen, beim Mähen des Akzeptanzstreifens nicht mit der Maschine auf der Wiese zu wenden, sondern auf der angrenzenden Fläche.

Der Akzeptanzstreifen wirkt Wunder, dennoch ist er nicht überall nötig. Je etablierter und feinsinniger Ihre Pflegetrupps sind, desto attraktiver wird das Spiel mit diesem Gestaltungselement.

**Praxistipp:**
**Wiesen werden nicht befahren, weder zum Ausweichen noch zum Parken, noch zum Umfahren eines Pollers. Wiesen mit Fahrspuren sind ein Zeichen fehlenden Respekts und fehlender Sensibilität für das Thema. Sie sind in jedem Fall ein Grund für weitere Schulungen und ernste Hinweise auf die gute handwerkliche Praxis.**

Ein schön angewachsener Streifen. Er wirkt harmonisch und sorgt für eine nahezu stufenlose Optik der Wiese. Zweifelsfrei steht der Streifen kurz vor der nächsten Mahd.

Der hier ebenfalls eingewachsene Streifen gibt dem Weg zur Bushaltestelle etwas Einladendes, Freies. Hier kommt man gern an.

Die Metalleinfassung betont den Streifen und verhindert eine übermäßige Breite.

Für „ängstliche" Menschen mag die blaue Kordel nötig sein, um die Wiese zu betonen. Wenn eine Fläche derart gut gelungen ist, kann man spätestens im zweiten Jahr auf das Schild und den Streifen vertrauen, es sei denn unsensible Befahrung durch Anlieger ist ein Ärgernis.

Auch wildere Flächen können durch einen Streifen gezähmt werden, ...

... wie diese beiden Bilder zeigen.

Die hier organisch geschwungenen Vegetationsgrenzen zeigen, dass der Weg viel zu breit ist. Das spielerische Verschwimmen der Grenzen erzeugt ein lockeres Flair. Akzeptanzstreifen sind auf keinen Fall ein Allheilmittel und müssen nicht überall angewendet werden.

Der Sauberkeitsstreifen erleichtert das Aufsammeln von Müll an der Vegetationskante. Hundebesitzer können leichter ermuntert werden, die Kothäufchen aufzusammeln. Außerdem hängt keine Vegetation auf den Weg und das Beinkleid der Passanten bleibt dadurch trocken und frei von Verunreinigungen.

Besonders gut wird das Thema „Akzeptanzstreifen“ in Bielefeld beherzigt. Die Flächen auf dem Johannisberg sind exzellente Beispiele für gelungene Extensivierung mit Akzeptanzstreifen. Mülleimer, Bänke und Wege machen den Park zu einem sehr einladenden Ort, der durch großflächige extensivierte Wiesen und Spielrasen locker und luftig wirkt. Hoffen wir, dass das auf weitere Flächen in Bielefeld übertragen wird.

**A** Ein wenig unsensibel wirkt die Befahrung, der ansonsten sehr vorbildlich extensivierten Fläche im Bild. Ist der Sprit ausgegangen? Oder was ist passiert? **B** Ein wenig schmal wird's, wenn man überall von beiden Seiten einen Streifen mäht. Hier wäre es spannender, die Schlüsselblumen vollflächig als Frühblüher zu akzeptieren und erst später einen schmaleren Randakzent zu setzen. **C** Wunderhübsch, aber kontraproduktiv bei der Förderung von Fahrrad- und Fußgängerverkehr wirkt dieser Weg. **D** Mit der Heckenschere konnte ein sehr sensibler Akzeptanzstreifen eingefügt werden, der Radfahrern den zweispurigen Verkehr – und den Insekten das Überleben – ermöglicht.

## Schilder und Informationstafeln

Ein Wald voller Schilder? Gar nicht darüber reden? Welche Öffentlichkeitsarbeit passt zu uns?

Kommunikationsmittel im Freiland sind und wirken sehr unterschiedlich. Nicht wenige von uns dürften sich schon vor holzgeschnitzten Zeigefingerreimen schamhaft gefröstelt haben. Dennoch bleiben Wandersmann- und Waldeslustschüttelreime im Gedächtnis. Auch riesenhafte Naturdioramazeichnungen mit verbissen schauender Eidechse und aberwitzigen Beschriftungslittaneien wirken beeindruckend. Jeder möchte doch wohl gerne so gut zeichnen können – oder aber zumindest einmal im Leben eine Hecke sehen, in der es so wuselt, wie auf dem hochverdichteten Informationsbild. Textlastigkeit führt oft zu Eddingkommentaren und Korrekturhinweisen. Der Schriftzug „Dies ist eine Bunte Wiese" wird garantiert im Winter kommentiert werden. Die Berliner Grünflächenamtsleiter sehen Schilder lediglich als Grundlage für Aufklebersammlungen, während manche Schilder wahre Materialschlachten ohne Inhalt und mit irreführenden Fotos sein können.

Vorsicht ist also geboten bei der Auswahl des Kommunikationsmittels. Texte müssen redaktionell geprüft werden. Stimmen die Sachverhalte? Bilder brauchen einen Plausicheck: Nicht jeder tropische Schmetterling passt zu einem mitteleuropäischen

Biodiversitätsschild. Brauchen wir viel Text? Wenig Text? Holz oder Alu-Dibond? Haben wir einen Kommunikationshelfer? Wer kennt ihn nicht, den Maulwurf der Deutschen Bahn. Putzig, süß und gewitzt bringt er uns immer ein Lächeln auf die Lippen, das umgehend erstarrt, weil wir mit seinem Erscheinen wissen: „Zwischen hier und unserem Ziel fehlen die Gleise". Das kann man auch mit der Biodiversität machen: das Käferlein „Karl" als „Idée fixe" für sich im Stadtraum wiederholende Biodiversitätsprojekte. Aber auch Piktogramme sind ein absoluter Hit. Die Eidechsenpiktogramme der Deutschen Bahn an den Lärmschutzwänden zeigen uns ohne Worte, dass hier Querungshilfen für Eidechsen geschaffen wurden. AnimalAidedDesign wortlos erklärt. Sagenhaft.

Auf meinem Weg durch Europa begegneten mir schon viele Schilder. Ich habe hier einige herausgesucht, die es sich zu besprechen lohnt.

Das Schild der „Bunten Wiese Tübingen". Die Anzahl der Logos vermittelt auf den ersten Blick Glaubwürdigkeit. „Wer so viele Unterstützer hat, der macht bestimmt alles richtig". Der Satz „Dies ist eine bunte Wiese!" wirkt vor allem im Winter herausfordernd und provozierend. Daher wird er mit dem Folgesatz „Vielleicht blüht sie ja gerade." entschärft. So erspart man sich jede Menge kritischer Mails und Eddingkommentare. Die Auswahl der Bilder muss so gestaltet sein, dass die Arten wirklich in der Region vorkommen. Um sich auch hier vor belehrenden Mails zu bewahren, sollten Sie bei der Bildauswahl immer einen Plausicheck durchführen. Die Graffitihemmfolie reduziert die Verschmutzung durch Beschrifter. Außerdem sollte man solche Schilder stets mit einer Mischung aus Kreuzschlitz- und Torx-Schrauben befestigen. Der Durchschnittsvandale führt nur einen Schraubenzieher mit sich.

Ungeahnte Kräfte können durch Vandalismus ausgeübt werden. Selbst dicke Alu-Dibondtafeln werden mit der Kraft des Übermuts wie ein Stück Plätzchenteig ausgestanzt.

Wenig Text, aber volle Wirkung. Insekten im Siedlungsraum sind das Ziel dieser Fläche. Es handelt sich also nicht um eine Sparmaßnahme oder Faulheit, sondern um ein gezieltes Projekt.

Spricht ohne Worte. Es geht um Insekten. Vergleichbar gut wirken Piktogramme, welche auf den Weg gesprayt werden.

Eine wunderbare Blumenwiese ist hier vor der Stadthalle entstanden. Das Schild beschreibt diese Tatsache und bittet um Sensibilität. Aber: Was um Himmels willen ist das für ein Hintergrundbild? Cosmea und Ringelblume aus Omas Bauerngarten sind doch keine Wildblumenwiese. Hier werden optische Ansprüche erweckt, die eine heimische Wildblumenwiese nie und nimmer erfüllen kann. Eine Katastrophe. Die Bauerngartenromantik des Bildes legt die Messlatte unerreichbar hoch und macht die super Wiese zum Verlierer.

Stimmt genau. Einfach und passend.

Wunderbar gestaltet und auf einer Holztafel. Schick gemacht. Viele Infos, die vielleicht gar nicht so viele lesen. Derartige Schilder sind toll, selektieren aber die Zielgruppe. Die coole Jugendgang wird hier nicht verweilen, der Bildungsbürger jedoch schon.

Verzinkte Rohre. Was das kostet? Hält ewig und kann bei schlechter und unregelmäßiger Werbung über Jahre als Plattform für Aufkleber der Subkultur dienen.

Nettes Schild. Aber warum ein Ackerwildkraut und eine Honigbiene auf einer Wiese? Das ist so, als würde man in einem Autohaus ein Cabrio als Kombi beschildern. Glaubwürdigkeit muss man durch Fachkompetenz verdienen.

Frankreich besticht durch eine sehr muntere Grafik. Die Bildsprache unterscheidet sich merklich von Deutschland. Man nimmt sich nicht so ernst und doch ist das, was man zeigt, mehr als gerechtfertigt. Lediglich den costa-ricanischen rotäugigen Laubfrosch würde ich mir sparen. Er verzerrt das Bild und sorgt für unnötigen Mailverkehr.

Man darf sich auch mal feiern. Hausmeisters Blumenkranz im Wohnquartier und die Azubibaustelle eines Herstellers quadratischer Schokolade.

Während die Karnickelzuchtwiese im Berliner Wohnquartier (**A**) durchaus mit dem wünschenswert flächenhaften Regenwasserrückhalt in den voluminösen Bauten (Makroporen) begründet werden kann, kann es auch durchaus vorkommen, dass Schilder (**B**) ihre Wirkung gänzlich verfehlen. Die Veränderung des Standorts des Schilds ist Teil einer agilen Kommunikation und der Prävention von hämischen Kommentaren (**B** und **C**).
Bei aller Knausrigkeit wäre es wünschenswert, wenn die wertvollen Dienstleistungen der regionalen Schäferin durch eine professionelle Schildspende gewürdigt werden würde (**D**).

Mustergültig und in einer besonderen Optik zeigt das King‘s College in Cambridge, dass Maßnahmen zur Steigerung der Biodiversität laufen. Mit Hilfe des QR-Codes sind zusätzliche Informationen abrufbar.

Plakate ermöglichen es, sehr schnell zu reagieren. Sie erfordern aber auch gutes Personal, welches neben ansprechenden Aushängen insbesondere auch auf die Aktualität der Informationsmittel achtet. Schilder mit Personen neigen dazu zu veralten. Zwar ist der historische Wert recht hoch, dennoch wirken veraltete Automodelle und die Mode vergangener Tage auf Schildern und Flyern recht schnell unpassend und mindern den Wert der Darstellung unverhältnismäßig stark.

Selbst die schönsten Tafeln mit möglicherweise stimmigem Inhalt werden unglaubwürdig, wenn man ein „biodiversitätsschädliches Kreiselmähwerk“ als „Mähbalken“ verkauft. Stimmt dann der Rest? Kann ich diesem Schild glauben?

Amüsant und sehr liebevoll empfand ich dieses Schild in England. Hier wird darauf hingewiesen, dass Mäuschen sehr gerne auf Altgraswiesen leben. Nun sind Mäuse weit weniger gern gesehen als die Biene Maja. Daher ist diese Form der Ehrlichkeit sehr löblich, wobei zugleich unerwartete Reaktionen auftreten können.

Betrachten wir den Bericht von HEINZ RANGNOW auf Seite 102, so müssten wir beim Schutz von biodiversen Grünflächen schon längst von Reptilien und Amphibien sprechen. Doch wer würde sich je trauen, ein kommunales Grünflächenkonzept zur Förderung von Schlangen aufzulegen? Schmetterlingswiesen klingen da doch viel sympathischer – und schon derartige Projekte haben es nicht leicht.

# Der „14-Punkte-Plan zur integrativen Biodiversitätsförderung für Kommunen“: Ein Plan, der alles berücksichtigt

Akzeptanz muss man sich verdienen: Akzeptabilität kann man schaffen. Wichtig ist, dass wir Akzeptanz nicht direkt beeinflussen können. Wir können aber bei allen Projekten dafür sorgen, dass die Akzeptabilität, die Akzeptierbarkeit oder Annehmbarkeit hoch ist. Wenn wir mit den verschiedenen Tools der Akzeptanzsteigerung arbeiten, dann ist die Wahrscheinlichkeit hoch, dass eine veränderte Grünraumnutzung funktioniert. Der „14-Punkte-Plan zur integrativen Biodiversitätsförderung für Kommunen“ bietet 14 greifbare Aspekte, die es wert sind, berücksichtigt zu werden.

Außerdem glaube ich, dass wir über die Ästhetik, die Schönheit und Gestaltung viel erreichen können. Sie zähle ich zu den indirekten Wegen für mehr Akzeptierbarkeit. Naturschutzprojekte und Biodiversitätsmaßnahmen sollten nicht immer nur an den nächsten Flyer oder das nächste Schild denken. Es gibt auch andere Wege der positiven Kommunikation. Schauen wir uns alte Parks an, so haben die Werke von Lenné, Barth, Pückler auch fast 200 Jahre nach ihrer Entstehung viel mehr Charme und Würde als all das, was uns die meisten zeitgenössischen Planer mit Sichtbeton und weißem Schotter bieten.

Eine erfolgreiche und umfängliche Beratung umfasst demnach 14 wesentliche Punkte, die die Ziele der Maßnahme definieren und messbare Parameter schafft:

1. naturschutzfachliche Optimierung,
2. botanische Optimierung,
3. zoologische Optimierung,
4. Optimierung der vom Menschen nutzbaren Artenvielfalt,
5. Verbesserung der Ökosystemleistungen,
6. Optimierung der Akzeptanz,
7. Optimierung der Ästhetik,
8. finanzielle Optimierung,
9. optimale Nutzung der anfallenden Rohstoffe,
10. Optimierung in öffentlichkeitswirksamer Sicht,
11. touristische Optimierung,
12. energetische Optimierung,
13. praktische Anwendbarkeit,
14. anwenderorientiertes Handeln.

Die Möblierung mit Sitzgelegenheiten bietet die Möglichkeit, Naturerfahrung und Genuss voll auszukosten. Hier wird die Kuh im Siedlungsraum zur Regenerationsquelle und zum Ausflugsziel für Jung und Alt.

Drehbare Bänke ermöglichen die Wahl des Beobachtungswinkels. Hier: ein Teich, eine urbane Weide, ein Radweg oder doch der Bachlauf?

# Projektbegleitung

## Das Projekt mit Leben füllen: Nutz und Schutz für alle

Projekte wollen belebt werden. Nur dann überleben sie den Wechsel von Personal und menschlichem Engagement. Das Ziel sollte daher immer sein, dass personenunabhängig derart wichtige Strukturwandel verstetigt werden. Durch verschiedene Bausteine, Aktionen und Mitmachaktivitäten kann man dazu beitragen, dass ein Projekt lebendig wird.

### Mauerblümchen und Ritzenrebellen

Ein in Frankreich weit verbreitetes Ausstellungskonzept mit dem Namen „Sauvages des rues: Belles et rebelles" hebt die in Mauerritzen, Pflasterfugen und anderen Extremstandorten sprießende Spontanvegetation hervor und betont deren Wichtigkeit als Tankstellen und Rastplätze für Insekten auf dem Weg von einer Fläche auf die andere. Durch Tafeln und Plakate (Lkw-Plane) werden die besonderen Eigenschaften dieser Pflanzen hervorgehoben und auf deren Besonderheiten hingewiesen. Dadurch wird den Pflanzen, die an unerwarteten und unüblichen Orten sprießen, Stärke zugesprochen und den Menschen, die diese Stellen weder jäten noch spritzen, Lob zugesprochen. Ein wichtiger Beitrag für mehr Biodiversität, für eine vernetzte Landschaft und gegen einen oftmals extremen Sauberkeitswahn in den Ländern mit einer offiziellen Amtssprache aus der germanischen Sprachfamilie.

Der BUND Reutlingen nutzte diese Vorlage und veranstaltete einen Online-Fotowettbewerb mit dem hübschen Titel „Mauerblümchen und Ritzenrebellen". Öffentlichkeitswirksam und lehrreich.

### Krautschau

Unter dem Hashtag (#) #Krautschau wurde in den letzten Jahren eine sehr schöne Aktivität publik. Durch verschiedene Akteure (Private, aber auch Mitarbeitende des Bauhofs oder der Gärtnerei) wurden besondere Pflanzen an besonderen Standorten mit Kreide beschriftet. So steht neben einer in einer Mauerfuge wachsenden Wegwarte nun temporär der Begriff „Wegwarte: *Cichorium intybus* #Krautschau". Das sorgt für Aufmerksamkeit, ist sympathisch, unaufdringlich und schafft einen enormen Beitrag bei der Umweltbildung.

Die Idee der #Krautschau ist genial und einfach. Durch das Zeichen # wird der Begriff in sozialen Netzwerken und den üblichen Suchmaschinen gezielt suchbar und vergleichbare Beiträge lassen sich schnell finden, teilen, vernetzen und liken. So entstehen unter Umständen sogar noch neue Kontakte und Beziehungen zu anderen Aktiven.

### Studentische Initiative „Bunte Wiese"

Zu Beginn der Dekade der Biologischen Vielfalt, im Jahr 2010, gründete sich in der Universitätsstadt Tübingen (Baden-Württemberg) eine Initiative zur Verbesserung der biologischen Vielfalt auf innerstädtischen Grünflächen. Sie besteht aus Studierenden und Mitarbeitenden der Universität sowie weiteren Interessierten. Die Initiative „Bunte Wiese" engagiert sich als Mini-NGO (NGO = Nicht-Regierungs-Organisation), das heißt als loser Zusammenschluss engagierter Menschen, die sich auf regionaler Ebene für den urbanen Naturschutz einsetzen und diese Idee auch im überregionalen Raum bekannt machen (hier erlernen vor allem Studierende die grundlegenden Arbeitsmethoden eines überregional agierenden Naturschutzverbandes am Beispiel eines kleinräumigen Projektes, welches das Potenzial zur überregionalen Anwendung hat und daher auch an anderen Standorten etabliert werden kann).

Das Kernanliegen dieser Initiative ist das Infragestellen von Rasen. Die Initiative „Bunte Wiese" versucht, durch Verhandlungen, Kooperationen, Öffentlichkeitsarbeit und Maßnahmen vor Ort die innerstädtischen Grünflächen naturschutzfachlich aufzuwerten und diese von artenarmen Stadtrasen zu vielfältigen, naturnahen und artenreichen Wiesen umzugestalten. Die räumliche Nähe und die fachliche Rückendeckung durch Arbeitsgruppen der Universität ermöglichte der Initiative die wissenschaftliche Begleitung solcher Projekte. So konnten in den vergangenen Jahren ökologische Studien zur Wirksamkeit der von der Initiative geforderten und umgesetzten Maßnahmen durchgeführt werden.

Malerisch steht er da. Wer? Der Spitzwegerich. Zwar ist sein Vorhandensein allein bereits ein Grund ihn zu respektieren, der Name aber gibt uns ein weiteres Argument ihn zu schützen.

www.buntewiese-tuebingen.de.

www.buntewiese-stuttgart.de.

Die Ergebnisse dieser wissenschaftlichen Arbeiten, welche bereits beschrieben wurden und die Grundlage für dieses Buch bilden, führten zu einer breiten Resonanz. Bereits in einer Zeit, in der das Insektensterben noch nicht in aller Munde war, konnte die Initiative „Bunte Wiese“ renommierte Preise gewinnen. Betrachtet man die Entwicklung der nachhaltigen Grünflächenprojekte, so kann man sagen, dass die „Bunte Wiese Tübingen“ eine der führenden Wegbereiterinnen für diese gegenwärtige Aktionswelle ist.

Seither haben sich an verschiedenen anderen Hochschulen Gruppierungen gegründet, die etwas gegen den Verlust der biologischen Vielfalt in den Universitätsstädten tun wollen. Diese sind zum Teil auf den beiden nebenstehenden Homepages verlinkt und im Netzwerk Hochschulinitiativen für Biodiversität (HIB) engagiert.

### Stuttgarter Sensenschwinger

Die Stuttgarter Sensenschwinger treffen sich morgens zum gemeinsamen Sensen. So werden Stück für Stück die Flächen der Mitglieder gemäht. Als zusammenschweißendes Element gibt es danach immer ein leckeres Frühstück.

### Heuseminare in Kernen

In Kernen im Remstal werden Bürgerinnen und Bürger zu Heuprofis ausgebildet. Wer das Zertifikat hat, darf sein Wiesenschnittgut auf den kommunalen Heusammelplatz bringen. Dort entscheidet die kommunale Schäferin, ob das Heu als Winterfutter für ihre Tiere in Betracht kommt.

### Citizen Science: Was fliegt und blüht denn da?

Verschiedene Apps und Aktionen – Ideen dazu, sich auch ohne große Gruppe zu engagieren. Mit der APP naturgucker oder dem NABU-Insektensommer können auch Individualisten und Einzelkämpfer aktiv werden.

Die Anzahl der Aktivitäten ist riesig. Ständig kommen neue dazu und alte verschwinden. Diese Dynamik liegt in der Natur der Sache. Es lohnt sich aber immer, Ideen zu speichern und Flyer aufzuheben, denn man muss nicht jedes Rad einhundertmal neu erfinden.

### Labelling und Zertifizierung

Manchmal ist es wichtig, dass eine externe Stelle von außen auf das Projekt schaut und das eigene Engagement würdigt. Zu diesem Zweck gibt es Preisausschreiben und Zertifizierungen. Es lohnt sich Preise und Förderungen zu gewinnen, um damit werben zu können. Außerdem merkt man durch diese Außenwirkung, dass man nicht allein ist und kann im besten Fall sogar von dem entstehenden Netzwerk profitieren.

# Kommbio – Vom lokalen Engagement zum erfolgreichen bundesweiten Netzwerk

UWE MESSER und ROBERT SPRETER

Naturschutz ist nur erfolgreich, wenn er lokal umgesetzt wird. Diese Sichtweise hat sich spätestens seit der UN-Konferenz in Rio 1990 immer weiter gefestigt. Positive Aktivitäten in einer Stadt können sich durch den Austausch im Optimalfall bundesweit im Schneeballeffekt verbreiten. Der Effekt wird umso größer, umso besser sich die aktiven Personen kennen. Dafür braucht es eine langfristig angelegte Organisation, die nicht von befristeter Projektförderung abhängig ist.

2008 gab es dazu eine Gelegenheit: Die Bundesregierung verfasste eine nationale Biodiversitätsstrategie und benannte darin die Kommunen als wichtige Akteure zur Umsetzung, die unterstützt werden sollten. Vor diesem Hintergrund wurde 2010 vom Bundesamt für Naturschutz ein Dialogforum durchgeführt, dass die Kommunen für die Ziele der nationalen Biodiversitätsstrategie gewinnen sollte. Beauftragt mit der Durchführung wurde die Deutsche Umwelthilfe.

Auf dem Dialogforum „Biologische Vielfalt in Kommunen" diskutierten rund 50 Vertreterinnen und Vertreter aus mehr als 30 Kommunen sowie der Deutsche Städtetag und der Deutsche Städte- und Gemeindebund über die Umsetzung der Nationalen Strategie zur Biologischen Vielfalt. Im Ergebnis des Dialogforums wurde gemeinsam die Deklaration „Biologische Vielfalt in Kommunen" erarbeitet, die innerhalb eines Jahres von über 200 Kommunen unterzeichnet wurde. Darin wurde die Gründung eines Bündnisses gefordert.

Durch diesen Erfolg konnte ein gefördertes Projekt beim Bundesamt für Naturschutz eingeworben werden. Gemeinsam mit Vertreterinnen und Vertretern aus Kommunen und in Abstimmung mit den kommunalen Spitzenverbänden wurden die Grundlagen für den Verein geschaffen, die Satzung entworfen etc. Es sollte ein eigenständiger, von Kommunen getragener Verein gegründet werden. Als Ziele und Aufgaben wurden Informationsaustausch, politische Lobbyarbeit, Öffentlichkeitsarbeit und gemeinsame Projekte zur Umsetzung gesehen.

Die Gründung des Bündnisses erfolgte am 1. Februar 2012 in Frankfurt am Main. Unter den über 250 Teilnehmenden im Senckenberg Naturmuseum entschlossen sich 60 Städte und Gemeinden Gründungsmitglied zu werden.

Nach dem jetzigen Stand zum 31.03.2025 hat Kommbio 425 Mitglieder. Es ist eine Gemeinschaft entstanden, in der man sich kennt und offen miteinander spricht. Denn häufig werden bei Erfahrungsberichten die Misserfolge nicht genannt, wobei gerade diese am interessantesten bzw. hilfreichsten sind. In den vom Bündnis angebotenen Online-Workshops wird diese Problematik aufgegriffen: Eine Kommune berichtet über ihre Erfahrungen, die Geschäftsstelle moderiert und trägt Erfahrungen aus dem Netzwerk bei, die teilnehmenden Mitglieder bringen wiederum ihre eigenen Erfahrungen in die Diskussion ein.

Die Homepage (www.kommbio.de) ist zum zentralen Informationspool für biologische Vielfalt in Städten, Gemeinden und Landkreisen geworden. Praxisbeispiele, Fachdokumente, aktuelle Veranstaltungen und vor allem eine umfangreiche Förderdatenbank sind eine große Hilfe für viele Kommunen.

Das Bündnis wird heute von vielen Bundeseinrichtungen eingebunden, wenn überlegt wird, wie Kommunen unterstützt werden können. Kommbio ist heute laufend in lokalen Medien und Fachzeitschriften vertreten. Somit trägt der Verein zur Akzeptanz und Vermittlung der Themen rund um die biologische Vielfalt in Kommunen bei.

> „Durch die Vernetzung mit Kolleg*innen aus anderen Kommunen, die engagiert ähnliche Ziele verfolgen, und die zahlreichen Möglichkeiten zum aktiven fachlichen Austausch entsteht oft eine beflügelnde Dynamik. Das ist für uns bei der Konzeption und der Umsetzung von Projekten zum Erhalt und der Förderung der Biodiversität sehr wichtig."
>
> **Aus einem persönlichen Gespräch mit Yvonne Richter, der Leiterin des Umweltreferates der Stadt Kronberg im Taunus (2024)**

Seit 2024 erhält der Verein „Kommunen für biologische Vielfalt" eine institutionelle Förderung des Bundes und kann dadurch das Angebot für seine Mitglieder deutlich erweitern.

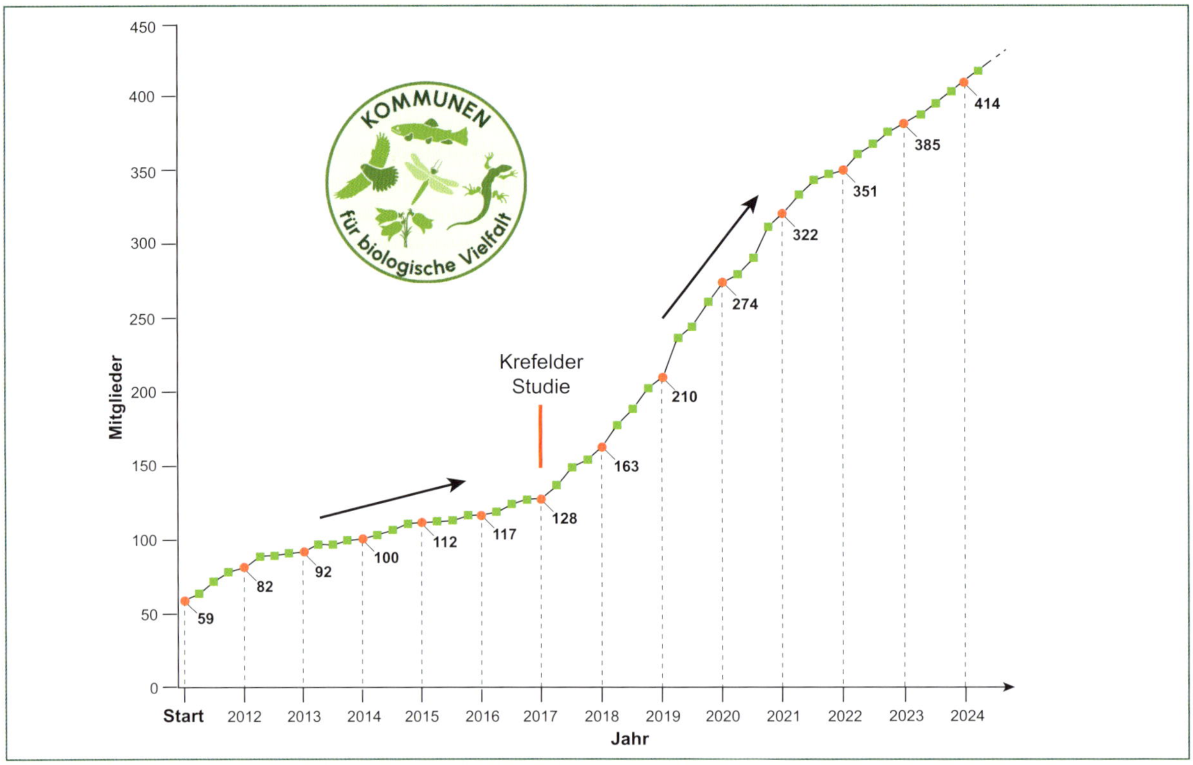


Mitgliederentwicklung seit Beginn der Gründung (nach Angaben von Kommbio e. V.). Durch die Krefelder Studie (siehe Markierung) nahm die Zahl der Neumitgliedschaften stark zu. Die Steigung der Pfeile zeigt die Entwicklung der Geschwindigkeit des Mitgliederzuwachses.

## Ein bundesweites Label „StadtGrün naturnah"

Das Bündnis regt auch immer wieder Themen für Projekte an. So förderte das Bundesamt für Naturschutz (BfN) mit Mitteln des Bundesministeriums für Umwelt, Naturschutz, nukleare Sicherheit und Verbraucherschutz (BMUV) im Bundesprogramm „Biologische Vielfalt" das Projekt „Stadtgrün – Artenreich und Vielfältig" (2016 bis 2021). In diesem wurde das bundesweite Label „StadtGrün naturnah" durch fünf Pilotkommunen entwickelt und an weiteren 44 Gemeinden und Städten in Deutschland praxisnah getestet. Während des einjährigen Labelprozesses wird eine Bestandserfassung in den drei Bereichen Grünflächenunterhaltung, Interaktionen mit Bürgerinnen und Bürgern und Zielsetzung und Planung von der Kommune erarbeitet. Ebenso muss eine lokale Arbeitsgruppe (LAG) zusammengestellt werden, in der mindestens eine Person einer örtlichen Naturschutzorganisation vertreten sein muss. Die LAG besteht aus einer Gruppe aus Fachleuten und Interessierten, die beratend beim Labelprozess die Kommune unterstützt. Die teilnehmenden Kommunen werden nach der Einreichung der Bestandserfassung vor Ort besucht. Dort werden nicht nur mit der Verwaltung die Bestandserfassung durchgesprochen und offene Fragen geklärt, sondern es wird sich mit der lokalen Arbeitsgruppe (LAG) getroffen und auf einer Exkursion werden verschiedene Grünflächen angesehen.

## Artenschutz und Klimaschutz miteinander verbinden

Ziel des Labels ist die Umsetzung und Etablierung eines naturnahen Grünflächenmanagements, die Akzeptanzbildung innerhalb der Bürgerschaft und in der Verwaltung sowie den politischen Entscheidungsträgern. Die Teilnahme am Label unterstützt die Kommune ihre Grünflächen ökologisch aufzuwerten, das Engagement sichtbar zu machen, von anderen Kommunen zu lernen und natürlich auch das Image der Stadt zu erhöhen, denn ein attraktives und insektenfreundliches Stadtgrün trägt zur Biodiversität und Artenvielfalt bei und fördert nebenbei den Gemeinschaftssinn, stiftet Identität und wiederbelegt die Innenstädte. Dass dabei auch der Klimaschutz Anwendung findet, liegt auf der Hand. Artenschutz und Klimaschutz sind eng miteinander verbunden und schließen sich keineswegs aus.

## Regelmäßiger Austausch und gemeinsam Lösungen finden

Abschließend nach der Bestandserfassung muss eine Maßnahmenplanung erstellt werden, die aus der Bestandserfassung resultiert und zur Beurteilung dem Bündnis eingereicht werden muss. Die Verleihung des Labels, welches in den drei Stufen Bronze, Silber und Gold verliehen wird, findet jährlich innerhalb eines Vernetzungstreffens statt, welches exklusiv für die Labelkommunen veranstaltet wird. Auch hierbei ist die Idee des Bündnisses, eines Austausches zwischen den Mitgliedern, zentrales Anliegen. Es gibt Fachvorträge aus den Labelkommunen und es wird gemeinsam nach Lösungen für Probleme gesucht. Bisher haben 70 Kommunen erfolgreich teilgenommen.

Seit Projektende im Herbst 2021 wird das Label durch das Bündnis „Kommunen für biologische Vielfalt“ weitergeführt. Ende 2025 werden 81 teilgenommen haben und 39 werden sich nach drei Jahren rezertifiziert haben. Die Kommunen, die sich rezertifizieren ließen, konnten sich meist während der Labellaufzeit verbessern und beispielsweise ihre Pflege und Gestaltung naturnaher und extensiver umsetzen, da entsprechende Mähgeräte angeschafft werden konnten, die Mitarbeitenden sensibler auf das Thema Natur und Umwelt reagierten oder die Bürgerschaft das Thema mehr einforderte.

leben.natur.vielfalt
das Bundesprogramm

Abschlussbroschüre „Praktische Umsetzungen für mehr Natur in der Stadt“ (2021).

Gruppenbild der Labelauszeichnung 2024. Das durch die Auszeichnung entstehende Gemeinschaftsgefühl gibt den Engagierten in den jeweiligen Kommunen Rückenwind und Durchsetzungskraft bei der Weiterentwicklung des Projektes entlang des Maßnahmeplanes für die Rezertifizierung.

# Schulung und Teambildung

Teil einer jeden Beratung muss das Empfehlen von Schulungen unterschiedlicher Zielgruppen sein.

## Bauhofschulungen: Die Ermächtigung derer, die es können

Der vorangehende Beitrag zeigt eindeutig, dass eine reine Bauhofschulung nicht ausreicht. Vorträge, Einzelschulungen, Dauerschulungen, Fortbildungen und Kommunikationselemente sind wichtig, damit das Thema auf der Tagesordnung bleibt. Dazu sollte man aber nicht in das Fahrwasser der trögen Brandschutzbelehrungen geraten. Biodiversität ist sehr viel lustvoller als das Vortragen von Fluchtwegeplänen und die Unterweisung in Feuerlöschertypen.

Und auch, wenn das nun alles schon viel ist und nach einem großen Aufwand klingt: Die Realität ist dann nochmals anders. Denn die Umsetzung der verschiedenen Ebenen, das Anwenden des Neuen und das Erhalten dieser Ideen ist eine enorme Herausforderung. Wie festigt man die Tatsache, dass nach Erdarbeiten andere Substrate und Saatgutmischungen Standard werden? Wie finden diese Neuerungen in Ausschreibungstexten das nötige Gehör und wie werden sie dort verstetigt? Wie werden Pflanzlisten und Empfehlungen angepasst? Wer sorgt für das angepasste Leistungsverzeichnis und wie agil ist die Auftragskette, wenn es gilt, Schaden zu vermeiden? Blüht es gerade wundervoll und doch naht der Mahdtermin? Hat ein Starkregen mit Hagel alles verwüstet und der Unrat quillt aus der Wiese? Wer reagiert wie, wer agiert wann? All das erfordert agile Systeme: Vorortkräfte mit Entscheidungsfreiheit, Bauhofleiter mit Mut und Weitblick, Planungsstäbe mit dem Blick für Details, die nicht nur Textbausteine kopieren, sondern auch ins kalte Wasser springen und Vorlagen anpassen, neu erstellen und Erfolg und Misserfolg beobachten – und intervenieren.

Damit wir hier noch die Kurve bekommen: Eine Bauhofschulung ist vielfältig. Es reicht hier nicht aus, über „Wildbienen" zu plaudern und zu erzählen, dass es bienenfreundliche Pflanzen gibt und davon zu berichten, wie diese heißen und aussehen. Das Orchideenwissen eines Botanikers ist wichtig, aber es reicht nicht aus. Es ist ein Baustein der Schulung, aber keinesfalls das ganze Schulungsgebäude.

Eine Bauhofschulung erfordert Praxiskompetenz und handfestes Profiwissen. Was ist denn ein Balkenmäher, was dreht sich beim Rotationsmähwerk? Was ist eine Dreipunktaufhängung und warum kann die Schwimmstellung der Hydraulik eine sensible Mahd zwar unterstützen, warum spielt das manuelle Anheben der Mähmaschine aber eine große Rolle und erfordert den geschulten Blick?

Warum sind Wiesen gut, auch wenn sie nicht bunt blühen? Was sind die Aspekte des Abräumens und wie fördern wir die Blütenvielfalt durch gezieltes Zupflanzen von Arten?

## Mitarbeiterschulungen: Damit am Telefon Kompetenz sitzt

Die Erfahrung zeigt, dass bei den zuständigen Stellen oft kein professionelles Kundenmanagement eingerichtet ist. Anrufe und E-Mails aus der Bevölkerung sind nicht grundlegend böse, kritisch oder stellen sofort ein ganzes Konzept infrage. Anfragen müssen professionell bearbeitet werden.

Wer wird kontaktiert: Das Bürgerbüro? Der Bürgermeister? Die Räte? Das zuständige Amt?

Welche Antworten sind vorbereitet?

Ist es ein wirklicher Notfall oder ein triftiger Grund für eine Beanstandung, die unmittelbar eine Handlung auslöst? Oder handelt es sich um eine Kritik, die persönlichem Empfinden geschuldet ist und an einem offiziellen Konzept oder Handlungsmuster der Kommune geübt wird?

Gibt es auf der Homepage eine Erklärung zum Konzept? Werden die FAQs bereits dadurch gelöst, dass man auf die passende Seite oder Mitteilung im Netz hinweist?

Die Antwortstruktur und die Bearbeitungskaskade sind im Vorfeld zu erarbeiten. Nicht jede kritische Mail, die den Bürgermeister erreicht, löst unmittelbar eine Reaktion aus. Konzepte sind dafür gemacht, dass man sie argumentativ trägt.

Derzeit ist es leider noch oft so, dass eine Anfrage ungeprüft als kritisch eingestuft wird und dann eine Aktionskaskade ausgelöst wird, an deren Ende immer eine Maschine (meist der Rasenmäher) steht. Das ist falsch. Nicht jede Anfrage darf automatisch die Mähmaschine auslösen. Dabei sind die Gründe für das übermotivierte Handeln oft gar nicht der kritisierte Zustand, sondern die nun endlich zu befriedigende „Lust des Mähens", die „Lust des Maschinenverwendens", die „Lust des Ohrschutztragens, um den Chef nicht zu hören". Selten ist es die „Angst", abgewählt zu werden.

Alle Stellen in einer Kommune müssen wissen, wie man antwortet. Biodiversität ist eine Notwendigkeit. Der Schutz der Biodiversität ist eine von den Bürgerinnen und Bürgern geforderte Pflicht. Biodiversität ist Lebensgrundlage und sie muss argumentativ eingebettet sein und nicht durch wenige – zugegeben teils unangenehme und penetrante – Kritiker stets infrage gestellt werden.

Es ist verständlich, dass man im Arbeitsalltag Druck weitergibt. Aber dieser Druck darf nicht immer beim „letzten Glied der Kette" enden. Das, was wir hier als „letztes Glied der Kette" bezeichnen, das sind die Mitarbeitenden, die wirklich Biodiversitätskompetenz haben können. Die Menschen, die den Finger am Gashahn der Mähmaschinen haben, entscheiden über Leben und Tod unserer heimischen Vielfalt. Sie sehen jeden Tag die Igelfamilien, die Vögel, die Blumen. Sie müssen von den vorgeschalteten Instanzen geschützt werden, damit sie nicht tagein, tagaus – oft wider Willen und wider Wissen – Biodiversität auslöschen müssen, weil die vorgeschalteten Instanzen den Druck nicht argumentativ verteidigen und dem Projekt so zum Erfolg verhelfen.

## Bevölkerungsteilhabe: Wo wir die Natur schützen, leben Menschen

Am Beispiel von Gersthofen erprobten wir ein neues Format zur Bürgerbeteiligung. Zwei- bis dreimal im Jahr lud die Stadtverwaltung zum „Runden Tisch Biodiversität" ein. Bewusst war diese Veranstaltung zunächst keine offene Runde, sondern ein exklusives Treffen derer, die sich in den letzten Jahren für diese Themen aktiv eingesetzt hatten. Der völligen Öffnung dieser Runde stand die Kernidee entgegen. Wir wollten bewusst das Schulterklopfen fördern und nicht das Lamentieren. Extrem gesagt, ist der „Runde Tisch Biodiversität" eine Leistungsschau des biodiversen Handelns. Was hatten die einzelnen Akteure erreicht? Die Naturfreunde präsentierten ihre Freizeitanlage, ein Hobbyimker integrierte sein Wissen über einen Bürgerantrag in den Stadtpark und gewann so eine bundesweite Auszeichnung. Lehrerinnen und Lehrer bekundeten ihren Wunsch nach Schulgärten und suchten Unterstützung. Jahrzehntelange Naturschutzaktivisten machten auf ihr Lebenswerk aufmerksam und werden nun zu gesonderten Gesprächen eingeladen. Die Treffen fanden digital, im Saal und auch als Freiluftveranstaltung statt, wobei ein Querschnitt der Gersthofer Projekte abgeradelt und besichtigt wurde.

Ziel ist es, dass der „Runde Tisch Biodiversität" vollständig geöffnet und die Organisation weitgehend eigenverantwortlich vom Runden Tisch aus organisiert wird, wobei die Stadtverwaltung durchaus mit Infrastruktur stützend zur Seite steht.

## Dauerschulungen: Ein steter Tropfen trägt Blüten

Anfangs wurden alle Maßnahmen in wöchentlichen Onlinemeetings besprochen und reflektiert. Um die Selbstständigkeit zu fördern und die Abhängigkeit von der externen Beratung zu reduzieren, wurden Verantwortungsfelder vergeben und definiert. Arbeitsvorgänge werden stets daraufhin geprüft, dass die Entwicklung nicht von Einzelpersonen abhängt, sondern dass die Abläufe, Ziele und Standards von verschiedenen Menschen beherzigt werden. So können personelle Wechsel und Krankheiten leichter verkraftet werden und weniger Wissen geht verloren. Resiliente Systeme sind essenziell.

## Selbstständig erhalten: Die Königsdisziplin

Wir sprachen von den ersten Schritten, der Kür und den begleitenden Maßnahmen. Die Königsdisziplin aber fängt da an, wo der Beratungsvertrag endet. Wie schafft es die Kommune agil zu bleiben und das

Thema Biodiversität auf dem Schreibtisch zu behalten? Klappt das nachhaltig? Lohnt sich ein jährliches Audit? Braucht es einen unabhängigen Biodiversitätsprüfer? Optimisten würden sagen „Die Zukunft wird es zeigen und es klappt bestimmt". Realisten gehen über die Bücher: 100 Jahre Naturschutz und fast alle Kurven im freien Fall. Tausende Flyer, wertvolle Bücher und brillante Ideen aus den 1980er- und 1990er-Jahren blieben nahezu wirkungslos und wurden wieder vergessen. Natur erhält sich ohne (Zer-) Störung durch den Menschen von selbst. Naturnahe Konzepte erhalten sich nicht. Wir brauchen ein regelmäßiges Audit, eine externe Instanz zum Wachhalten der Maßnahmen, Dauerschulungen, Verhaltensänderungen und eine Integration der Gedanken, die nicht von Einzelpersonen abhängig ist. Biodiversitätskonzepte müssen so selbstverständlich werden, wie das Wassersparen beim Zähneputzen.

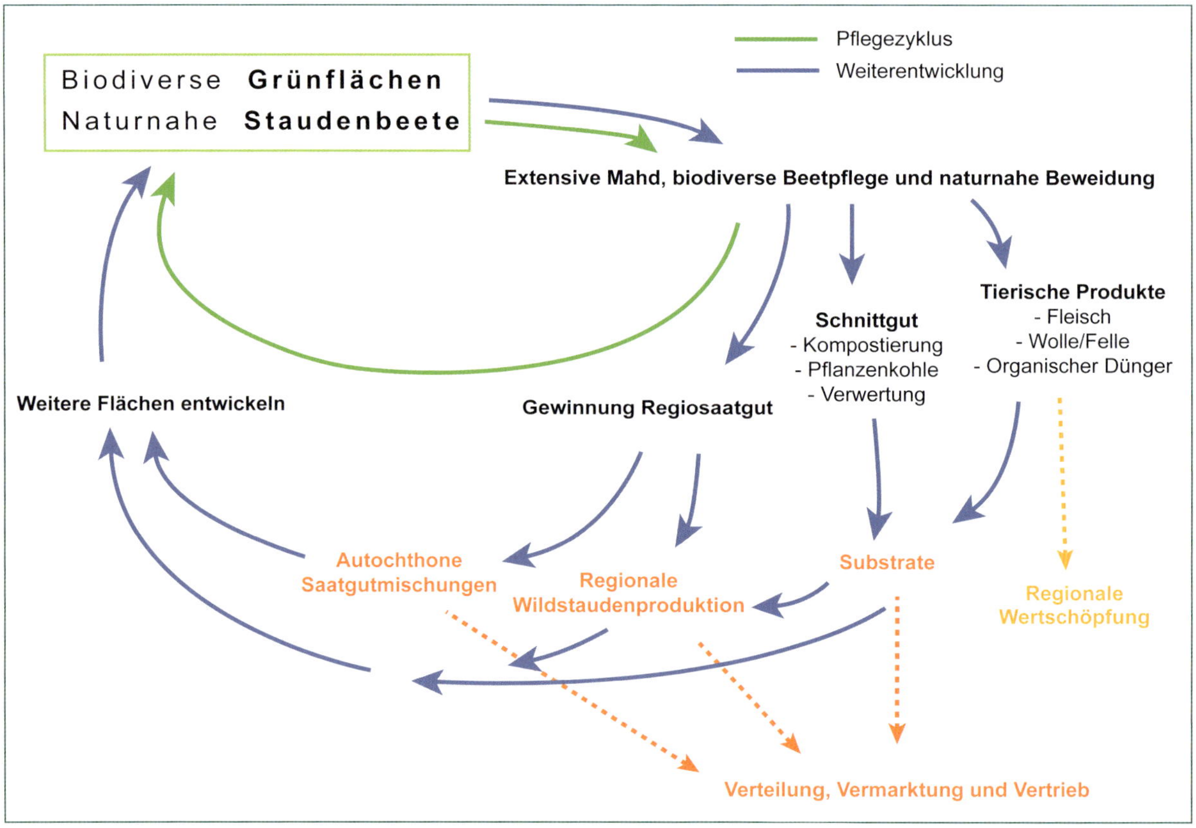


Der Grünflächenpflegezyklus versucht, die gesamten Prozesse der nachhaltigen Grünflächenpflege im Sinne der regionalen Kreislaufwirtschaft zu berücksichtigen. Deutlich zu sehen ist die hohe Wertsteigerung der Aufgaben der Grünflächenverantwortlichen und -pflegenden – eine Wertsteigerung und Wertschätzung dieses Berufszweigs. Es lassen sich Synergien ableiten und Produkte vermarkten, die in diesem Kreislauf entstehen.

# Buntes Treiben in Berlin

JOCHEN FLENKER

Berlin – eine Wüste aus Asphalt und Beton? Von wegen! Mit über 2.500 öffentlichen Grünanlagen, weitläufigen Waldgebieten und zahlreichen Privatgärten gilt die Bundeshauptstadt als eine der grünsten Metropolen Europas – und eine der artenreichsten: Neben fast 3,7 Millionen Menschen leben hier auch rund 20.000 Pflanzen- und Tierarten. So nennen etwa 2.200 Gefäßpflanzen, 300 Wildbienen- und 185 Brutvogelarten Berlin ihr Zuhause.

Diese Artenvielfalt noch weiter zu erhöhen, hat sich der Berliner Bezirk Charlottenburg-Wilmersdorf zum Ziel gemacht. Hier kümmern sich etwa 130 Kolleginnen und Kollegen des Fachbereichs Grünflächen um die Belange des öffentlichen Grüns; die allermeisten von ihnen – rund 100 – sind nicht in der Verwaltung, sondern beispielsweise als Gärtnerinnen und Gärtner direkt mit der Landschaftspflege betraut. Ihr Aufgabenfeld ist groß und umfasst neben Parkanlagen und Grünflächen beispielsweise auch Straßenbäume, Spielplätze, Friedhöfe, Gewässer, Sportplätze und Schulhöfe.

## Großstadtdschungel

Obwohl der Stadtteil in Sachen Grün äußerst viel zu bieten hat – allein der Grunewald nimmt fast die Hälfte und öffentliche Parkanlagen weitere elf Prozent der Bezirksfläche ein –, unterliegen die Grünflächen einem hohen Nutzungsdruck. Schließlich sind sie nicht nur bei den rund 340.000 Einwohnern, sondern auch bei vielen Touristen sehr beliebt.

Neben der Funktionalität der Anlagen für die Besucherinnen und Besucher (Stichwort: Spiel, Sport, Erholung) müssen bei der Gestaltung und Pflege des öffentlichen Grüns auch finanzielle Faktoren (Stichwort: knappe Kassen) sowie ökologische Aspekte (Stichwort: Stadtklima, Wasserhaushalt, Lebensraum für Tiere und Pflanzen) berücksichtigt werden. Der letzte Punkt ist gerade angesichts des fortschreitenden Klimawandels und des rasanten Artensterbens von enormer Bedeutung.

Der Fachbereich Grünflächen des Bezirksamtes Charlottenburg-Wilmersdorf hat sich daher die Erhöhung der Klimaresilienz sowie die Förderung der Biodiversität auf die Fahnen geschrieben. Hierfür wurde gemeinsam mit einem Biodiversitätsberater, mit dem der Fachbereich seit 2021 zusammenarbeitet, und den Kolleginnen und Kollegen vom Umwelt- und Naturschutzamt ein Katalog an Maßnahmen erstellt, von denen wir Ihnen einige im Folgenden vorstellen möchten.

## Wildstauden: Blickfang und Insektenmagnet

Bepflanzte Areale – ob in Parkanlagen, auf Freiflächen oder als Straßenbegleitgrün – bergen enormes Potenzial zur Förderung der biologischen Vielfalt. Besonders heimische Wildstauden sind in diesem Zusammenhang interessant: Sie sind gut an das hiesige Klima angepasst, trotzen Schädlingen und Krankheiten, sind robust und pflegeleicht. Wildbienen, Schwebfliegen, Schmetterlinge und Käfer werden von ihnen angelockt. Und nicht zuletzt bestechen viele auch mit bunten Farben, prachtvollen Blüten und betörendem Duft.

Leider wurden Wildstauden in der Vergangenheit im Stadtgebiet durch zunehmende Bodenversiegelung, weniger naturnahe Beetbepflanzungen sowie vor allem auch durch die starke Ausbreitung invasiver Neophyten weitestgehend zurückgedrängt. Aus diesem Grund haben wir 2022 mit Initialpflanzungen von Wildstauden im Bezirk begonnen. Hierfür wurde in den gewünschten Bereichen die vorhandene Vegetation durch entsprechende Wildstauden ergänzt. Dadurch erhielten diese einen entscheidenden Vorsprung im Konkurrenzkampf mit anderen Pflanzen um Licht, Wasser und Nährstoffe. Einmal etabliert, können sich die Wildstauden nun eigenständig durch Selbstaussaat oder mit Hilfe von Ausläufern ausbreiten und gegen die Übermacht anderer Pflanzenarten behaupten.

Das Besondere dabei: Die verwendeten Pflanzen stammen aus eigener Produktion. Angebaut werden sie seit 2021 in Gewächshäusern und auf Freiflächen der Bezirksgärtnerei Charlottenburg-Wilmersdorf. Der Bezirk ist damit die erste Kommune in Deutschland, welche heimische Wildstauden im großen Stil selbst produziert und verwendet.

Der Anbau der Stauden stellte das Team zu Beginn jedoch vor gewisse Schwierigkeiten. Schließlich bewegten sich die Gärtnerinnen und Gärtner hier auf etwas unbekanntem Terrain: Wie viele der Samen gehen auf? Wie viel Platz brauchen die Einzelpflanzen? Und wie oft müssen sie gegossen werden? Das waren nur einige der Fragen, die sie sich stellten. Denn während Stiefmütterchen, Dahlien und Co. zu ihrer täglichen Arbeit gehören, hatten die Wildstauden teilweise ganz andere Ansprüche. Einige Fachliteratur musste gewälzt und der ein oder andere Versuch unternommen werden, bis der umfangreiche Anbau der Neulinge gut klappte und die Wildstauden im öffentlichen Raum ausgepflanzt werden konnten.

Dieser Erfolg hat dazu geführt, dass der Anbau im folgenden Jahr noch einmal deutlich gesteigert wurde: Startete man 2021 noch mit dem Anbau von rund 20 Arten, waren es im darauffolgenden Jahr bereits 77 (u. a. Echtes Labkraut, Moschusmalve und Ähriger Ehrenpreis). Die Wildstauden werden nicht nur auf Grünflächen und als Straßenbegleitgrün gepflanzt, sondern auch an Vereine, Initiativen, Kitas und Schulen im Bezirk verschenkt. So können wir Stück für Stück dazu beitragen, dass Berlin immer mehr insektenfreundlich aufblüht.

## Nachhaltige Mähkonzepte: Weniger ist mehr

Saftig grün, stets kurzgehalten und vollkommen unkrautfrei – „Englischer Rasen“ gilt weithin als Symbol höchster Gartenkultur. Doch dass diese Form des Zierrasens nicht unbedingt mit einer hohen Artenvielfalt punktet, ist einleuchtend. Deshalb sind wir 2022 dazu übergegangen, bestimmte zusammen mit unserem Biodiversitätsberater ausgesuchte Wiesenflächen seltener zu mähen.

Der Hintergrund: Für gewöhnlich werden städtische Wiesen- und Rasenflächen mehrmals im Jahr gemäht. Doch am artenreichsten sind in der Regel jene Flächen, auf denen nur zwei (mittlere Standorte) bis drei (nährstoffreiche Standorte) Mähgänge durchgeführt werden. Ein erster Mähgang zwischen Ende Mai und Ende Juni drängt die wuchskräftigen Obergräser zurück und schafft das nötige Licht für konkurrenzschwächere Pflanzen. Der zweite Schnitt sollte nicht vor Mitte bis Ende September erfolgen, damit im Laufe des Sommers neue Blüten- und Fruchtstände ausgebildet werden können. Auf sehr nährstoffarmen und wuchsschwachen Standorten kann auch eine einmalige sehr späte Mahd Ende September bis Oktober ausreichen. Ganz aufs Mähen sollte jedoch nicht verzichtet werden, um zu verhindern, dass sich invasive Pflanzenarten zu stark durchsetzen.

Als Folge der großen Mähintervalle nimmt die Pflanzenvielfalt zu, die Nektar- und Pollenproduktion steigt und Insekten finden Nahrung und Schutz. Vögel wiederum freuen sich über die gute Nahrungsgrundlage, die ihnen intakte Grünflächen mit vielen Insekten bieten. Die Zunahme der Artenvielfalt durch verringerte Mähhäufigkeit ist in zahlreichen Studien belegt.

Doch was den Pflanzen und Tieren zugutekommt, kann leicht für Unverständnis bei der Stadtbevölkerung sorgen. Um nicht den Eindruck zu erwecken, wir hätten vergessen zu mähen, kürzen wir daher den Pflanzenbewuchs regelmäßig rund um die Wiesenflächen auf einer Breite von einem Meter ein. Das sieht ordentlicher aus, erleichtert das Einsammeln von weggeworfenem Müll und macht für die Bevölkerung erkennbar, dass das unterlassene Mähen ein gewolltes Konzept ist.

Um auszuwählen, wo wir die Mähfrequenz reduzieren, sind wir 2021 zusammen mit unserem Biodiversitätsberater die verschiedenen Flächen in unserem Bezirk abgefahren. So konnten zahlreiche Areale gefunden werden, insbesondere Straßenbegleitgrün und wenig frequentierte Wiesenbereiche in Parkanlagen, aber auch auf manchen Schulhöfen oder Sportplatzanlagen. Als wir dann 2022 mit der Umsetzung begannen, war es für uns spannend zu beobachten, wie sich die einzelnen Pflanzenbestände entwickeln. Hierzu ein Beispiel zweier Berliner Hauptverkehrsstraßen – Spandauer Damm und Kantstraße –, auf dessen Mittelstreifen wir die Mähfrequenz reduziert haben. Während sich der Spandauer Damm in eine wahre Augenweide voller verschiedener Wildblumen verwandelte, ist an der Kantstraße außer Quecke kaum etwas gewachsen. Hier haben wir uns dann kurzerhand dazu entschlossen, die Kantstraße lieber mit unseren eigenen Wildstauden zu bepflanzen, um die Biodiversität zu fördern.

Böse Zungen würden vielleicht behaupten, dass wir nur seltener mähen, um uns weniger Arbeit zu machen. Aber das ist nicht der Fall. Denn die Zeit, die wir bei der eigentlichen Mäharbeit einsparen, müssen wir nun für Kontrollfahrten einplanen. Schließlich müssen die Flächen regelmäßig dahingehend überprüft werden, wie sich der Pflanzenbestand entwickelt, um entscheiden zu können, ob und wann gemäht wird. Doch die Arbeit lohnt sich, schließlich werden wir mit einem zunehmend bunten Treiben auf unseren wilden Wiesen belohnt.

## Ökologische Aufwertung: Gutes noch besser machen

Ob zum Spazieren, Klettern oder Spielen, ob zum Baden oder Hundausführen: Die Berliner lieben ihren Volkspark Jungfernheide, der mit rund 146 ha der zweitgrößte Park der Hauptstadt ist. Er dient nicht nur den einwohnerstarken angrenzenden Wohnsiedlungen als zentraler Naherholungsraum, sondern zieht auch Erholungssuchende aus dem gesamten Stadtgebiet an. Die Parkanlage ist jedoch nicht nur ein Ort für Freizeit und Entspannung, sondern auch unter ökologischen Gesichtspunkten von großer Bedeutung: Sie bietet Lebensraum für zahlreiche Pflanzen und Tiere, wirkt als Sauerstoffproduzent und Staubfilter und trägt aufgrund ihrer Größe entscheidend zur Verbesserung des Stadtklimas bei.

Doch die hohen Besucherzahlen, das Alter der Anlage sowie die Folgen des Klimawandels haben im Park ihre Spuren hinterlassen – auch auf der über 3 ha großen Zentralen Wiese, deren Grasnarbe in weiten Teilen nicht mehr intakt war. Aus diesem Grund haben wir im Jahr 2022 die Fläche aufwendig mit innovativen Methoden saniert. Im Einzelnen zielten die Sanierungsmaßnahmen darauf ab, den verfestigten Boden aufzulockern, den Wasser- und Nährstoffhaushalt zu verbessern und somit die Wiese widerstandsfähiger gegen Belastungen zu machen. Übergeordnetes Ziel dabei war, die Aufenthaltsqualität für die Besuchenden noch weiter zu erhöhen und den Park bei der Erfüllung seiner stadtökologischen Funktionen zu unterstützen.

Um den Wasserhaushalt zu verbessern, wurde Biokohle aus Gehölzschnitt in den Wiesenboden eingebracht. Biokohle ist sehr porös und bindet Wasser wie ein Schwamm. Außerdem speichert sie Kohlenstoff ($CO_2$) und zwar mehr als sie bei der Herstellung freisetzt. Jede Tonne Pflanzenkohle speichert circa 3,2 Tonnen $CO_2$. Da in die Zentrale Wiese im Volkspark Jungfernheide rund 22 Tonnen Pflanzenkohle eingebracht wurden, konnten auf diese Weise insgesamt ca. 70 Tonnen $CO_2$ dauerhaft im Boden fixiert werden.

Durch die Pflanzenkohle wird $CO_2$ also aus der Atmosphäre dauerhaft entfernt und im Boden gebunden. Somit wird auch ein wichtiger Beitrag im Kampf gegen den fortschreitenden Klimawandel geleistet. Gleichzeitig hilft Biokohle beim natürlichen Humusaufbau und stärkt die Pflanzen auf ganz vielfältige Art. Eine wahre Win-win-Situation! Die Biokohle wurde mit Pilzen beimpft. Diese Pilzbeimpfung dient als Kommunikator zwischen den Rasenpflanzen und der Kohle. Die Hyphen der Pilze sorgen für den Austausch von Wasser und Nährstoffen zwischen der schwammporigen Kohle und den Rasenpflanzen. So wird der Speicher nutzbar.

Im Herbst 2022 wurde die Fläche dann neu angesät. Dabei haben wir auf standortangepasste Gräser und unterstützende Rasenkräuter (Regiosaatgut) gesetzt. Diese Pflanzen sind hier heimisch und somit genetisch an das Umfeld von Berlin angepasst. Sie kommen daher mit den Standortbedingungen (Sand und Trockenheit) viel besser zurecht als hochgezüchtete Rasengräser, welche immer bewässert und gedüngt werden müssen. Durch die Kombination dieser Eigenschaften können wir auf künstliche Bewässerung und Düngung auch in Zukunft verzichten.

Die Zentrale Wiese wurde während der Sanierungsmaßnahmen nicht abgesperrt. Dies hatte zur Folge, dass die Fläche jeden Tag von sehr vielen Fußpaaren betreten wurde. Ein gewisses Risiko, doch wäre eine Absperrung aufgrund der Größe der Fläche und des hohen Nutzungsdruckes nicht möglich gewesen.

Die größte Herausforderung bei diesem Projekt war es für uns, den Mut aufzubringen, dieses überhaupt anzugehen. Da es sich um sehr neue und noch wenig erprobte Methoden handelt, war es zunächst ungewiss, ob die Maßnahmen zu einem schönen, geschlossenen und widerstandsfähigen Rasenteppich führen würden oder nicht. Und tatsächlich sah die Wiese im Frühjahr 2023 zunächst eine Zeit lang ziemlich schlimm aus, sie war lückenhaft und zwischendrin schienen dunkle Kohlenstücke hervor. Da hatten wir zwischenzeitlich schon arge Bedenken, ob wir das Richtige getan hatten. Nachdem es dann aber ein paar Mal geregnet hatte, entwickelte sich die Wiese innerhalb von zwei Wochen zu einem grünen Teppich. Auch danach fiel die Vitalität der Rasenfläche das ganze Jahr hindurch deutlich ins Auge. Nun bleibt es spannend zu beobachten, wie sich die Zentrale Wiese in den kommenden Jahren weiter entwickeln wird.

## Biodiversitätsdialog und Auszeichnungen

Der Biodiversitätsdialog und die stetigen Bemühungen, mehr für die biologische Vielfalt zu tun, zahlten sich aus:
Das nachhaltige Projekt mit Pflanzenkohle und Regiosaatgut (siehe Seite 98) wurde 2024 als Sieger im Projekt „Regenial“ ausgezeichnet: https://regenwasseragentur.berlin/projekte/pflanzenkohle-als-schwamm-ein-feldversuch-im-volkspark-jungfernheide/
Ebenso konnte Charlottenburg-Wilmersdorf im Projekt „StadtGrün naturnah“ (siehe Beitrag Kommbio auf Seite 201) im Jahr 2024 mit Gold ausgezeichnet werden: https://kommbio.de/label/bezirk-charlottenburg-wilmersdorf/

Durch diese Erfolge wurden dem Bezirk im Förderprogramm „Natürlicher Klimaschutz in Kommunen (KFW 444)“ 4,6 Millionen Euro bewilligt, was weitere Schritte in Richtung mehr nachhaltiger Biodiversität ermöglicht.

Alle Projekte in Berlin sind öffentlich. Interessierte sind herzlich eingeladen, die Stadtgärtner und das Grünflächenamt zu besuchen. Kontakt gern unter Telefon: 030/9029 18200 oder per E-Mail: gruenflaechen@charlottenburg-wilmersdorf.de.

## Herausforderungen meistern: Grünes Licht für gute Ideen

Manche der Maßnahmen, die wir in den vergangenen zwei Jahren durchgeführt haben, können bei der Bevölkerung schnell auf Unverständnis stoßen. So sind unsere Wildstauden beispielsweise nicht so blühfreudig wie die Stauden, die es in Gartencentern zu kaufen gibt. Auch verfärben sie sich im Laufe des Sommers oft bräunlich und haben optisch dann weniger zu bieten. Doch dafür punkten sie mit ihren ökologischen Vorteilen. Ähnliches gilt für ungemähte Wildwiesen oder mit Biokohle behandelte Rasenflächen. Daher gilt es, die Bevölkerung über unser Tun aufzuklären, sei es mit Schautafeln, online oder im persönlichen Gespräch. Wir haben hierbei die Erfahrung gemacht, dass die Menschen meist sehr positiv auf unsere Bemühungen um ein naturnahes Grünflächenmanagement reagieren.

Eine weitere Herausforderung war es, den Mut aufzubringen, einzelne der Maßnahmen überhaupt umzusetzen. Schließlich sind manche der Ansätze noch sehr neu und vergleichsweise unerprobt. Was wäre gewesen, wenn die Wildstauden großflächig eingegangen wären? Oder wenn der Rasen nach der Behandlung des Bodens mit Biokohle nicht angewachsen wäre? Abgesehen von dem Geld, welches man in den Sand gesetzt hätte: Der Zorn der Menschen, die die Wiese als Erholungsfläche nutzen möchten, sowie die Häme in der Presse wären sicherlich groß gewesen. Aber wir haben diese Risiken bewusst abgewogen und uns gesagt, dass wir, falls einzelne Vorhaben misslingen, eben aus den Fehlern lernen würden. Es ist also wichtig, den Mut aufzubringen, Dinge einfach mal zu machen, ohne vorher genau zu wissen, wie sie funktionieren. Denn auch ein Scheitern ist ein Ergebnis. Beim nächsten Mal gilt es dann eben, es besser zu machen.

Der jedoch entscheidendste Punkt ist es, das gesamte Team von den Ideen zu überzeugen und es dafür zu begeistern. Denn es bringt nichts, wenn sich wenige Köpfe tolle Konzepte überlegen, es dann aber an der Umsetzung hapert. Alle Mitarbeitenden sollten nicht nur wissen, was wir vorhaben, sondern auch warum wir einzelne Maßnahmen durchführen wollten. Auch musste im Vorfeld ausreichend Zeit für Gespräche eingeplant werden. Denn nicht jeder war sofort davon zu überzeugen, bestimmte Arbeiten nun anders auszuführen als in den Jahren zuvor. Zudem bedeutete die Umstellung für den ein oder anderen zeitweise auch eine gewisse Mehrarbeit.

Zum Glück ist es uns im Fachbereich Grünflächen gelungen, alle zu überzeugen. Es ist schön, mit anzusehen, mit wie viel Begeisterung das Team die Maßnahmen durchsetzt. Zu wissen, dass wir einen wichtigen Beitrag zum Naturschutz und zum Erhalt der Artenvielfalt leisten können, gibt uns Ansporn. Wir ziehen gemeinsam – ob als Mitarbeitender in der Verwaltung oder in der Landschaftspflege – alle an einem Strang. Hierfür möchte ich allen meinen Kolleginnen und Kollegen des Fachbereichs Grünflächen im Bezirksamt Charlottenburg-Wilmersdorf Berlin ganz herzlich danken!

**Leistungsreport**

**Wo ein Wille ist**

Webcode mung12424

## Schulen und Jugendliche: Integration aller Altersklassen

Die Integration von Schulen hängt immer von den Lehrerinnen und Lehrern ab. Ohne diesen Kontakt wird es nicht funktionieren. Schulbeteiligungen sind allerdings meist „Einjahresfliegen“. Nach dem Ende des Schuljahrs bricht so manches Engagement plötzlich weg. Dennoch kann es sich lohnen, wenn man Schulen langfristig in Partnerschaften einbindet. Naturschutz geht eben nicht nur im Wald.

Ein spannendes Konzept könnte über die Ganztagsbetreuung implementiert werden. Wichtig ist aber immer die didaktische Einordnung. Das Engagement sollte kein Selbstzweck sein. Vermitteln lässt sich neben der fachlichen Vielfalt des Themas auch die körperliche Arbeit. So ist ein gemeinschaftliches Heuernten oft noch lehrreicher und aufgrund der realen Selbstwirksamkeitssteigerung viel nachhaltiger als ein rein biologischer Unterricht, der Blümchen und Bienchen thematisiert.

Auch hier sind der Kreativität keine Grenzen gesetzt, aber Realismus ist enorm wichtig. Da ein solches Projekt immer mit den Lehrerinnen und Lehrern steht oder fällt und die jährlichen Sommerferien jeweils eine jähe Unterbrechung darstellen, darf man nicht glauben, dass man durch Kooperationen mit Schulen Zeit oder Geld spart. Das Engagement ist für alle Seiten Gold wert, aber der Gedanke, Leistung zu externalisieren, ist ein Irrglaube.

Blumensträuße aus heimischen Wiesenblumen sind ein nachhaltiger Beweis von Freude, Dank und Liebe. Naturschutz mit Verbotsschildern führte dazu, dass niemand merkte, dass es kaum noch möglich ist, Blumensträuße selbst zu pflücken. Es ist durchaus eine kommunale Dienstleistung, wenn es den Bürgern wieder möglich ist, Blumen zu pflücken. Freude als Element der Lebensqualität wird so pflückbar.

# Rezept und Konzept: Nachhaltige Projekte sind keine Eintagsfliegen

Wer sich daran erinnert, der weiß, dass das Thema der Biodiversität sehr langsam in unseren Kommunen Einzug gehalten hat. Es wäre aber falsch zu glauben, dass diese Bewegung eine wirkliche Bewegung ist, die sich in den letzten zehn Jahren aus dem Nichts heraus entwickelt hat. Biodiversität in Kommunen, das Thema der naturverträglichen Mahd, die Notwendigkeit für artenreiches Grünland, das sind alles alte Themen, die sich zyklisch wiederholen. Meinen ersten Fund zu diesem Thema habe ich im Kapitel „Die dreifache Letalität der Mahd: tot, töter, am tötesten" vorgestellt. Seit 1928 beschäftigen sich die Menschen mit der Mahd. ROSA LUXEMBURG beschreibt in einem Brief, welchen sie aus dem Gefängnis an eine Freundin schreibt, ihre große Trauer, die sie empfindet, wenn sie die aktuellen Berichte der schwindenden Natur liest. Es seien wohl die zunehmend schlechter werdenden Naturräume in Landwirtschaft und Gärten, die das große Sterben einläuten. Das schreibt sie in den 30ern. Es ist nun wirklich nicht neu: dieses Thema. In den 1980er- und 90er-Jahren waren die Broschüren und Flyer ebenso vielfältig wie heute. Aber die gefühlte Reichweite war geringer, da man nicht ständig einen Post in den sozialen Netzwerken sieht. Dabei sollten wir nicht vergessen, dass wir ja meist nur die Posts von Gleichgesinnten sehen. Posts, die andere Menschen nie erreichen, weil sie lieber die „Drei Haxn aus Tirol" oder die neuesten Entwicklungen der Firma „Rupp Rohre Rohrbach" verfolgen. Eine verzerrte Wahrnehmung ist es, wenn wir glauben, alle erreicht das, was die Algorithmen uns vorlegen.

Nun mag das demotivieren und dennoch waren wir nie so weit. Viele Kommunen in Europa beschäftigen sich mit der biologischen Vielfalt und bearbeiten dieses Thema in einer Tiefe, wie wir es noch nie erlebt haben. Vermutlich lesen Sie genau aus diesem Grunde gerade dieses Buch.

Nun ist es aber so, dass wir eine gehörige Tiefe brauchen, damit diese Ideen nicht im Sand verlaufen. Diese Tiefe beschreibe ich mit dem Begriffspaar „Rezept" und „Konzept". Beide Begriffe setzen voraus, dass Sie sich dem Thema durch einen Erstkontakt, gleich welcher Art, genähert haben. Dieser Erstkontakt ist quasi die initiale Zündung des Themas in Ihrem Arbeitsleben. Aufbauend auf dieser initialen Zündung entscheidet es sich, welchen Weg Sie gehen wollen: Wollen Sie ein Rezept nachkochen, mehrere Rezepte ausprobieren oder möchten Sie – und das ist für ein kommunales Biodiversitätskonzept unumgänglich – diese Rezepte in ein Konzept einbetten, das tragfähig ist?

Die Rezeptebene darf man nicht unterschätzen oder schlechtmachen. Aber sie reicht nicht aus und sie kann auch das Bild erheblich verzerren.

Meist sind die ersten Schritte, um ein Rezept umzusetzen, niederschwellig: ein Flyer, eine Bürgeranfrage, eine Saatgutförderung eines regionalen Förderprogramms. So entsteht der Gedanke eines ersten Projekts. Ein Kreisverkehr, eine Rabatte, ein Streifen in der Ortseinfahrt können das sein. Oft ohne fachliche Vertiefung wird losgelegt. Erfolg oder Misserfolg stellen sich ein. Genuss entsteht und zugleich die Frage des „Wie geht das nun weiter?" Hier ist nun der erste Anknüpfungspunkt, um aus einem Rezept ein Konzept zu entwickeln → Schulung und Beratung. Zugleich liegt hier der erste Stolperstein. Wurde (I) das falsche Saatgut verwendet, bleibt der Aufwand für die jährliche „Neuanlage" sehr groß. Der Aufwand für die Neuanlage eines Saatbeetes und gegebenenfalls die Kosten für das Saatgut stellen die Fortführung des Rezepts bereits hier infrage. Zudem droht alles zu scheitern, wenn man auf einen Sponsor gesetzt hat, dessen Förderprogramm ja nicht unendlich anhält. Auf jeden Fall bleiben die Flächen gleich groß, da man sich scheut, das Projekt auszuweiten. Wurde (II) das richtige Saatgut verwendet, so muss die Pflege stimmen. Eine Schulung ist auch hier unumgänglich. Bevor die Ansaat verunglückt oder in Vergessenheit gerät, braucht es Unterstützung und den Willen, das Projekt zu verstetigen. Beginnt man mit professioneller Unterstützung und glaubt, dass man (III) immer auf höchstem Niveau arbeiten muss, dann kann auch hier das Projekt frühzeitig scheitern. Externe Beratung, komplexe Pflanzpläne, Bodenaustausch, Substrateinbau, ein Schilderwald mit Verbänden, die nicht lokal und sozial in der Bevölkerung verankert sind und eine einmalige Förderung bedeuten oft das vorzeitige Aus auf Rezeptebene. Der Schilderwald ist nicht organisch in der Bevölkerung verankert und der Einblick in die Förderkosten der wenigen Modellflächen führt zu Quadratmeterpreisen, die jeden Bürgermeister und Kämmerer das kalte Grauen ins Gesicht zaubern.

Falsches Saatgut, zu hohe Ansprüche, einmalige externe Förderungen sind fast immer ein Grund, dass Projekte auf Rezeptebene scheitern. Kein freiwilliger Quadratmeter kommt zum Projekt dazu. Sobald die Fördergeldgeber ein paar medienwirksame Fotos veröffentlicht haben, stehen die Kommunen allein im Schilderwald und sind überfordert.

Daher sind Grundüberlegungen zum Konzept unumgänglich: Sie beinhalten den Biodiversitätsdialog, der durch Schulungen auf Augenhöhe eine Verstetigung der Bemühungen anstrebt, ohne den Kostenplan aus dem Auge zu verlieren.

Die Entwicklung eines Konzepts ist immer auf die Verstetigung ausgerichtet, Verstetigung und Verankerung in den kommunalen Abläufen und in der Bevölkerung. Dazu ist es wichtig, dass die ersten Schritte erst nach einer Schulung erfolgen und extrem niederschwellig sind. Kleinste Schritte im laufenden Betrieb ohne bunte Symbolpolitik (Kleinstschrittmethode im laufenden Betrieb). Zunächst keine Kommunikation, um nicht an den künstlich geschaffenen, gestiegenen Anforderungen zu zerbrechen. Dieser Überforderungsschutz schützt auch die gewählten Stadtvertreter, die nicht ständig gefragt werden, warum noch nichts zu sehen ist. Die Einbettung regionaler Engagierter dient dazu, Lasten zu teilen. Oft gibt es bereits ein großes ungenutztes Engagement von Schulen, regionalen Vereinen und Ortsgruppen, das hervorragend eingebettet werden kann (Runder Tisch Biodiversität). Die Beauftragung einer externen Beratung, die mit dem „Blick von außen" das Projekt begleitet und als neutraler Mediator stets gefragt und zu Rate gezogen werden kann, ist der sicherlich wesentlichste Unterschied zu gestifteten Projekten auf Rezeptebene. Der Vorteil des externen Blicks ist das große Wissen – denn die Erfahrung aus verschiedenen Städten und Projekten kann so zugekauft und regional nur das Passendste verwendet werden. Erst nach gründlicher Vorarbeit geht es an die Rezeptebene. Gärtnerische Veränderungen erfolgen meist erst für die zweite Vegetationsperiode. Teil eines jeden Konzepts ist freilich eine Vielzahl von unterschiedlichen Rezepten. Diese sind dann aber individuell im Gespräch entwickelt und auf die Fähigkeiten und Schwächen des Kunden angepasst.

<table>
<tr><td colspan="2">Erstkontakt mit dem Thema. Meist basiert dieser Erstkontakt auf Informationen aus Flyern, Kampagnen von NGOs, Medienberichten oder staatlichen Aufrufen/Förderprogrammen.</td></tr>
<tr><td>Rezept</td><td>Konzept</td></tr>
<tr><td>Bunte Aufrufe zur Anlage von Beeten, Ansaaten, Bienenweiden, Hummeltummelplätzen, Piko-Parks, Miniwildnissen, Natur-nah-dran-Räumen. Bestehende Förderkulisse und bestehender Förderrahmen.</td><td>Zunächst wird ein Konzept entwickelt (vgl. Seite 80). Die ersten Schritte erfolgen erst nach einer Schulung und sind extrem niederschwellig.<br>Kleinstschrittmethode im laufenden Betrieb.</td></tr>
<tr><td>Oft medial sehr umfangreich und professionell begleitet. Gute Öffentlichkeitsarbeit.</td><td>Zunächst keine Kommunikation, um nicht an den künstlich geschaffenen, gestiegenen Anforderungen zu zerbrechen. Überforderungsschutz.</td></tr>
<tr><td>Meist keine Erfahrung bei den fachlichen Projektmitarbeitern. Eine enge und langfristige Betreuung ist nicht möglich, da es sich die „Stifter" nicht leisten können.</td><td>Einbettung regional Engagierter, um Lasten zu teilen.</td></tr>
<tr><td></td><td>Beauftragung einer externen Beratung, die mit dem „Blick von außen" das Projekt begleitet und als neutraler Mediator stets gefragt und zu Rate gezogen werden kann.</td></tr>
<tr><td></td><td>Erst nach gründlicher Vorarbeit geht es an die Rezeptebene.</td></tr>
<tr><td></td><td>Viele verschiedene Rezepte.</td></tr>
</table>

# Kapieren und Kopieren: Die Verstetigung

In meiner Beratungserfahrung hat sich gezeigt, dass einmalige Schulungen und Beratungsbesuche meist nicht funktionieren. Sie verpuffen und geraten in Vergessenheit. Kommunale Biodiversitätskonzepte sind keine Kopiervorlagen, die sich auf Knopfdruck über eine Kommune legen. Man muss zunächst kapieren und kann erst dann kopieren. Die Einbettung dieses Konzepts erfordert als ersten großen Schritt das agile Implementieren von neuen Zielen.

## Heute schon an morgen denken: Wie wird das System dauerhaft etabliert?

Transferleistungen sind sehr schwierig und aufwendig. Wie kann die Stadt Einfluss auf die Planungen der Bahn nehmen, die zwar den Bahnhof plant, die Pflege aber dann an die Stadt übergibt, welche wiederum entgegen der Planungen und Umsetzungen der Bahn biodivers pflegen möchte? Welche Möglichkeiten gibt es im Rahmen von Flächennutzungsplänen, Bauplänen und Flächenverkäufen, um Einfluss auf die biodiverse Gestaltung zu nehmen? Schnell merkt man, dass neben der fachlichen Expertise aus Sicht der biologischen Vielfalt auch formaljuristische Fragestellungen einen großen Raum einnehmen. Im Rahmen eines Unternehmerstammtisches wurden und werden dazu Pläne erarbeitet, wie Neuplanungen und Bestandsgewerbeflächen in Zukunft biodivers gestaltet und gepflegt werden.

Pflanz- und Saatgutrezepte.

## Grundschritt

Es empfiehlt sich auf der Suche nach dem richtigen Weg ein paar systematische Schritte durchzugehen. Vielleicht haben Sie das Buch gekauft, weil Sie pragmatische, niederschwellige Wege, um ein nachhaltiges Konzept im laufenden Betrieb einzuführen, suchen. Dann und nicht nur dann lohnt es sich, Schritt für Schritt den richtigen Weg zu gehen.

Der erste Schritt beschäftigt sich mit dem Slogan: „Sinneswandel statt Samenhandel!“.

Muss ich überhaupt säen, um eine nachhaltige, blütenreiche und biodiverse Grünfläche zu erhalten?

In vielen Flächen schlummert ein ungeahntes Potenzial, welches durch eine gezielte Bestandslenkung durch die Mahd gestaltet werden kann.

Ansäen ist nie einfach. Substrate, ungewollte Beikräuter, die Entwicklungspflege erfordern ein geschärftes Bewusstsein und das Befolgen einiger Regeln, Tipps und Kniffe.

Sollten Sie dennoch eine gärtnerische Lösung für die Steigerung der Biodiversität anstreben, dann erinnern Sie sich an die in Kapitel „Die Rampe des Aufwands“ ab Seite 84 beschriebenen 7 Stufen.

Welcher dieser Wege ist für die vorliegende Fläche am sinnvollsten?

Dem motivierten, interessierten Mitarbeiter eines Grünflächenamtes oder Baubetriebshofes kann es aus zeitlicher, fachlicher und organisatorischer Perspektive meist nicht empfohlen werden, eine Saatgutmischung oder ein Pflanzkonzept selbst zu erfinden. Es fehlt meist die Erfahrung, damit dieser Schritt umgesetzt werden kann. Daher ist auch bei der Auswahl des richtigen Saat- und Pflanzgutes ein stufenweises Vorgehen anzuraten.

## Die Auswahl des Saatguts

**Stufe 1 – „Nummer sicher“:** Verwenden Sie fertige Mischungen, die Ihnen von erfahrenen Experten fertig verkauft werden. Die gängigen Saatgutmischungen der guten Saatgutlieferanten sind ausgereift. Bei richtiger Ansaat, Initialpflege und mit etwas Glück, sind sie zudem sehr erfolgsversprechend.

Achten Sie auf diese Punkte:

| |
|---|
| Verwenden Sie standortheimisches, autochthones Regiosaatgut. |
| Machen Sie sich den Unterschied zwischen „Wiese“ und „Saum“ nochmals deutlich. Bei Grünflächen handelt es sich meistens um Wiesen. |
| Für die meisten Flächen, die Sie als Wiese entwickeln möchten, gibt es ein sehr gutes „Universalsaatgut“ für heimische Wiesen. Verschiedene Anbieter haben vergleichbar gute Mischungen im Angebot. Probieren Sie durch, wechseln Sie die Lieferanten, bis Sie wissen, welche Mischung zu Ihrem Projekt passt. |
| Orientieren Sie sich bei der Beetvorbereitung, der Ansaat und der Erstellungspflege an den Vorgaben des Lieferanten. |
| Handelt es sich um keine Wiese? Dann reicht das Wissen von Stufe 1 nicht aus. Sie müssen weiterlesen. |

**Stufe 2 – „Das kann auch jeder“:** Beachten Sie die Punkte aus Stufe 1. Nun geben wir ein Quäntchen mehr Expertise dazu. Wiederum ist eine hohe Erfolgswahrscheinlichkeit gegeben.

| |
|---|
| Saatgutanbieter haben verschiedene Mischungen im Angebot. Sie kennen Ihren Standort und wählen eine passende Mischung. |
| Sie unterscheiden Wiesen, Säume, Kräuterrasen und andere Flächentypen und probieren die Vielfalt des Angebots aus. |
| Das Mischungsverhältnis von Gräsern zu Kräutern behalten Sie im Auge. Gegebenenfalls bestellen Sie außerplanmäßig 100 % Kräuter und verzichten auf die Gräser. |
| Orientieren Sie sich bei der Beetvorbereitung, der Ansaat und der Erstellungspflege an den Vorgaben des Lieferanten. |
| Sie wollen einen Saum und wissen, dass dieser nach vier bis sieben Jahren an Pracht verliert. Daher mischen Sie gleich zu Beginn eine Wiesenblumenmischung zum Saum. Wenn der Saum ausgelutscht wirkt, stellen Sie die Pflege von Saum auf Wiese um. Dadurch fördern Sie die Wiesenarten, die sich im Saum bereits etabliert haben. |

**Stufe 3 – „Für Interessierte und Profis“:** Sie haben die gängigen Saatgutkataloge ausgereizt. Alles funktioniert und Sie haben immer noch Großes vor. Nun beginnt die Literaturarbeit. Viele Broschüren, Bücher und Informationen im Internet bieten ausgefeilte Saat- und Pflanzgutlisten an. Die Namen der Autorinnen und Autoren oder die herausgebenden NGOs und Stiftungen klingen wie Musik in Ihren Ohren. Probieren Sie es aus. Vergleichen Sie die Artenlisten miteinander. Selten erfindet man das Rad neu. Viele der Artenlisten bauen aufeinander auf oder werden weitergegeben, weil sie sich einfach bewährt haben. Sollte dennoch etwas Neues dabei sein, dann können Sie in Stufe 3 abwägen, ob das zu Ihnen passt.

| |
|---|
| Welche weiteren Vorteile ergeben sich aus der Anwendung von bestehenden Empfehlungen, die aber nicht fertig gekauft werden können? |
| Welcher Anbieter stellt mir eine Wunschartenliste zusammen? |

Auch wenn naturnahe Staudenmischpflanzungen mit Untersaaten angewendet werden sollen, kommt diese Stufe zum Einsatz. Fertige Staudenmischpflanzungen gibt es viele. Nur wenige Anbieter liefern sie komplett aus einer Hand. Daher müssen Sie abwägen und selbst bestellen. Auch bei der Zusaat von Einzelarten oder der gezielten Anreicherung von Flächen mit Zielarten kommen wir in dieses Themenfeld. Seien Sie mutig und probieren Sie aus. Die Kästen der Stufen 1 und 2 sind auch hier die Grundlage.

| |
|---|
| Finden Sie die passenden Anbieter und lassen Sie sich Artenlisten nach Ihren Wunschvorlagen oder Ihrer eigenen Komposition zusammenstellen. |

**Stufe 4 – Eigene Kompositionen sind die Kür:** Dieser Schwierigkeitsgrad kommt vor allem dann zum Einsatz, wenn Sie kreativ sind und über Vorerfahrung verfügen. Man bedient sich zwar gern dem Credo „Probieren geht über Studieren", aber vergisst dabei zwei Dinge: (1.) Es sollte zeitnah gut aussehen und funktionieren und (2.) Saatgut ist teuer. Es lohnt sich also das Studium. Selbst wenn man sich eine Woche Zeit nimmt und ausschließlich Saatgutempfehlungen und Erfahrungsberichte liest, ist es aus Sicht der Zeit und des Geldes wesentlich effizienter als jahrelanges „try and error". Aber es gibt eben auch die Profis und Enthusiasten, denen dieses Level gerade recht ist.

Überlegen Sie sich, was Ihnen fehlt. Die marktüblichen Mischungen sind immer Querschnittskompositionen, bei denen auch der Preis eine Rolle spielt. Teure Arten sind in geringerem Maße beigemischt als günstige, deren Samen schwer sind.

Die Eigenkomposition spielt auch dann eine Rolle, wenn Sie Ökosysteme wieder herstellen möchten (UN-Dekade zur Wiederherstellung von Ökosystemen). Welche Arten sind bei Ihnen verlorengegangen? Welche Arten sollten Sie dringend wieder einführen? Um herauszufinden, welche Arten ursprünglich vorhanden waren, lohnt sich ein Blick in alte Kartierungen. Vielleicht finden sich derartige Artenlisten im Stadtarchiv oder in sehr alten Publikationen. Meist haben Pfarrer und Lehrer das Arteninventar ihrer Heimat gut beobachtet und dokumentiert. Es lohnt sich, dieses Arteninventar wiederherzustellen.

Ja, okay. Ich gebe Ihnen auch diese kleine Hilfestellung: Wenn es gar nicht anders geht, können Sie auch versuchen, eine Staudenmischpflanzung oder eine Ansaat in Ihren Lieblingsfarben zu komponieren. Das geht, aber nur eingeschränkt. Sie wären dann auch kein Pionier. Diese naturnahen Staudenmischpflanzungen: „Blau-Weiß-Gelb" und „Rot-Weiß" sind bereits entwickelt, abgestimmt und erprobt. Sie funktionieren sehr gut.

**Drei Rezeptbücher zu diesem Thema**

Diese Bücher sind voller Arten- und Pflanzlisten. Sie sind inhaltlich und stilistisch sehr unterschiedlich, sodass jeder Leser ein eigenes Lieblingsbuch finden wird. Zwar gibt es noch weitere Handreichungen zu diesem Thema, dennoch bilden diese drei Werke in einer opulenten Fülle die Möglichkeiten und die Praxiserfahrungen vieler Jahrzehnte ab. Als Berater würde ich stets hier nachschlagen, da man zum Nachmachen nicht ständig neue Rezepte erfinden muss.

ULRIKE AUFDERHEIDE: Öffentliche und gewerbliche Grünflächen naturnah – Praxishandbuch für die Anlage und Pflege
208 Seiten, 16 cm × 22,5 cm, Hardcover
ISBN 978-3-89566-420-5
pala-verlag, Darmstadt

REINHARD WITT: Nachhaltige Pflanzungen und Ansaaten
554 Seiten, Großformat, Hardcover
ISBN: 978-3-00-023586-3
Eigenverlag R. Witt

Netzwerk blühende Landschaft, Handbuch „Wege zu einer blühenden Landschaft"
208 Seiten, DIN A4
Eigenverlag

Sinneswandel statt Samenhandel ist seit jeher meine unumstößliche Meinung. Wie auch MATTHIAS NUSS in seinem Beitrag schreibt, haben wir den Verlust der biologischen Vielfalt nicht, weil es zu wenig kaufbare Produkte auf dem Markt gibt, sondern weil wir durch unsere Effizienz und unser wirtschaftliches Handeln Natur in weiten Teilen unserer Landschaft unmöglich gemacht haben. Dennoch braucht es für die Wiederherstellung von Ökosystemen unter Umständen Werkzeuge, die den Verlust wieder ausgleichen. So gehören verschiedene Werkzeuge in den Werkzeugkasten der Naturbaustelle. Pflegewerkzeuge sowie Pflanz- und Saatgut sind hier sicherlich die wichtigsten Bestandteile. Die folgenden beiden Beiträge befassen sich mit dem Saatgut. Zwei unterschiedliche Methoden der Saatgutgewinnung kommen hier zu Wort: Pioniere der Szene mit einer Lebensleistung, die man nicht hoch genug einschätzen kann, wenngleich hier und da kaufmännische Lobbyarbeit durchschimmert.

# Wildblumensaatgut

**Interview mit ERNST RIEGER, geführt von Philipp Unterweger.**

**PU:** Sehr geehrter Herr Rieger,
seit vielen Jahrzehnten bereichern Sie das Angebot an Wildblumensaatgut in Deutschland. Sie werden als Pionier in der Szene respektiert und blicken auf eine bemerkenswerte Firmengeschichte zurück. Wie kam es dazu, dass Sie einen ganzen landwirtschaftlichen Betrieb von der Lebensmittelproduktion auf die Herstellung einer Sonderkultur umstellten?

**ER:** Weil ich mein Leben nicht unbedingt im Schweinestall verbringen wollte und durch einen glücklichen Zufall über Arzneipflanzen zu Wildpflanzen gekommen bin.

**PU:** Feldfrüchte, Feingemüse oder Tierhaltung, das sind die üblichen Produktionszweige eines landwirtschaftlichen Betriebs. All das kann man lernen. Wie haben Sie den Weg zu Wildpflanzen gefunden? Wie haben Sie die Kulturtechniken erarbeitet oder gelernt?

**ER:** Durch sehr viel Versuch und Irrtum. Wichtig ist, eigene Fehler zu erkennen und sich stetig weiterzuentwickeln. Wille und Vorstellung führen zum Erfolg!

Ganz am Anfang wurde zudem von einer bereits am Markt etablierten Firma ein Berater zur Seite gestellt. Analog dazu haben heute unsere mehr als 80 Vermehrungsbetriebe mit über 2.000 Vermehrungsflächen und über 900 Hektar in Deutschland uns als Berater zur Seite. Zusätzlich werden von uns und unseren Betrieben ca. 5 Millionen Jungpflanzen unterschiedlichster Arten jährlich herangezogen und ausgepflanzt.

**PU:** Das Angebot Ihrer Arten ist groß. Eigenproduktion und Produktionspartner stellen sicher, dass Sie dieses Angebot auch erfüllen können. Was war aus handwerklicher Sicht die größte Hürde bei der Produktion von Saatgut?

**ER:** Jede Pflanze hat ihre Eigenart in Keimung, Aufwuchs, Ernte, Aufbereitung und Lagerung. Maschinen für Anbau, Ernte und Reinigung sind bei diesen Sonderkulturen häufig zudem Marke Eigenbau und haben viel Tüftelarbeit sowie Weiterentwicklung benötigt.

Dieses Wissen musste alles zuerst aufwendig erarbeitet und umgesetzt werden und ist unser „spezifisches Betriebs-Knowhow".

**PU:** Sie sind Landwirt und Unternehmer und wirken im Gespräch oft erfrischend pragmatisch. So erzählten Sie uns bei einer Betriebsbesichtigung von verschiedenen Herbiziden und Fungiziden, die Sie benötigen – und die Sie aufgrund der Fach- und Sachkundenachweise auch einsetzen dürfen –, um heimische Pflanzenarten in Reinkultur anbauen und Wildpflanzensaatgut in hoher Qualität wirtschaftlich produzieren zu können. Auch über samenfressende Vögel waren Sie nicht so glücklich. Sicherlich glauben viele Ihrer Kunden, ein Tütchen „Wildblumensamen" ist so unschuldig wie ein Päckchen „Demeter-Müsli". Auch Sie wissen: „Die Summe aller Agrarchemikalien ist ein zentraler Treiber des Biodiversitätsverlustes". Wie beruhigen Sie das Gewissen und die Zweifel der Generation Ihrer Enkel?

**ER:** Die Landschaften sind sehr ausgeräumt, die Straßenbankette und innerstädtische Flächen werden zum großen Teil gemulcht, zudem noch die Intensivierung der Landwirtschaft – dies alles bringt einen rasenden Biodiversitätsverlust mit sich. Die deutschlandweit praktizierte Nachsaat von Zuchtgräsern (Wiesen-Schweidel) und Zuchtleguminosen (Weiß-Klee, Rot-Klee) im Grünland trägt durch deren Massenwuchs zusammen mit der Düngung zu dieser Entwicklung dramatisch bei. Wenn Ausgleichsmaßnahmen nicht durchgeführt werden und selbst Renaturierungen mit artenarmen Mischungen ausgeführt werden, führt das zu einem weiteren Verlust pflanzlicher und damit auch tierischer Artenvielfalt.

Daher müssen wir in den sauren Apfel beißen und uns nach der Decke strecken. Das Ziel unserer Firma ist, funktionierende artenreiche Mischungen auf den Markt zu bringen, die zu einer Landschaft mit vielseitigen Lebensräumen führen, welche die Lebensgrundlage für nachfolgende Generationen sind.

**PU:** Das Einzelsaatgut ist oft nur ein Teil des Ganzen. Die meisten Ihrer Kunden werden fertige Mischungen erwerben, denn dafür ist Rieger-Hofmann sehr bekannt. Wie entstehen diese Mischungen? Welche Vorbilder haben zu Ihrer Komposition beigetragen? Inwieweit spielt praktische Erfahrung eine Rolle? Oder sind das produktgewordene Gärtnerträume?

**ER:** Die Mischungen wurden mit Experten entwickelt und sind an natürliche Pflanzengesellschaften (Säume, Magerrasen, Glatthaferwiesen, Feuchtwiesen usw.) soweit wie möglich angepasst.

**PU:** Einen Großteil Ihres Renommees und Ihrer großen Glaubwürdigkeit verdanken Sie Ihrem unermüdlichen Einsatz für die Vielfalt der Herkunftsregionen. Durch Sie wurde der Verband deutscher Wildsamen- und Wildpflanzenproduzenten e. V. (VWW e. V.) bekannt. Sie lassen bundesweit von regionalen Partnern produzieren und haben als Anbieter oft gar nicht so viele Mitbewerber. Wie konnten Sie dieses enorme Netzwerk aufbauen und pflegen? Wie fühlen Sie sich in dieser Monopolstellung?

**ER:** Wir haben keine Monopolstellung. Wir sind nur ein Teil von einem großen Agrarmarkt und müssen in diesem versuchen zu bestehen. Auf dem deutschen Markt werden ca. 40.000 Tonnen Saatgut (Gräser, Leguminosen, Feinsämereien) gehandelt. Wir schätzen, dass in Deutschland ca. 2.000 Tonnen heimisches Wildpflanzensaatgut benötigt werden würde. Als Firma produzieren wir ca. 300 Tonnen heimisches Wildpflanzensaatgut.

Im Moment ist es politisch nicht erkannt oder nicht gewollt diese Diskrepanz ernsthaft mit Nachdruck anzugehen und zu beheben.

Unser Netzwerk und unsere Glaubwürdigkeit sind durch unseren geradlinigen Auftritt am Markt entstanden und durch kompetente Mitarbeiter.

Manche Arten benötigen einen hohen Handarbeitsbedarf und sind daher (bisher) wirtschaftlich nicht produzierbar. Wir haben diese Arten aber dennoch im Anbau, da es für bestimmte Insekten zentral wichtige Arten sind. Diese Grundeinstellung schätzen unsere Kunden und Personen unseres Netzwerkes.

**PU:** Ihre Homepage ist ein wahres Lexikon rund um das Thema Ansaat von Wildstauden. Man könnte ein ganzes Seminar bestreiten, wenn man Ihre Homepage durcharbeitet. Aus Sicht eines Verkäufers haben Sie ein sehr schwieriges Produktportfolio. Bereits die Vermittlung der grundlegenden Inhalte von Biodiversität und die Notwendigkeit sie zu schützen ist schwierig. Ihr Angebot mit kaufbaren Produkten etwas gegen den Verlust der biologischen Vielfalt zu tun, baut daher auf Vorwissen auf und ist nach erfolgreichem Verkauf keineswegs immer ein Erfolg. Wer sind Ihre Hauptkunden? Welcher Kundenstamm kommt trotz möglichem Ansaatfrust stabil über längere Zeiträume?

**ER:** Hauptkunden: Von Privatpersonen über Garten- und Landschaftsbau, Landschaftsarchitekten, Kommunen, Landwirte und öffentliche Stellen.

Jede Person mit tieferem Interesse am Thema und der entsprechenden Geduld wird mit Erfolg belohnt werden. Dies klappt gegebenenfalls nicht direkt bei der ersten Ansaat. Wenn man sich aber an unsere bei jeder Lieferung mitgeschickte Ansaatanleitung (ausreichende Bodenvorbereitung, richtige Ansaat und Pflege) hält sowie Geduld hat, ist das Restrisiko gering, eine Ansaat lässt sich gut etablieren und die Artenvielfalt halten.

**PU:** Die Rieger-Hofmann GmbH als Wildsaatguthändler hat einen Jahresumsatz in Millionenhöhe. Das ist eine stolze Summe. Sie erfüllen damit die Grunddefinition von Unternehmertum: „Mit einem Geschäftsmodell Geld zu verdienen“. Gleichzeitig ist das eine immense Verantwortung für die Angestellten, die Vertragspartner, das Produkt und für das Unternehmen. Wie nehmen Sie diese Verantwortung wahr? Konnte Ihre Professionalisierung diesem Wachstum standhalten oder glauben Sie, dass Sie an manchen Punkten zu schnell gewachsen sind?

**ER:** In unserem Betrieb arbeiten je nach Saison 50 bis 70 Personen. Mit 65 ha bauen wir hier in Raboldshausen über 200 Arten selbst an, unter anderem Arten, die im Anbau sehr schwierig sind (*Potentilla erecta*, *Stellaria holostea*, *Fragaria vesca* usw).

Mit unseren Angestellten und Vermehrungsbetrieben ist uns ein menschlicher, wertschätzender Umgang auf Augenhöhe wichtig. Mit Umsicht, stetigem Weiterentwickeln sowie finanziellem Fingerspitzengefühl meistern wir die alltägliche Herausforderung.

**PU:** Jahrzehntelange Erfahrung. Hochkomplexe, wertvolle Produkte. Gesetzlich vorgeschriebene Regionalität als Alleinstellungsmerkmal gegenüber möglichen Wettbewerbern. Ein hohes Renommee und eine große Vertrauensbasis bei Stammkunden. Ein ideales Umfeld für einen Unternehmer? Scheinbar aber auch nicht. Wer die Debatte verfolgt, erlebt in den letzten 2 bis 3 Jahren einen Ernst Rieger, der massiv gegen sein selbst erarbeitetes Alleinstellungsmerkmal wettert. „Regionalität ist doch nicht so wichtig“. Im Vorgespräch sagten Sie: „Hauptsache die säen und tragen weniger Bedenken!“ 40 Jahre Irrlehre gepredigt? Oder die Last des Jahresumsatzes? Was sollen wir denn aus Ihrer Sicht säen? Sind die Ursprungsgebiete aus Ihrer Sicht hinfällig? Und es ist egal, was wir säen? Was fordern Sie? Oder würden Sie einfach nur gerne immer liefern können, damit nichts im Lager verkommt?

**ER:** Ihre Fragen zeigen, wie komplex das Thema ist und das wir nicht überall richtig verstanden worden sind. Die Einteilung der Ursprungsgebiete wurde bis 2024 im Projekt RegioDIV anhand von Pflanzengenetik untersucht. In den Versuchen mit ca. 30 Wildpflanzenarten hat sich dabei herausgestellt, dass zum Teil die Ursprungsgrenzen durch falsche Annahmen (geographische Grundlagen höher bewertet als Pflanzengenetik, Flusssysteme nicht ausreichend genug beachtet) festgelegt worden sind. Auch bereits frühere Untersuchungen zeigen eine Tendenz, dass gerade windbestäubende Arten geringere genetische Unterschiede haben, ähnlich vermuten wir es z. B. auch bei Archäophyten wie Klatschmohn und Kornblume.

Unser Fokus liegt auf artenreichen Mischungen. Dies ist zum Teil nur mit Arten aus angrenzenden Ursprungsgebieten möglich. Der faunistische Artenverlust lässt sich durch Rumpfmischungen (Fokus auf Saatgut rein aus Ursprungsgebieten und nicht auf Artenvielfalt) und natürliche Sukzession in ausgeräumten Landschaften nicht aufhalten.

Wir wettern also nicht gegen die Regionalität an sich, sondern gegen die pauschale Ablehnung von Arten aus angrenzenden Gebieten ohne Prüfung, wo die Priorität liegt und ob für die Natur im Gesamten nicht doch bestimmte Arten aus angrenzenden Ursprungsgebieten zugelassen werden können, wenn sie aus dem Gewünschten nicht zur Verfügung stehen. In dieser Haltung bestätigt werden wir durch eine Arbeitsgruppe unter Leitung des BfN, die sich mit den Ergebnissen des RegioDIV-Projektes auseinandergesetzt hat.

Ziel war die aus der Untersuchung zu ziehenden Schlüsse und deren Umsetzung in der Praxis zu erarbeiten. Ergebnis: Will man korrekt handeln, muss man die Genetik artspezifisch betrachten. Um nicht das gesamte Ursprungsgebietssystem über Bord werfen zu müssen, wird künftig deshalb wohl je Art betrachtet werden, ob und in welchem benachbarten Ursprungsgebiet die Art noch dieselbe Genetik aufweist oder ob eine Art wirklich nur ursprungsgebietsspezifisch der Mischung beigegeben werden sollte.

**PU:** Wenn wir Fachlichkeit, Unternehmertum und die Verantwortung für das uns Unbekannte miteinander mit Augenmaß vermengen, welche Produkte möchte Rieger-Hofmann dann in 10 Jahren verkaufen?

**ER:** Artenreiche Mischungen mit regionalen Wildpflanzen aus für jede Art fachlich korrekt und sinnvoll festgelegten Ursprungsgebietseinheiten.

**PU:** 40 Jahre Rieger-Hofmann. Ganz ohne die derzeitigen Diskurse. Was haben Sie erreicht? Was haben wir erreicht? 357.592 km² Bundesfläche, gut 10.000 Kommunen, zahllose NGOs und ein gesteigertes Bewusstsein für die Notwendigkeit unseres Handelns. Sind wir auf einem guten Weg?

**ER:** Es gibt sowieso kein Zurück, die Natur und der Artenverlust zeigen den Weg ganz klar an. Die Grenzen des Handelns sind politisch vorgegeben. Es muss endlich ein in der Fläche wirksames Handeln erfolgen.

**PU:** Ehrlich gesagt hoffe ich, dass auch in 200 Jahren noch jemand dieses Buch in einer Bibliothek findet. Wo sehen Sie uns in 200 Jahren und was möchten Sie diesen Lesern heute schon mitteilen?

**ER:** Wenn man in die Weltpolitik und die klimatischen Entwicklungen schaut, wird es in 200 Jahren die Natur noch geben, der Weiterbestand der Menschheit ist allerdings fraglich.

Wenn es uns in 200 Jahren noch gibt, hoffen wir, dass aus aktuellen Fehlern und Problemen der heutigen Zeit gelernt wurde und eine stetige Verbesserung zu einer faireren Welt geführt hat.

*Lieber Herr Rieger. Liebes Team von Rieger-Hofmann. Für Ihr jahrzehntelanges Engagement möchte ich mich bei Ihnen bedanken. Hoffen wir, dass es weiterhin blüht.*

# Artenvielfalt aus der Region für die Region

ULRIKE STEPHAN und REINHOLD TREIBER

Warum nicht die heimische Artenvielfalt direkt vor Ort nutzen und so erhalten? Das kommt jedem in den Sinn, der die heimischen blütenreichen Wiesen und Magerrasen sieht, die es zum Glück noch gibt. Oft werden sie in Naturschutzgebieten und Biotopen aufwendig gepflegt. Andererseits gibt es unzählige neue Flächen an Baustellen, in Gewerbegebieten und Versickerungsbecken, auf denen artenarme Regelsaatgutmischungen (RSM) aufgebracht werden. „Beblumung“ statt Begrünung ist heute die Devise! Heimische Arten und Herkünfte zu verwenden, ist seit 2020 in der freien Landschaft bereits Pflicht und ist auch innerorts eine Chance, die Natur vor die Haustüre zu holen.

Vor 20 Jahren wurde in Südwestdeutschland mit Wiesendrusch begonnen, mit großem Erfolg für die Natur. Direkt geerntetes Saatgut steht seither für die Oberrheinebene, den Schwarzwald und die Schwäbische Alb ausreichend zur Verfügung. Mittlerweile gibt es auch feinste Wiesensaaten vom Frankenwald im Osten bis hin zu Initiativen im hohen Norden. Der Vorteil für die Natur: Die Pflanzen sind aus dem gleichen Ursprungsgebiet, oft aus der Umgebung, klimaangepasst und optimal für die dort lebenden Schmetterlinge & Wildbienen!

Wiesendrusch mit Schwarzen Flockenblumen in der stehenden Wiese.

## Was macht der Mähdrescher in der Wiese? Wiesendrusch vorgestellt

Was ist eigentlich „Wiesendrusch“ und worauf kommt es bei der Methode an? Beim Wiesendrusch werden Samen auf natürlichen artenreichen Wiesen direkt stehend gedroschen oder die Wiese wird zunächst gemäht und der Schwad dann mit dem Mähdrescher durchgedroschen. Die Artzusammensetzung und die Menge der gewonnenen Samenmischung werden dabei von der Schnitttiefe und dem Erntezeitpunkt bestimmt. Das gewonnene Material wird meist getrocknet und eingelagert, um es später zeitunabhängig auf die Empfängerfläche wieder auszubringen. Je mehr unterschiedliche Wiesen mit unterschiedlichen Erntezeitpunkten (Juni bis Oktober) und verschiedenen reifen Samen desselben Wiesentypus dabei vermischt werden, umso artenreicher und „vollständiger“ kann sich die neue Wiese entwickeln. Die Einsaatmischung wird erst dann angelegt, wenn klar ist, wo genau angesät werden soll. Die genaue Lage, der Standort mit Feuchte, Nährstoffgehalt und pH-Wert sind für die Auswahl entscheidend. Jede Druschfraktion wird separat getrocknet und gelagert, sodass erst zum Zeitpunkt der Anfrage die Mischung neu entsteht. Es gibt keine Einheitsmischung. Der Herkunftsnachweis ist dabei völlig transparent und die Saat zu 100 % aus dem gleichen Ursprungsgebiet. Für den Naturschutz können auch gezielt besonders hochwertige und spezielle Flächen beerntet werden. Die Ergebnisse begeistern die Biologen.

Bevor der Mähdrescher auf die Wiese kommt, muss geklärt werden, wie alt die Wiese wirklich ist, ob sie eingesät wurde und ob nur gebietseigene Pflanzen vorkommen oder ob beispielsweise von „Regelsaatgutmischungen RSM“ angrenzender Straßenränder nicht heimische Arten und Herkünfte eingetragen wurden. Problemkräuter wie Jakobs-Greiskraut oder Stumpfblättriger Ampfer müssen per Hand entfernt werden, bevor der Mähdrescher zum Einsatz kommt. Weder Pestizide noch Düngung sind erforderlich, die Landwirte stellen ihre artenreichsten Extensivwiesen zur Verfügung und bekommen dafür einen finanziellen Ausgleich, der ihre Arbeit würdigt. Das Heu wird unmittelbar nach der Samenernte weiterverarbeitet. Der Samenüberfluss der Wiese wird für neue Flächen genutzt – nur etwa 1 bis 2,5 kg/ha Samen ist pro Jahr für die Regeneration einer natürlichen Wiese nötig, sie produziert aber oft bis zu 100 kg Samen jährlich auf einem Hektar. Der Natur wird also nichts weggenommen, sondern es wird geholfen, dass die Samen von „Hotel Mama" in die weite Welt kommen.

## Positive Beispiele aufgreifen – Wiesendrusch in Städten und Gemeinden

Viele Wiesen sind in den letzten Jahrzehnten zerstört und umgebrochen worden. Innerorts fehlen Pflanzenarten für Wildbienen und Schmetterlinge. Um die Arten- und Insektenvielfalt wieder herzustellen, ist der Einsatz von Wiesendruschsaatgut sehr erfolgreich. Einige Beispiele:

- Grünflächen in Siedlungen: Wiesen regional, artenreich und klimaangepasst aufwerten mit der Streifenansaat (Arbeitsanleitung siehe wiesendruschsaat.de/service).
- Gewerbegebiete und Versickerungsflächen mit Wiesendruschsaat beblumt, bieten über 60 Wildbienenarten neuen Lebensraum. Gemeinden hatten entschieden, nur noch gebietseigenes Saatgut zu verwenden. Wiesendruschsaat war hier zusätzlich kostengünstiger.
- Straßenbahn-Gleise mit grünem Gleisbett blühen beispielsweise in Freiburg auf. Die Vegetation ist so artenreich und typisch für das Gebiet, denn es wurden angrenzende Magerrasen beerntet und das Saatgut eingesetzt. Diese sind mahdunempfindlich – ein Vorbild für andere Städte!
- Ausgleichsflächen haben sich prächtig entwickelt und bieten beispielsweise mittlerweile 20 Heuschrecken-Arten und Wiesenbrütern Lebensraum, darunter die Italienische Schönschrecke und der Heidegrashüpfer.
- Auf Hochwasserschutzdämmen konnten sich 117 Arten aus Wiesendruschsaatgut etablieren und erfolgreich übertragen werden mit durchschnittlich 42 Arten/13 m$^2$ (TREIBER & BLUMENTHAL 2016). FFH-Lebensraumtypen mit Mageren Flachland-Mähwiesen und der Kalk-Magerrasen haben sich nach vier Jahren vollständig etabliert. Großer Wiesenknopf und Teufelsabbiss konnten als wichtige Tagfalterpflanzen aufwachsen.
- Streuobstwiesen blühen auf: Der durch Wiesendrusch speziell übertragene Zottige Klappertopf hilft als blühender Halbschmarotzer, dass die Gräser nicht zu hochwüchsig werden. Sein Einsatz ist wenig bekannt, aber effektiv!
- Kreisverkehr-Flächen, Verkehrsinseln und Nebenflächen von Straßen sind ein attraktiver Hingucker mit einem hohen Kräuteranteil aus Wiesendruschsaat, Wiesensalbei, Skabiosen-Flockenblumen, Kartäusernelke und Wundklee.
- Betriebe setzen nicht mehr auf Zierrasen, sondern auf klimaangepasste Blumenwiesen. Artenvielfalt auf Grünflächen der Betriebe setzt Zeichen und spart das klimaschädliche Rasenmähen und Wässern im trockenen Sommer!

Betrachtet man heute viele ehemalige Baustellen, so lässt sich eine unglaublich hohe Artenvielfalt feststellen, die Insekten, Vögeln und dem Menschen Freude macht. Wiesen und Halbtrockenrasen sehen so aus, als wären sie schon immer da gewesen.

## Auf Qualität von Wiesendrusch achten und Ausschreibungen anpassen

Wichtig ist, den Standort richtig einzuschätzen, um die Kostenanfrage richtig zu formulieren. So sind Versickerungsbecken häufig eher dauerhaft trocken als feucht. Pro Quadratmeter werden 2 bis 5 g Saatgut gebraucht, oft sind bis zu 20 g ausgeschrieben. Entscheidend ist dabei der Kräuteranteil. Eine persönliche Beratung ist zu empfehlen. Viel Erfahrung und Wissen der letzten 20 Jahre ist auf der Webseite www.wiesendruschsaat.de zu finden. Dort werden Tipps gegeben, wie man eine Ausschreibung formuliert, wie die Ansaat am besten gelingt, wie die Bodenvorbereitung erfolgen muss, welche Maschine sich für die Saat eignet und wie Neuansaaten gepflegt werden.

**Literatur**

TREIBER, R. & J. BLUMENTHAL (2016): Wiederherstellung von Kalk-Magerrasen und Mageren Flachland-Mähwiesen durch Wiesendruschsaat auf Hochwasserdämmen. Naturschutz und Landschaftspflege Baden-Württemberg, Bd. 78, S. 223–271.

info@wiesendruschsaat.de: Regionales Saatgut aus den Ursprungsgebieten Oberrhein, Schwarzwald und Schwäbische Alb. Ulrike Stephan (Diplom-Biologin).

## Standortheimisches, autochthones Regiosaatgut

Standortheimisch (autochthon) ist mehr als heimisch. Während einzelne Arten oft recht große Verbreitungsgebiete haben und in weiten Teilen der Erde heimisch sein können, so handelt es sich bei dem Zusatz „standort-heimisch" erstens um eine heimische Art und zweitens um eine Art, die auch genau an dem Standort, an dem Sie sich gerade befinden, heimisch ist. Bei mobilen Tieren ist das recht schwer abbildbar. Wenn es sich jedoch um Pflanzen handelt, die per se nicht so richtig mobil sind, dann wird das klarer. Pflanzen sind an ihren Geburtsort fixiert, so richtig weit kommen diese nicht (vgl. „Exkurs: Wie wandern Samen?", Seite 121). Zwar sind sie durch die in eben genanntem Exkurs erwähnten Möglichkeiten noch in gewisser Weise mobil und mit der Welt vernetzt, dennoch ist es oft ein großer Zufall, wenn ein kleiner Samen wirklich weit kommt.

Stellen wir uns eine Haselnuss vor. Sie wächst an der Nordsee. Sandiger Boden, Ebbe, Flut, Salz und Wind. Sie kommt damit klar, weil sie es nicht anders kennt. Die andere Haselnuss wohnt auf der Schwäbischen Alb. Karg, Karst, kalte Winter, basisch. Auch sie findet das okay. So richtig viel Austausch gibt es zwischen den beiden Sträuchern nicht, zu weit ist der Weg. Dennoch sind beide Pflanzen die gleiche Art und sind optisch kaum zu unterscheiden. Aber vielleicht haben beide durch ihre lange Vorgeschichte an den unterschiedlichen Standorten gewisse Vorteile gegenüber den Umweltbedingungen. Der Stoffwechsel könnte angepasst auf den Umweltstress reagieren. Wir nehmen eine spezielle Anpassung an die regionale Umwelt an und können diese auch genetisch zeigen.

Bleibt man zu lange in seiner regionalen Population, dann führt das, wenn sie klein ist, unter Umständen zur Inzucht – oder wenn sie hinreichend groß ist, zur Abspaltung als neue Art. Das dauert aber etwa 1.000.000 Jahre und bedarf der völligen Isolation. Inzucht (imbreeding depression) ist ein Grund für das Aussterben aufgrund der kleinen genetischen Flexibilität. Das Gegenteil gibt es aber auch: die Auszucht (outbreeding depression). Kreuzt man zwei Individuen einer Art, die an völlig unterschiedliche Lebensraumtypen angepasst sind, dann gehen unter Umständen die Anpassungen verloren und die Art ist weder da noch dort überlebensfähig. Auch hier führt es zum Aussterben, da Fähigkeiten verloren gehen.

Betrachtet man die genetischen Anpassungen hinsichtlich des Klimas genauer, so kann eine Blütenpflanze recht flexibel auf die Jahresrhythmen reagieren. So variiert dann zum Beispiel der Blühzeitpunkt. Am Kaiserstuhl blüht das Individuum der Pflanze XY mehrere Wochen, bevor das Individuum der gleichen Art in Schweden blüht. Es ist die gleiche Art. Sie ist in Nordeuropa heimisch, aber die Genetik unterscheidet sich hinsichtlich des Blühzeitpunkts. Verschiedene Bestäuberinsekten wissen das und haben sich evolviert (angepasst). So legt die Wildbiene ihre Eier dann, wenn der Pollen der Futterpflanze verfügbar ist.

Sollte nun ein findiger Kaufmann herausfinden, dass das Saatgut in Schweden billiger ist als am Kaiserstuhl, dann ist das zwar die gleiche Art, aber sie blüht eben später, weil das genetisch so eingestellt ist. Das führt dann dazu, dass die auf diese Art spezialisierten Insekten möglicherweise einfach aussterben, denn plötzlich fehlt das Futter zu dem Zeitpunkt, wo die Eier gelegt werden. Eine ganze Kette von Zusammenhängen bricht plötzlich zusammen, nur weil man ein Sonderangebot entdeckt hat.

Auch wenn Samen wandern können, ist es für die Wiederherstellung von verlorengegangener Blütenpracht wichtig, dass wir standortheimisches (autochthones) Saatgut verwenden.

**Gebietseigenes Saatgut**

Webcode mung12400

**Genetische Vielfalt**

Webcode mung12401

**Exkurs: Ursprungsgebiete**
Die in den letzten Jahren gängige Praxis des Saatgutausbringens orientiert sich in Deutschland an den Ursprungsgebieten. Auf der Internetseite des VWW (natur-im-vww.de) finden Sie die genauen Erklärungen dazu. 22 Ursprungsgebiete in 8 Produktionsräumen gliedern Deutschland. Es ist naheliegend, dass die Gegend rund um München botanisch anders tickt als der Großraum Hamburg. Die Karte der Ursprungsgebiete ist ein guter Anhaltspunkt für die Saatgutverwendung. Im Außenbereich ist die Verwendung autochthonen Saatgutes gesetzlich geregelt. Im Innenbereich ist das anders. Um wirklich nachhaltige und ökologisch wertvolle Renaturierungen zu schaffen, sollten wir auch im Innenbereich das tun, was der Naturschutz für den Außenbereich vorsieht. Nämlich: Standortheimisches Saatgut verwenden. Das ist möglich, denn der Markt orientiert sich an der Nachfrage und wird bereitstellen, was wir fordern. Derzeit versuchen einige Anbieter leider diese guten Regelungen aufzuweichen. Zwar bietet die wissenschaftliche Literatur das ein oder andere Review (einen zusammenfassenden Überblick) an, das ebenso eine Novellierung der Regeln fordert, dennoch basieren auch diese wissenschaftlichen Novellierungsforderungen derzeit nicht auf einer breiten Datengrundlage. Der Aspekt der theoretischen Biologie wird in der Argumentation des Saatguthandels als Bedenkenträgertum herabgestuft. Da die wissenschaftliche Argumentation stets betont, dass es an der Datengrundlage fehlt, hilft uns auch das Zusammenfassen bestehender Literatur nicht. Ein besonderes Schmankerl ist daher die neulich erschienene Studie von DURKA et al. (2024b), die nun mit genetischen Analysen deutlich macht, dass die einst postulierten Herkunftsregionen durchaus auf einer gut gedeuteten Theorie basieren und nicht kategorisch abzulehnen sind. Gefordert wird durch diese Studie eine behutsame Anpassung einiger Ursprungsgebiete – und wie so oft: weitere Forschung.
Dass hierzulande die heimischen Insekten aussterben und keine fremdländischen Arten, fixiert Forderung 1: Verwenden Sie ausschließlich heimisches Saatgut. Dass Inzucht und Auszucht die Artenvielfalt ebenso negativ beeinflussen können, unterstreicht Forderung 2: Verwenden Sie innerorts so gut es geht Saatgut aus Ihrem oder den unmittelbar benachbarten Ursprungsgebieten.

Räumliche Verteilung der 22 Ursprungsgebiete für Regiosaatgut in Deutschland:
UG 01 – Nordwestdeutsches Tiefland;
UG 02 – Westdeutsches Tiefland mit Unterem Weserbergland;
UG 03 – Nordostdeutsches Tiefland;
UG 04 – Ostdeutsches Tiefland;
UG 05 – Mitteldeutsches Tief- und Hügelland;
UG 06 – Oberes Weser- und Leinebergland mit Harz;
UG 07 – Rheinisches Bergland;
UG 08 – Erz- und Elbsandsteingebirge;
UG 09 – Oberrheingraben mit Saarpfälzer Bergland;
UG 10 – Schwarzwald;
UG 11 – Südwestdeutsches Bergland;
UG 12 – Fränkisches Hügelland;
UG 13 – Schwäbische Alb;
UG 14 – Fränkische Alb;
UG 15 – Thüringer Wald, Fichtelgebirge und Vogtland;
UG 16 – Unterbayerische Hügel- und Plattenregion;
UG 17 – Südliches Alpenvorland;
UG 18 – Nördliche Kalkalpen;
UG 19 – Bayerischer und Oberpfälzer Wald;
UG 20 – Sächsisches Löss- und Hügelland;
UG 21 – Hessisches Bergland;
UG 22 – Uckermark mit Odertal (aus THIEME-HACK 2024).

**Tipp: Saatgut selber sammeln**
In sehr begrenztem Maße ist es möglich, das Saatgut selber zu sammeln. Für den Einstieg empfehle ich den Zottigen Klappertopf. Dessen Samen lässt sich leicht in großen Mengen abstreifen und ohne Bodenbearbeitung im Spätsommer einfach auf der Fläche ausbringen.
Andere Samensammlungen sollten vor dem Ausbringen idealerweise im Topf herangezogen werden. Für die eigene Staudenvermehrung in der kommunalen Gärtnerei ist dieser Weg empfehlenswert. Beim Sammeln von Samen sollten aber immer einige Samenstände unbesammelt am Originalstandort verbleiben, um die dortigen Populationen nicht zu gefährden.

## Material

Ansaaten von „Blumenwiesen"

Webcode mungl2422

## Leistungsverzeichnis Mahd

Nachfolgend ein Beispiel, welche Angaben in einem Leistungsverzeichnis enthalten sein sollten.

### LV Pflege Biodiversität

Alle Pflegegänge sind mindestens zwei Tage vor Ausführung der Bauleitung schriftlich (per Fax oder E-Mail) mitzuteilen. Pflegeberichte sind umgehend bis spätestens zwei Tage nach Ausführung der Bauleitung vorzulegen. Der AG (Auftraggeber) behält sich vor, Pflegegänge, die nicht rechtzeitig angemeldet wurden oder bei denen der Pflegebericht nicht umgehend der Bauleitung vorgelegt wurde, nicht anzuerkennen.

Pflegearbeiten dürfen nur nach Freigabe der städtischen Wiesenfachleute (Herrn/Frau XY und Herrn/Frau AZ) durchgeführt werden. Die Befahrung darf nur durchgeführt werden, wenn der Boden ausreichend trocken und scherfest ist.

Für die Mäharbeiten sind Maschinen mit geringem Bodendruck bzw. Geräte mit druckverringernder Bereifung zu verwenden. Es dürfen nur Messergeräte eingesetzt werden (Mulcher und andere Rotations-Schlegelmähwerke sind nicht zulässig). Das Mähgut ist mindestens vier Stunden, höchstens jedoch zwei Tage auf der Fläche zu belassen, um das Abwandern von Insekten zu ermöglichen und dann restlos von der Fläche zu entfernen. Flächiges Absaugen ist untersagt. Die Verladung erfolgt durch mechanische Ladewagen oder durch Absaugen an einem zentralen Saugpunkt.

Erschwernisse aufgrund erhöhter Bodenfeuchte und eventuell eingeschränkter Befahrbarkeit sind in die EPs (Einheitspreise) einzurechnen.

„Artenreiches Extensivgrünland" auf Anordnung des AGs mähen. Schnitthöhe ± 10 cm. Die Höhe kann variieren. Es sollten jedoch nicht mehr als jeweils 20 % der Fläche unter 5 cm bzw. über 10 cm liegen.

- Anzahl der Mähgänge: ______________
- $m^2$ je Mähgang: ______________

Der Einsatz von Sauggeräten und Mulchmähern ist untersagt. Das Mähgut darf beim Mähvorgang nicht zerkleinert werden. Mähgut aufnehmen, es wird Eigentum des ANs (Auftragnehmers) und ist einer Wiederverwendung zuzuführen.

- Zeitpunkt des 1. Arbeitsganges ab: ________
- Zeitpunkt des 2. Arbeitsganges ab: ________

Besonderheiten:

- Akzeptanzstreifen (0,5 bis 0,8 m) im vierzehntägigen Rhythmus: ______________
- Anwendung des Mahdkonzeptes nach Unterweger:
  - im Verhältnis 60 : 20 : 20 (rotierend) ______
  - im Verhältnis 80 : 10 : 10 (rotierend) ______

Keine Anwendung von ______________

- Früher erster Schnitt (Ende April, Anfang Mai): ______________________

## Vorgehensweise für die Zuordnung der Flächen

**Schritt 1:** Zuordnung aller kommunaler Flächen nach dem A-B-C-Konzept (siehe Seite 78)

**Bitte beachten:**
30 % der kommunalen Freiflächen (dazu zählen auch Parkplätze und Wege) müssen nachhaltig, ökologisch gepflegt werden, d. h. A-Flächen sparsam verwenden.
Potenzialflächen können sowohl zu A-Flächen als auch zu C-Flächen entwickelt werden. Alle B-Flächen bekommen einen Maßnahmenplan für die Umstellung und einen Pflegeplan für die spätere Pflege. A- und C-Flächen erhalten einen Pflegeplan.

**Schritt 2:** Entscheid über Maßnahme zur Aufwertung
Entweder Entwicklung zu C-Flächen:
1. Ausschließlich Mahdumstellung
2. Mahdumstellung + zottiger Klappertopf
3. Streifenförmige Ansaat im Bestand
4. Initialstaudenpflanzung mit heimischen Wiesenblumen
5. Ansaat nach Baumaßnahme auf Ober- oder Unterboden
6. Ansaat nach Bodenaustausch auf neuem Substrat
7. Naturnahe Staudenmischpflanzung

oder Entwicklung zu A-Flächen: andere Methoden.

**Bitte beachten:**
Bei Staudenmischpflanzungen dürfen 20 % nichtheimische Arten oder züchterische Sorten verwendet werden. Invasive Neophyten sind verboten.
Bei Ansaaten ausschließlich (standort)heimische Arten verwenden.

**Schritt 3:** Anwendung des nachhaltig ökologischen Pflegekonzeptes auf allen Flächen
1. Gute Rasenpflege
2. Angepasse extensive Wiesenpflege (nach Unterweger)
3. Beweidung
4. Gute Pflege der Staudenmischpflanzungen und Säume
5. Refugialräume zum Überwintern und Übersommern
6. Strukturelemente
7. Umweltbildung

**Weiterführende Informationen:**
Sehr zu empfehlen ist die Pflegeschulung als ein ein- oder halbtägiger Workshop (live) oder als Onlineveranstaltung unter dem QR-Code

**Pflegeschulung**

Webcode mung13231

bzw. über die Eingabe des Webcodes unter https://www.ulmer.de. Die Schulung mündet dann in eine Pflegebegleitung, welche die Pflegetrupps bei der Pflege unterstützt.

## Vorschlag für die Klassifizierung in GIS oder Kataster

**Kategorie:** Rasen / Wiese / Weide
**Unterkategorie:** Gebrauchsrasen / Extensive Wiese / Zierrasen / Dauerweide / Netzkoppelhaltung / Hochstaudenflur u. a.

**Kategorie:** Gärtnerisches Grün
**Unterkategorie:** Naturnahe Staudenpflanzung / Prachtstauden / Wechselflor / Schwammstadtbeet / Klimaanpassungsmaßnahme auf keiner Fläche / Beet auf Zeit / Essbare Stadt / Projektfläche

Und abschließend eine Bitte: Die Weiterentwicklung dieses Buches ist uns wichtig. Wir sammeln daher Vorschläge und Ideen. Melden Sie sich gern direkt beim Autor, damit wir bei Folgeauflagen zielgerichtet verbessern können.

# Service

## Verwendete und weiterführende Literatur


ADE, J. (2011): Auswirkungen der Wiesenmahd auf verschiedene Käferarten ausgewählter Flächen Tübingens. Evolutionsökologie der Invertebraten. Diplomarbeit, Tübingen.

ADE, J., WOLF-SCHWENNINGER, K. & O. BETZ (2012): Auswirkungen der Wiesenmahd auf verschiedene Käferarten ausgewählter Grünflächen im Stadtgebiet Tübingens. Jahreshefte der Gesellschaft für Naturkunde in Württemberg, 168, S. 199–216.

Agridea (2010): Der Weg zu artenreichen Wiesen. Merkblatt, Agridea, Lindau.

Agridea (2011): Erntetechnik und Artenvielfalt in Wiesen. Agridea, Lindau.

AJZEN, I. & M. FISHBEIN (2005): The influence of attitudes on behavior. In The Handbook of Attitudes; Lawrence Erlbaum Associates: Mahwah, NJ, USA, S. 173–221.

AUFDERHEIDE, U. (2020): Historische Parkrasen. Stadt+Grün, Heft 10.

AUFDERHEIDE, U. (2022a): Öffentliche und gewerbliche Grünflächen naturnah – Praxishandbuch für die Anlage und Pflege. pala-verlag, Darmstadt.

AUFDERHEIDE, U. (2022b): Tiere pflanzen – Faszinierende Partnerschaften zwischen Pflanzen und Tieren – 18 attraktive Lebensräume im Naturgarten gestalten. pala-verlag, Darmstadt.

BANDURA, A. & D. C. MCCLELLAND (1977): Social Learning Theory. Prentice Hall, Englewood Cliffs.

BBSR (Hrsg., 2011): Auf dem Weg, aber noch nicht am Ziel – Trends der Siedlungsflächenentwicklung. Bundesinstitut für Bau-, Stadt und Raumforschung im Bundesamt für Bauwesen und Raumordnung, BBSR-Berichte KOMPAKT 10, S. 1–7.

BERGER, J. L., DAUM, S. N. K. & M. HARTLIEB (2024a): Simply The Green: Urban Refuges. Basic and Applied Ecology 80, S. 109–118.

BERGER, J. L., DAUM, S. N. K., FREUDENBERG, J., HARTLIEB, M., MARTIN, N., WALTHER, G. & F. ZENGLEIN (2024b): Grünflächenmanagement – so wird es nachhaltiger. FEdA.

BERGER, J. L., STAAB, M., HARTLIEB, M., SIMONS, N. K., WELLS, K., GOSSNER, M. M., VOGT, J., ACHURY, R., SEIBOLD, S., HEMP, A., WEISSER, W. W. & N. BLÜTHGEN (2024c): The day after mowing: Time and type of mowing influence grassland arthropods. Ecological Applications, e3022.

BfN (2010): Natur in der Stadt. Bundesamt für Naturschutz, Bonn.

BfN (2014): Stadtnatur. Bundesamt für Naturschutz, Bonn.

BfN (2015): Naturschutz und Landschaftspflege in der integrierten Stadtentwicklung. Argumente, Positionen, Hintergründe. Bundesamt für Naturschutz, Bonn.

BIERCAMP, N., WISSEL, S. & R. SPRETER (2017): Grün. Sozial. Wertvoll. Gemeinsam Natur in sozial benachteiligte Quartiere holen! Empfehlungen und Beispiele für Kommunen. www.umweltgerechtigkeit-kommunen.de.

BLANK, S. M. (2004): Geschäftsstelle der Deutschen Gesellschaft für allgemeine und angewandte Entomologie e. V. am DEI und DGaaE-Arbeitskreis Hymenopteren. Im: Jahresbericht 2002/2003 für das Deutsche Entomologische Institut. Herausgegeben vom Verein der Freunde und Förderer des Deutschen Entomologischen Institutes e. V. Müncheberg, S. 65–66.

Blühpakt Bayern (2020): Kommunale Grünflächen: vielfältig – artenreich – insektenfreundlich. Praxis-Handbuch für Bauhöfe. Herausgeber: Bayerisches Staatsministerium für Umwelt und Verbraucherschutz, München. www.bluehpakt.bayern.de/kommunen/bauhoefe.htm.

BMU & BfN (2010): Naturbewusstsein 2009. Bevölkerungsumfrage zu Natur und biologischer Vielfalt. Herausgegeben vom Bundesministerium für Umwelt, Naturschutz und Reaktorsicherheit und Bundesamt für Naturschutz. Berlin.

BMU & BfN (2012): Naturbewusstseinsstudie 2011. Bevölkerungsumfrage zu Natur und biologischer Vielfalt. Herausgegeben vom Bundesministerium für Umwelt, Naturschutz und Reaktorsicherheit und dem Bundesamt für Naturschutz. https://www.bfn.de/naturbewusstsein#anchor-1673, zuletzt abgerufen am 13.06.2024.

BMU & BfN (2018): Naturbewusstsein 2017 – Bevölkerungsumfrage zu Natur und biologischer Vielfalt. Herausgegeben vom Bundesministerium für Umwelt, Naturschutz und nukleare Sicherheit (BMU) und dem Bundesamt für Naturschutz. https://www.bfn.de/publikationen/broschuere/naturbewusstseinsstudie-2017, zuletzt abgerufen am 20.03.2025.

BMUB (2017): Grün in der Stadt – Für eine lebenswerte Zukunft. Bundesministerium für Umwelt, Naturschutz, Bau und Reaktorsicherheit, Bonn.

BMUB & BfN (2014): Naturbewusstseinsstudie 2013. Bevölkerungsumfrage zu Natur und biologischer Vielfalt. Herausgegeben vom Bundesministerium für Umwelt, Naturschutz, Bau und Reaktorsicherheit und dem Bundesamt für Naturschutz. https://www.bfn.de/naturbewusstsein#anchor-1671, zuletzt abgerufen am 13.06.2024.

BMUB & BfN (2016): Naturbewusstseinsstudie 2015. Bevölkerungsumfrage zu Natur und biologischer Vielfalt. Herausgegeben vom Bundesministerium für Umwelt, Naturschutz, Bau und Reaktorsicherheit und dem Bundesamt für Naturschutz, Berlin. https://www.bfn.de/naturbewusstsein#anchor-1669, zuletzt abgerufen am 13.06.2024.

BMUB & BfN (2020): Naturbewusstseinsstudie 2019. Bevölkerungsumfrage zu Natur und biologischer Vielfalt. Herausgegeben vom Bundesministerium für Umwelt, Naturschutz und nukleare Sicherheit (BMU), und dem Bundesamt für Naturschutz. https://www.bfn.de/sites/default/files/2022-08/2020-Naturbewusstsein2019-bfn.pdf, zuletzt abgerufen am 20.03.2025

BMUV (2019): Masterplan Stadtnatur. Maßnahmenprogramm der Bundesregierung für eine lebendige Stadt. Bundesministerium für Umwelt, Naturschutz, nukleare Sicherheit und Verbraucherschutz, Berlin.

BOGNER, F. X. (1999): Empirical evaluation of an educational conservation programme introduced in Swiss secondary schools. Int. J. Sci. Educ. 21, S. 1169–1185.

BOGNER, F. X. & M. WISEMAN (1999): Toward measuring adolescent environmental perception. Eur. Psychol. 4, S. 139–151.

BÖHM, A. (1994): Grounded Theory – wie aus Texten Modelle und Theorien gemacht werden. In: BÖHM, A., MENGEL, A. & T. MUHR (Hrsg.): Texte verstehen – Konzepte, Methoden, Werkzeuge. UVK Univ.-Verlag Konstanz.

BOTZAT, A., FISCHER, L. K. & I. KOWARIK (2016): Unexploited opportunities in understanding liveable and biodiverse cities. A review on urban biodiversity perception and valuation. Glob. Environ. Change 39, S. 220–233.

BOURDIEU, P. (1982): Kritik der gesellschaftlichen Urteilskraft. Verlag Suhrkamp, Frankfurt a. M.

BRESCHKE, J. (1986): Gartenrasen und Blumenwiese. Gestalten und pflegen. ECON Taschenbuch Verlag GmbH, Düsseldorf.

BRIEGEL, R. (2007): Ästhetische Wertschätzung der Agrarlandschaft im Schweizerischen Berggebiet und im Mittelland. Geographisches Institut der Universität Zürich, Zürich (CH).

BROSCH, A., DAUBER, J., GÉRARD, F. & A. HÖRDLER (2024): Leitfaden für insektenfreundliches Liegenschaftsmanagement. Braunschweig: Johann Heinrich von Thünen-Institut, 91p, Thünen Working Paper 238, doi: 10.3220/WP1713769875000.

BUCHAROVKA, A., MICHALSKI, S., HERMANN, J.-M., HEVELING, K., DURKA, W., HÖLZEL, N., KOLLMANN, J. & O. BOSSDORF (2016): Genetic differentiation and regional adaptation among seed origins used for grassland restoration: lessons from a multispecies transplant experiment. Journal of Applied Ecology, S. 1–11, doi: 10.1111/1365-2664.12645.

Bund für Umwelt und Naturschutz Deutschland e. V. (2014): Naturschutz auf dem Friedhof. BUND-Umweltberatung Heidelberg.

Bund für Umwelt und Naturschutz Deutschland e. V. (2021a): Biodiversitätsstärkungsgesetz. Umsetzung in den Kommunen. Bund für Umwelt und Naturschutz Deutschland (BUND) Landesverband Baden-Württemberg e. V., Stuttgart.

Bund für Umwelt und Naturschutz Deutschland e. V. (2021b): Insekten schützen leicht gemacht! Anleitung für Kommunen und Wildnisliebhaber. Bund für Umwelt und Naturschutz Deutschland (BUND) e. V., Berlin.

COX, D. T. C. & K. J. GASTON (2015): Likeability of Garden Birds: Importance of Species Knowledge & Richness in Connecting People to Nature. PLoS ONE 10, e0141505.

COX, D. T. C., HUDSON, H. L., SHANAHAN, D. F., FULLER, R. A. & K. J. GASTON (2017a): The rarity of direct experiences of nature in an urban population. Landsc. Urban Plan. 160, S. 79–84.

COX, D. T. C., SHANAHAN, D. F., HUDSON, H. L., PLUMMER, K. E., SIRIWARDENA, G. M., FULLER, R. A., ANDERSON, K., HANCOCK, S. & K. J. GASTON (2017b): Doses of Neighborhood Nature: The Benefits for Mental Health of Living with Nature. BioScience 67, S. 147–155.

DAUM, S. N. K. (2023a): Biodiversitätsschutz: Wem oder was kommt welcher Wert zu? In: J. STADLER (Hrsg.): Treffpunkt Biologische Vielfalt XXI. Interdisziplinärer Forschungsaustausch im Rahmen des Übereinkommens über die biologische Vielfalt (Vol. 661, S. 112–114). Bundesamt für Naturschutz. https://doi.org/10.19217/skr661.

DAUM, S. N. K. (2023b): Eine Praxis der (technischen) Fürsorge. Ästhetik und Biodiversitätsschutz. In: M. TAMBORINI (Hrsg.): Die Ästhetik der Technowissenschaften des 21. Jahrhunderts. wbg Academic, Darmstadt, 258 S.

DECI, E. L. & R. FLASTE (1995): Why we do what we do: The dynamics of personal autonomy. G. P. Putnam's Sons, New York.

DEGA GALABAU (2022): Checkliste – Fachgerechte Ansaaten von „Blumenwiesen“. Naturschutz und Landschaftsplanung. https://www.nul-online.de/article-6941820-1111/fachgerechte-ansaaten-von-blumenwiesen-.html

Deutsche Umwelthilfe e. V. (o. J.): Natur & städtisches Leben ohne Widerspruch! Gute Beispiele aus dem Wettbewerb „Lebenswerte Stadt“. Herausgegeben von Deutsche Umwelthilfe e. V., Radolfzell.

DURKA, W., MICHALSKI, S. G., BERENDZEN, K. W., BOSSDORF, O., BUCHAROVKA, A., HERMANN, J.-M., HÖLZEL, N. & J. KOLLMANN (2016): Genetic differentiation within multiple common grassland plants supports seed transfer zones for ecological restoration. Journal of Applied Ecology, 1–12. doi: 10.1111/1365-2664.12636.

DURKA, W., BOSSDORF, O., BUCHAROVA, A., FRENZEL, M., HERMANN, J.-M., HÖLZEL, N., KOLLMANN, J. & S. MICHALSKI (2019): Regionales Saatgut von Wiesenpflanzen: genetische Unterschiede, regionale Anpassung und Interaktion mit Insekten. Natur und Landschaft 93, S. 146–153, doi: 10.17433/4.2019.50153679.

DURKA, W., MICHALSKI, S. G., HÖFNER, J. & RegioDiv Konsortium (2024a): RegioDiv – Genetische Vielfalt krautiger Pflanzenarten in Deutschland und Empfehlungen für die Regiosaatgut-Praxis. BfN Schriften 687, doi:10.19217/skr687.

DURKA, W., MICHALSKI, S. G., HÖFNER, J., KOLÁŘ, F., MÜLLER, C. M., OBERPRIELER, C., ŠEMBEROVÁ, K. & RegioDiv Konsortium (2024b): RegioDiv – Genetische Vielfalt krautiger Pflanzenarten in Deutschland: Zusammenfassung und Empfehlungen für die Regiosaatgut-Praxis. Natur und Landschaft 99, Heft 7, S. 322–332, doi:10.19217/NuL2024-07-02.

ECKERT, K., FERBER, U., SIEMER, B. & N. WEDER (2019): Nachhaltiges Flächenmanagement in Stadt und Umland. Sächsisches Landesamt für Umwelt, Landwirtschaft und Geologie (LfULG), Schriftenreihe, Heft 12, S. 1–40.

Entomologentag (1991): Tagungsberichte. 10. Berliner Entomologentag. Entomologische Nachrichten und Berichte 35, S. 160.

EYINK, H. & B. HECK (2017): Weißbuch Stadtgrün: Grün in der Stadt – Für eine lebenswerte Zukunft. Herausgegeben vom Bundesministerium für Umwelt, Naturschutz, Bau und Reaktorsicherheit (BMUB).

FARNSWORTH, E. J. & J. ROSOVSKY (1993): The ethics of ecological field experimentation. Conserv. Biol. 7, S. 463–472.

FENZL, J., KIRCHER, W., SCHMIDT, C. & P. SCHÖNFELD (2017): Staudenmischpflanzungen. 2. Auflage. Bundesanstalt für Landwirtschaft und Ernährung, Bonn.

FINKE, D. & M. WERNER (o. J.): Artenreiche Grünflächen: Handreichung zur Anlage und Pflege artenreicher Grünflächen an Straßen, Wegen und Plätzen. Ministerium für Energiewende, Landwirtschaft, Umwelt, Natur und Digitalisierung des Landes Schleswig-Holstein (MELUND).

FLADE, A. (2004): Parks und Natur in der Stadt. Konzepte und Wirkungen. Institut für Wohnen und Umwelt, Darmstadt.

FREI, J. (2022): Stadtwildpflanzen. AT Verlag AG, Aarau und München.

GALK: Arbeitskreis Organisation und Betriebswirtschaft (2018): Grünflächenmanagement. Planen, bauen, bewirtschaften – Grünflächen effizient und effektiv steuern. Deutsche Gartenamtsleiterkonferenz (GALK e. V.).

GLASER, B. & A. STRAUSS (1967): The discovery of grounded theory: strategies for qualitative inquiry. Aldine Transaction, New Brunswick, London.

GORTHNER, A. (2022): Insektenfreundliche Wiesenpflege. Naturschutz Alb-Neckar 1, S. 48–65.

GRAF, L. & P. UNTERWEGER (2012): Tübingen hört das Gras wachsen – eine Initiative stellt sich vor. Faktor 14, Studierendenmagazin für Forschung und Wissenschaft, Tübingen, Heft 6.

GRÜNE LIGA Berlin e. V. (Hrsg., 2013): Auf die Plätze, Vielfalt, los! Biologische Vielfalt auf Sportplätzen und Sportanlagen. GRÜNE LIGA Berlin e. V, Berlin.

HANSEN, R., BORN, D., LINDSCHULTE, K., ROLF, W., BARTZ, R., SCHRÖDER, A., BECKER, C. W., KOWARIK, I. & S. PAULEIT (2018): Grüne Infrastruktur im urbanen Raum: Grundlagen, Planung und Umsetzung in der integrierten Stadtentwicklung. Abschlussbericht zum F+E-Vorhaben „Grüne Infrastruktur im urbanen Raum: Grundlagen, Planung und Umsetzung in der integrierten Stadtentwicklung“ (FKZ 3515 82 0800).

HARRIS, V., KENDAL, D., HAHS, A. K. & C. G. THRELFALL (2017): Green space context and vegetation complexity shape people’s preferences for urban public parks and residential gardens. Landsc. Res. 43 (1), 150–162, https://doi.org/10.1080/01426397.2017.1302571.

HARTLIEB, M., RAUBITZEK, S., BERGER, J. L., STAAB, M., VOGT, J., AYASSE, M., OSTROWSKI, A., WEISSER, W. & N. BLÜTHGEN (2024). Assessing mowing intensity: A new index incorporating frequency, machinery, and technique. Grassland Research, S. 1–11.

HEINITZ, B. & J. OERTNER (2005): Infobrief Nr. 35. NABU Landesverband Sachsen e. V. Leipzig. https://sachsen.nabu.de/imperia/md/content/sachsen/150603-nabu-infobrief-nr-35.pdf.

HERRMANN, K. (2011): Neuroästhetik: Perspektiven auf ein interdisziplinäres Forschungsgebiet: Beiträge des Impuls-Workshops am 15. und 16. Januar 2010 in Aachen. Kassel University Press GmbH, Kassel.

HILLER, D. & O. BETZ (2014): Auswirkungen verschiedener Mahdkonzepte auf die Heuschreckenfauna städtischer Grünflächen. Naturschutz und Landschaftsplanung 46 (8), S. 241–246.

HÖLZEL, C., FANCK, M. & A. GAUDE (2019): Insekten schützen leicht gemacht! Anleitung für Kommunen und Wildnisliebhaber. BUND – Freunde der Erde, Friends of the Earth Germany, Berlin. https://www.bund-niedersachsen.de/fileadmin/niedersachsen/publikationen/insekten/naturschutz_kommunaler_insektenschutz.pdf, zuletzt abgerufen am 21.03.2025.

HOYLE, H., HITCHMOUGH, J. & A. JORGENSEN (2017): All about the 'wow factor'? The relationships between aesthetics, restorative effect and perceived biodiversity in designed urban planting. Landsc. Urban Plan. 164, S. 109–123.

JOHNSON, A. (1995): The good, the bad and the ugly: Science, aesthetics and environmental assessment. Biodivers. Conserv. 4, S. 758–766.

JUNGE, X., JACOT, K. A., BOSSHARD, A. & P. LINDEMANN-MATTHIES (2009): Swiss people's attitudes towards field margins for biodiversity conservation. J. Nat. Conserv. 17, S. 150–159.

JUNGE, X., LINDEMANN-MATTHIES, P., HUNZIKER, M. & B. SCHÜPBACH (2011): Aesthetic preferences of non-farmers and farmers for different land-use types and proportions of ecological compensation areas in the Swiss lowlands. Biol. Conserv. 144, S. 1430–1440.

JUNGE, X., SCHÜPBACH, B., WALTER, T., SCHMID, B. & P. LINDEMANN-MATTHIES (2015): Aesthetic quality of agricultural landscape elements in different seasonal stages in Switzerland. Landsc. Urban Plan. 133, S. 67–77.

KERN, H. (2013): Extensive Wiesenpflege im Karlsruher Stadtgrün. Stadt Karlsruhe, Gartenbauamt, Karlsruhe.

KIRMER, A., JESCHKE, D., KIEHL, K. & S. TISCHEW, S. (2019): Praxisleitfaden zur Etablierung und Aufwertung von Säumen und Feldrainen. Eigenverlag Hochschule Anhalt, Bernburg.

KfW Bankengruppe (08/2024): „Mindestanforderungen, NKK – Natürlicher Klimaschutz in Kommunen", https://www.kfw.de/PDF/Download-Center/F%C3%B6rderprogramme-(Inlandsf%C3%B6rderung)/PDF-Dokumente/6000005071_M_444_Anlage_Mindestanforderungen.pdf; zuletzt abgerufen am 24.10.2024.

KLAPP, E. (1971): Wiesen und Weiden. Verlag Paul Parey, Berlin und Hamburg.

KLAUS, V. H. (2013): Urban grassland restoration: A neglected opportunity for biodiversity conservation. Restor. Ecol. 21, S. 665–669.

KNALL, J. (2006): Akzeptanz durch Mitwirkung? Das Beispiel Auenrevitalisierung. PHYSIOGEOGRAPHICA, Basler Beiträge zur Physiogeographie 35, S. 1–188.

Kommunaler Klimaschutz, Service- und Kompetenzzentrum (2013): Klimaschutz & Biodiversität. Praxisbeispiele für Kommunen zum Schutz von Klima und Biodiversität. Service- und Kompetenzzentrum, Kommunaler Klimaschutz beim Deutschen Institut für Urbanistik gGmbH (Difu), Köln.

KONDO, M. C., RIVERA, R. & S. RULLMAN JR. (2012): Protecting the idyll but not the environment: Second homes, amenity migration and rural exclusion in Washington State. Landsc. Urban Plan. 106, S. 174–182.

KOVACS, Z. I., LEROY, C. J., FISCHER, D. G., LUBARSKY, S. & W. BURKE (2006): How do aesthetics affect our ecology? J. Ecol. Anthropol. 10, S. 61.

KOWARIK, I., BARTZ, R. & L. K. FISCHER (2016): Stadtgrün pflegen, Ökosystemleistungen stärken, Wildnis wagen! Informationen zur Raumentwicklung, Heft 6, S. 731–738.

KRICKE, C., BAMANN, T. & O. BETZ (2014): Einfluss städtischer Mahdkonzepte auf die Artenvielfalt der Tagfalter. Naturschutz und Landschaftsplanung 46 (2), S. 52–58.

KRIES, A., LUICK, R. & H. MEGERLE (2018): Stadtgrün – Fit for Future. Hochschule für Forstwirtschaft Rottenburg.

KREMER, B. P. (1991): Wiesenblumen. Kennenlernen – Erleben – Schützen. Verlag Gräfe und Unzer, München.

KRUPKA, B. W. (2022): Neue Stadtökologie im Klimawandel. Entwicklung der grünen Stadtumwelt für die Zukunft. Verlag Eugen Ulmer, Stuttgart.

KÜHNAU, C., BÖHM, J., REINKE, M., BÖHME, C. & A. BUNZEL (o. J.): Doppelte Innenentwicklung – Perspektiven für das urbane Grün. Empfehlungen für Kommunen. Bundesamt für Naturschutz, Bonn.

KUMPFMÜLLER, M. & J. HLOCH (2008): Wege zur Natur im Siedlungsraum. Amt der Oö. Landesregierung, Direktion für Landesplanung, wirtschaftliche und ländliche Entwicklung, Abteilung Naturschutz, Linz.

LEHENHERR, T. (2020): Natürlich gut gestaltet. Bad Saulgauer Gartenfibel. Stadt Bad Saulgau, Fachbereich 3 – Bauen und Planen. Umweltamt, Bad Saulgau.

LINDEMANN-MATTHIES, P. & E. BOSE (2007): Species richness, structural diversity and species composition in meadows created by visitors of a botanical garden in Switzerland. Landsc. Urban Plan. 79, S. 298–307.

LINDEMANN-MATTHIES, P. & E. BOSE (2008): How Many Species Are There? Public Understanding and Awareness of Biodiversity in Switzerland. Hum. Ecol. 36, S. 731–742.

LINDEMANN-MATTHIES, P. & T. MARTY (2013): Does ecological gardening increase species richness and aesthetic quality of a garden? Biol. Conserv. 159, S. 33–44.

LINDEMANN-MATTHIES, P., JUNGE, X. & D. MATTHIES (2010): The influence of plant diversity on people's perception an aesthetic appreciation of grassland vegetation. Biol. Conserv. 143, S. 195–202.

LÖBL, I. (2014): Overestimation of molecular and modelling methods and underestimation of traditional taxonomy leads to real problems in assessing and handling of the world's biodiversity. Zootaxa 3768, S. 497–500.

LUXEMBURG, R.: Briefe aus dem Gefängnis.

MATHEY, J., SEIWERT, A., RÖSSLER, S., WERNER, P. & J. WIELAND (2020): Mehr biologische Vielfalt in Städten und Gemeinden. Eine Arbeitshilfe zur Erstellung kommunaler Biodiversitätsstrategien, UrbanNBS-Team. Deutsche Umwelthilfe, Radolfzell.

MAYER, F. & A. SCHRÖDER (2017): Urbane grüne Infrastruktur. Grundlage für attraktive und zukunftsfähige Städte. Hinweise für die kommunale Praxis. Bundesamt für Naturschutz, Bonn.

MAYER, P. (2022): Akzeptanz für Wiesen mit Biodiversität schaffen. gplus 9, S. 16–19.

MEWES, M. & J. STAHMER (2020): DStGB Dokumentation No 155: Insektenschutz in der Kommune. Deutscher Städte- und Gemeindebund, Berlin.

Millennium Ecosystem Assessment (2005): Ecosystems and Human Well-being: Synthesis. Island Press, Washington, DC. Copyright © 2005 World Resources Institute. http://www.millenniumassessment.org/documents/document.356.aspx.pdf.

Ministerium für Ländlichen Raum und Verbraucherschutz Baden-Württemberg (2014): Biodiversitäts-Check für Gemeinden. Aktionsplan Biologische Vielfalt. Ministerium für Ländlichen Raum und Verbraucherschutz Baden-Württemberg. Abteilung 6 – Naturschutz und Tourismus, Stuttgart.

NABU Nordrhein-Westfalen (2018): Artenreiches Grasland in der Stadt. Warum es verschwunden ist, und wie wir es zurückbekommen. Naturschutzbund Nordrhein-Westfalen e. V., Düsseldorf.

Naturgarten e. V. (2023): Wiesen: Ihre Natur, Pflege, Tiere & Säume. Sonderheft der Vereinszeitschrift „Natur und Garten“. Bonn.

Netzwerk Blühende Landschaft (2022): Wege zu einer blühenden Landschaft. Blüten im öffentlichen und privaten Raum. Netzwerk Blühende Landschaft, Rosenfeld.

N. N. (2016): „Grün in der Stadt“ Positionspapier der Deutschen Gartenamtsleiterkonferenz (GALK e. V.) zum Weißbuchprozess der Bundesregierung.

NORTON, B. A., EVANS, K. L. & P. H. WARREN (2016): Urban Biodiversity and Landscape Ecology: Patterns, Processes and Planning. Curr. Landsc. Ecol. Rep. 1, S. 178–192.

PRASSE, E., KUNZMANN, D. & R. SCHRÖDER (2010): Entwicklung und praktische Umsetzung naturschutzfachlicher Mindestanforderungen an einen Herkunftsnachweis für gebietseigenes Wildpflanzensaatgut krautiger Pflanzen. Unveröffentl. Abschlussbericht DBU-Projekt. LU Hannover, Institut für Umweltplanung. Förderkennzeichen: Az 23931. (2008–2009) 166 S.

PÜTSCH, M. (2006): Natursport und Kommunikation. Bundesamt für Naturschutz, Bonn-Bad Godesberg.

RANGNOW, H. (1934): Fünfzehn Jahre Waldläufer. Grethlein Verlag, Leipzig.

Regierung von Oberfranken (2021): Einstieg in die ökologische Straßenrandpflege. Ein Praxis-Leitfaden für Kommunen am Beispiel Bamberg. Regierung von Oberfranken, Bayreuth.

RITTEL, K., BREDOW, L., WANKA, E. R., HOKEMA, D., SCHUPPE, G., WILKE, T., NOWAK, D. & S. HEILAND (2014): Grün, natürlich, gesund: Die Potenziale multifunktionaler städtischer Räume. Ergebnisse des gleichnamigen F+E-Vorhabens (FKZ 3511 82 0800).

Robert-Koch-Institut: Lebenszeitprävalenz von Heuschnupfen in Deutschland nach Altersgruppe im Jahr 2011. Statista Research Department, Veröffentlichung vom 15.05.2013.

ROHNER, F., KOCH, N. & L. TONIS (2018): natur.oase.friedhof. Praktische Tipps für eine spirituelle und ökologische Grabpflege. Herausgegeben von der Vorarlberger Landesregierung, Abt. Klima- und Umweltschutz, Bregenz.

ROTH, R., TÜRK, S., KRETSCHMER, H., ARMBRUSTER, F. & G. KLOS (2008): Menschen bewegen – Grünflächen entwickeln. Ein Handlungskonzept für das Management von Bewegungsräumen in der Stadt Bonn – Bad Godesberg. Bundesamt für Naturschutz (BfN).

RUCKSTUHL, M. & L. HANDSCHIN (2010): Pflegeverfahren: Ein Leitfaden zur Erhaltung und Aufwertung wertvoller Naturflächen. Grün Stadt Zürich, Fachbereich Naturschutz.

RYAN, R. M. & E. L. DECI (2000): Self-determination theory and the facilitation of intrinsic motivation, social development, and well-being. American Psychologist 55 (1), S. 68–78, https://doi.org/10.1037/0003-066X.55.1.68.

SANETRA, D., BERGER, J., HARTLIEB, M., SIMONS, N. K., WALTHER, G., BLÜTHGEN, N. & M. STAAB (2024): Disentangling how urbanisation influences moth diversity in grasslands. Insect Conservation and Diversity 17 (2), S. 229–242.

SATTLER, T., OBRIST, M. K., DUELLI, P. & M. MORETTI (2011): Urban arthropod communities: Added value or just a blend of surrounding biodiversity? Landsc. Urban Plan. 103, S. 347–361.

SCHMIDT, H. (1988): Die Wiese als Ökosystem. Aulis Verlag Deubner, Köln.

SCHNEIDER, S. & J. EVEN (o. J.): Anlage von naturnahen Grünflächen im Siedlungsbereich – Ein Praxisratgeber für Gemeinden. SICONA Naturschutzsyndikat; Naturpark Öewersauer; Natur- & Geopark Mëllerdall; Naturpark Our; Kampagne Ouni Pestiziden; Biologische Station SIAS; Nationalmuseum für Naturgeschichte, Klima und nachhaltige Entwicklung; Ministerium für Umwelt und Naturverwaltung.

SCHOOF, N., LUICK, R., ZEHM, A., MORHARD, J., NICKEL, H., RENK, J., SCHAEFER, L. & T. FARTMANN (2024): Naturverträgliche Mahd von Grünland und Pflege von Straßenbegleitgrün – Technik, Verfahren, Auswirkungen und Empfehlungen für die Praxis. – Naturschutz Praxis Landschaftspflege 4, Landesanstalt für Umwelt Baden Württemberg, Karlsruhe, 84 S.

SCHULZE, E.-D., BECK, E. & K. MÜLLER-HOHENSTEIN (2002): Pflanzenökologie. Spektrum, Akademischer Verlag, Heidelberg, Berlin.

Schwäbisches Tagblatt Tübingen vom 30.12.2013 (Karikatur: Sepp Buchegger).

SCHWEITZER, A. (1971): Gesammelte Werke. Band 2. S. 333 (Kultur und Ethik). Union Verlag, Berlin.

Schweizerischer Gemeindeverband (2017): Biodiversität in Gemeinden. Ein Leitfaden mit 12 Praxisbeispielen. Bern, Schweizerischer Gemeindeverband (SGV).
SEN, B. (1987): NGO self-evaluation: Issues of concern. World Development 15, S. 161–167.
SOUTHON, G. E., JORGENSEN, A., DUNNETT, N., HOYLE, H. & K. L. EVANS (2017): Biodiverse perennial meadows have aesthetic value and increase residents' perceptions of site quality in urban greenspace. Landsc. Urban Plan. 158, S. 105–118.
STEIN, M., SATTLEGGER, L. & J. FREUDENBERG (2023). Insektenfreundliches Gärtnern bei verschiedenen Typen von Gärtner*innen. Eine sozialwissenschaftliche und linguistische Analyse. ISOE-Materialien Soziale Ökologie 73, Frankfurt am Main.
Stiftung für Mensch und Umwelt (2021): Treffpunkt Vielfalt. Naturnahe Gestaltung von Wohnquartieren. Stiftung für Mensch und Umwelt, Berlin-Zehlendorf.
Stiftung für Mensch und Umwelt (2022): Einfacher Rasen oder blühende Vielfalt? Das eigene Wohnumfeld ökologisch wertvoll gestalten. Stiftung für Mensch und Umwelt, Berlin-Zehlendorf.
STOPKA, I. & S. RANK (2013): Naturerfahrungsräume in Großstädten – Wege zur Etablierung im öffentlichen Freiraum. BfN-Skripten 345, herausgegeben vom Bundesamt für Naturschutz.
STRAUSS, A. L., CORBIN, J. M. & S. NIEWIARRA (1996): Grounded theory: Grundlagen qualitativer Sozialforschung. Beltz, Psychologie-Verlag-Union, Weinheim.
SVS/BirdLife Schweiz (2015): Blumenreiche Lebensräume und Wildbienen im Siedlungsgebiet. Schweizer Vogelschutz SVS/BirdLife Schweiz, Zürich.
The Economics of Ecosystems & Biodiversity (2010): Mainstreaming the Economics of Nature: A synthesis. https://www.teebweb.org/wp-content/uploads/Study%20and%20Reports/Reports/Synthesis%20report/TEEB%20Synthesis%20Report%202010.pdf.
The Wildlife Homes for people and wildlife Trusts (o. J.): How to build housing in a nature-friendly way. https://www.wildlifetrusts.org/sites/default/files/2018-05/homes_for_people_and_wildlife_lr_-_spreads.pdf; zuletzt abgerufen am 20.03.2025.
THIEME-HACK (Hrsg., 2024): Handbuch Rasen. 2., aktualisierte und erweiterte Auflage. Verlag Eugen Ulmer, Stuttgart.
THRELFALL, C. G. & D. KENDAL (2018): The distinct ecological and social roles that wild spaces play in urban ecosystems. Urban For. Urban Green 29, S. 348–356.
Thüringer Landesanstalt für Umwelt und Geologie (2005): Biodiversität im besiedelten Bereich – Grundlagen und Beispiele zur Umsetzung des Übereinkommens über die Biologische Vielfalt. Thüringer Landesanstalt für Umwelt und Geologie, Jena.
top-Agrar (30.04.2015): Foto aus Mediathek (Bildquelle unbekannt). https://www.topagrar.com/mediathek/fotos/den-wolf-kann-man-nicht-essen-9708889.html, zuletzt abgerufen am 28.06.2024.
TüWelt, Kundenmagazin der Stadtwerke Tübingen, Oktober 2014 (Karikatur: Haimo Kinzler).
UNSELD, W. (1994): Besen – Die schwäbische Verbesserung der Sünder. In: Zwischen Kanzel und Kehrwoche – Glauben und Leben im evangelischen Württemberg. Textband zur Ausstellung „Zwischen Kanzel und Kehrwoche" vom 12.06. bis 27.11.1994 im Landeskirchlichen Museum Ludwigsburg. Herausgeber: Landeskirchliches Museum, Ludwigsburg. Druck: Druckhaus Münster, Kornwestheim, 163 S.
UNTERLADSTETTER, V. (2018): Blühende Stadtwiesen. Für eine nachhaltige Förderung von Biodiversität und Lebensqualität in der Stadt. Naturschutz heute 01, S. 24–25.
UNTERWEGER, P. (2017): Sanfte Umwandlungen mit Erfolg. Vom Rasen zur Blumenwiese. In: WITT, R. (Hrsg.): Naturnahes öffentliches Grün. Naturgarten e. V., Grünberg, S. 33–35.
UNTERWEGER, P. (2021): Städtische Weiden bringen viele Vorteile. Flächenmanager 1, S. 36–39.
UNTERWEGER, P. & A. BRAUN (2015): Die Initiative Bunte Wiese: Machen wir's bunt. Natur und Garten 1, S. 6–11.
UNTERWEGER, P., BRAUN, A., KOLTZENBURG, M. & O. BETZ (2013a): Die Initiative „Bunte Wiese" – für mehr Artenvielfalt auf öffentlichem Grün. Biodiversität und Klima. Bundesamt für Naturschutz. Außenstelle Vilm: 53.
UNTERWEGER, P., ADE, J., ANDREAS, A., KOLTZENBURG, M., KRICKE, C., SCHNEE, L., WASTIAN, L. & O. BETZ (2013b): Langfristige Etablierung extensiver Grünflächenpflege in Stadtgebieten. Die Initiative „Bunte Wiese" der Stadt Tübingen. Treffpunkt Biologische Vielfalt XII: interdisziplinärer Forschungsaustausch im Rahmen des Übereinkommens über die biologische Vielfalt. U. Feit, Korn, H. Insel Vilm, BfN, Außenstelle Vilm: 89–94.
UNTERWEGER, P., BRAUN, A., BOESS, R., KOLTZENBURG, M. & O. BETZ (2015): Langfristige Etablierung extensiver Grünflächenpflege in Stadtgebieten. Vorstellung der Initiative„Bunte Wiese" der Stadt Tübingen. DGaaE-Nachrichten 29 (2), S. 73–80.
UNTERWEGER, P., RIEGER, C. & O. BETZ (2017a): The influence of urban lawn mowing regimes on diversity of heteroptera (Hemiptera). Heteropteron 48, S. 7–21.
UNTERWEGER, P., SCHRODE, N. & O. BETZ (2017b): Urban Nature: Perception and acceptance of alternative green space management and the change of awareness after provision of environmental information. A chance for biodiversity protection. Urban Science 1 (3), S. 1–24.
UNTERWEGER, P., SCHRODE, N., POTTHAST, T. & O. BETZ (2017c): Eine Problemfeldanalyse des urbanen Naturschutzes: Korrespondenz und Medienresonanz zur Arbeit der Initiative „Bunte Wiese – für mehr Artenvielfalt auf öffentlichem Grün" in Tübingen. Naturschutz und Landschaftsplanung 49 (8), S. 245–251.

UNTERWEGER, P. A., KLAMMER, J., UNGER, M. & O. BETZ (2018): Insect hibernation on urban green land: a winter-adapted mowing regime as a management tool for insect conservation. BioRisk 13, S. 1–21.

UNTERWEGER, W.-D. (2014): Die Bauern. Leopold Stocker Verlag, Graz.

UNTERWEGER, W.-D. & U. UNTERWEGER (1989): Die letzten Bauernwiesen. Busse-Seewald Verlag, Herford.

UNTERWEGER, W.-D. & U. UNTERWEGER (1995): Die Schönheit alter Bauerndörfer – es ist gut, dass es das noch gibt. Stürtz Verlag, Würzburg.

VAN DE POEL, D. & A. ZEHM (2014): Die Wirkung des Mähens auf die Fauna der Wiesen – Eine Literaturauswertung für den Naturschutz. Anliegen Natur 36 (2), S. 36–51.

VON BÜLOW, V. (1993): Loriot: Interview mit Vicco von Bülow aus dem Jahr 1993. https://www.spiegel.de/video/loriot-interview-video-99009754.html. Dauer: 53:06, gepostet: 07.11.2023, zuletzt abgerufen am 25.06.2024.

WASTIAN, L., UNTERWEGER, P. & O. BETZ (2016): Influence of the reduction of urban lawn mowing on wild bee diversity (Hymenoptera, Apoidea). Journal of Hymenoptera Research 49, S. 51–63.

WBGU – Wissenschaftlicher Beirat der Bundesregierung Globale Umweltveränderungen (2020): Landwende im Anthropozän: Von der Konkurrenz zur Integration. BWGU, Berlin.

WERNER, P. & R. ZAHNER (2009): Biologische Vielfalt und Städte: Eine Übersicht und Bibliographie. Institut Wohnen und Umwelt.

WHO (2017): Städtische Grünflächen: Eine Handlungsanleitung, World Health Organization 2017; Bundesamt für Naturschutz 2018.

WIELAND, D. (1983): Grün kaputt – Landschaft und Gärten der Deutschen. https://www.br.de/br-fernsehen/sendungen/unter-unserem-himmel/gruen-kaputt-dieter-wieland-100.html. Sendelänge: 44 Minuten, Erstausstrahlung: 23.10.1983, zuletzt abgerufen am 24.06.2024.

WIELAND, D., BODE, P. M. & R. DISKO (1984): Grün kaputt: Landschaft und Gärten der Deutschen [Begleitbuch zur gleichnamigen Photo-Ausstellung Grün Kaputt]. 4. erweiterte Auflage, Raben-Verlag, München.

WISEMAN, M. & F. X. BOGNER (2003): A higher-order model of ecological values and its relationship to personality. Personal. Individ. Differ. 34, S. 783–794.

WISSEL, S. & T. HERBST (2013): Städte und Gemeinden im Wandel – Welchen Platz hat die biologische Vielfalt? Bündnis „Kommunen für biologische Vielfalt“ e. V., BfN – Bundesamt für Naturschutz, DUH – Deutsche Umwelthilfe e. V.

WITT, R. (2011): Die Ökoflächen der Gemeinde Haar. Investitionen in nachhaltige Artenvielfalt. Ein naturnahes Pflegekonzept von Dr. Reinhard Witt.

WITT, R. (2017): naturgarten intensiv 2017: Naturnahes Öffentliches Grün. Tagung: Naturgarten-Intensiv 2017: Naturnahes öffentliches Grün.

WITT, R. (2019): naturgarten intensiv 2019: Biodiversität. Tagung: Naturgarten Intensiv 2019: Biodiversität.

WITT, R. (2020): Nachhaltige Pflanzungen und Ansaaten. Jahrzehnte erfolgreich gärtnern. Naturgarten Verlag, Ottenhofen.

WITT, R. & B. DITTRICH (1996): Blumenwiesen: Anlage – Pflege – Praxisbeispiele. BLV, München, Wien, Zürich.

Worcestershire Wildlife Trust (o. J.): Species-rich Grasslands, Meadows & Pastures in Worcestershire. www.worcswildlifetrust.co.uk.

WWF Schweiz (o. J.): Buntes Wiesenparadies mit einheimischen Wildblumen. Aktionsanleitung Privathaushalte. WWF Schweiz, Zürich.

WWF Schweiz (o. J.): Factsheet – Städte und Siedlungen naturnah begrünen. Aktionsanleitung Gemeinden. WWF Schweiz, Zürich.

ZEITNER, J. (2021): Artenfreundliche Mähtechnik. Lebensraum statt Abstandsgrün. DEGA GALABAU 3, S. 26–39.

ZUCCHI, H. (1988): Wiese. Plädoyer für einen bedrohten Lebensraum. Buchverlag Otto Maier, Ravensburg.

**NatureScot (engl. Original)**

Webcode mung12425

**La Bergerie Urbaine (frz. Original)**

Webcode mung12426

## Zu den Autoren

**Willi Bernhard** ist Initiator des Projekts Bienenroute und 1. Vorstand des gemeinnützigen Vereins bienformatik e. V.

**Oliver Daxauer**, Inhaber „Daxauer Naturnahe Landschaftsgestaltung e. K.“. Schwerpunkt ist die Anlage und Pflege von naturnahen Grünflächen.

**Jochen Flenker**, Gartenbau-Ing., leitet das Grünflächenamt Charlottenburg-Wilmersdorf. Wichtiger Schwerpunkt seiner Arbeit: Biodiversität und Klimaresilienz.

**Klaus-Peter Hagel**, Landwirtschaftsmeister, 65 ha Biobetrieb. Zucht und Einsatz vom Aussterben bedrohter Arbeitspferde in Landwirtschaft und Landschaftspflege.

**Jim Jeffrey** war Kommunikationsbeauftragter für „Scotland’s Green Infrastructure Strategic Intervention“ und interviewte in diesem Zusammenhang regelmäßig Projektpartner.

**Prof. Dr. Ingo Kowarik** ist Stadtökologe an der TU Berlin und war 20 Jahre lang Berlins ehrenamtlicher Landesbeauftragter für Naturschutz.

**Tamara Laterza**, Biologin, Beraterin für kommunale Initiativen im Bereich des Naturschutzes, Natur- & Geopark Mëllerdall – UNESCO Global Geopark.

**Julia Mack**, Biologin, bis Ende 2023 Koordinatorin im Projekt „Blühende Naturparke“ in den Naturparken Baden-Württembergs.

**Bastian Massias** ist Stadtschäfer. Er ist studierter Wirtschaftswissenschaftler und Praktiker der kommunalen Transformation.

**Mona Merkle**, Ökologin, Mitgründerin und -geschäftsführerin von Merkle & Partner Biodiversitätsmanagement.

**Dr. Uwe Messer** ist Projektleiter beim Bündnis „Kommunen für biologische Vielfalt e. V.“ und dort u. a. für das Label „StadtGrün naturnah“ verantwortlich.

**Dr. Matthias Nuß**, Entomologe bei der Senckenberg Gesellschaft für Naturforschung, arbeitet in Mitmachprojekten zu Wissensvermittlung, Monitoring und Förderung von Insekten.

**Ernst Rieger** ist Gründer der Rieger-Hofmann GmbH, die gebietseigene Wildsaatgutmischungen zur Renaturierung und Begrünung anbietet.

**Maurice Schilling**, Biologe, Betreuung Projekt „D’Naturparken zu Lëtzebuerg – (een) Insekteräich“, Natur- & Geopark Mëllerdall – UNESCO Global Geopark

**Robert Spreter** ist Geschäftsführer beim Bündnis „Kommunen für biologische Vielfalt e. V.“

**Ulrike Stephan**, Dipl.-Biol., Firmenleiterin, Geobotanikerin und Spezialistin für Wiesen im Südwesten. Beratung projektspezifischer Saatmischungen.

**Reinhold Treiber**, Dipl.-Biol., Geobotaniker und Entomologe. Mit Schwerpunkt der Umsetzung von Landschaftspflegemaßnahmen, Artenschutz und Samenernte.

**Dr. Philipp Unterweger** ist Biologe und Germanist. Er ist Buchautor und Inhaber eines Büros für Biodiversitätsberatung.

**Dr. Wolf-Dietmar Unterweger** ist Fotokünstler und Buchautor. Bei seiner Arbeit hat er die Vergangenheit gesucht und dabei die Zukunft gefunden.

**Jens Wehner** ist Baumschuler und Gärtnermeister mit der „Fachrichtung GaLaBau“ und leitet die Stadtgärtnerei in Bad Saulgau.

## Bildquellen

Ammer, Matthias: Seite 44
Baader Konzept GmbH: Seite 224
Bellmann, Annett: Seite 108 Mitte links
bienformatik e. V.: Seite 135 (beide), 136, 137 (beide)
Buchegger, Sepp: Seite 168
Bundesamt für Naturschutz (BfN): 31 links
Bunte Wiese Tübingen: Seite 186 oben rechts, 199 Mitte
Bunte Wiese Stuttgart: Seite 199 unten
Daxauer, Oliver: Seite 46, 47
Ebert, Ina: Seite 107
Gary Langendörfer, zeitweise.net: Seite 148
GreenTec A/S: Seite 141 unten rechts
Hagel, Peter: Seite 153
Jeffrey, Jim: Seite 38, 39
Kästner, Tommy: Seite 108 unten links
Kinzler, Haimo: Seite 167
Kotte GmbH/kokotech: Seite 142 (1. Reihe links)
Kommunen für biologische Vielfalt e. V.: Seite 202 oben (betrifft nur das Label in der Zeichnung; zur Zeichnung selbst siehe in der Spalte rechts), 202 Mitte links, 203 (beide), 210 (rechts)
Landschaftspflegeverband Nordwestsachsen e. V.: Seite 108 unten rechts
La Bergerie Urbaine: Seite 124, 125, 126, 127, 128, 129 links, 129 rechts
Lord James Foster: Seite 150, 151 (beide)
Merkle, Siegbert, Dr.: Seite 146
Möller, Norman: Seite 155
Naturpark Schwarzwald Mitte/Nord e. V.: Seite 48 unten, 49, 50, 51
Nuß, Matthias: Seite 108 oben links, 109
Schmalzriedt, Sierk: Seite 48 oben
Secretariat of the Convention on Biological Diversity (SCBD): Seite 30 Mitte rechts
Stephan, Ulrike: Seite 221
Tierfotografie Nadine Fabisch: Seite 152
UN Environment Programme / UNIS Vienna: Seite 31 rechts
UN-Informationsdienst (UNIS) Wien: Seite 29
Unkown, „The Unicorn Rests in a Garden", Gift of John D. Rockefeller Jr., 1937/The Met Museum: Seite 15 unten
Unterweger, Wolf-Dietmar: Seite 10, 16 unten, 21, 24, 36/37, 63 (2., 3., 4. und 5. Bild von oben), 64 oben links (beide), 76/77, 100/101, 156/157, 159, 196/197, 199 oben, 212 (alle), 215
von der Lippe, Moritz: Seite 58, 59, 60
von Freyberg, Claudia: Seite 69 (beide)
Wehner, Jens: Seite 67
Wintergerst, Jennifer: Seite 110
Wissenschaftsstadt Darmstadt: Seite 210 links
Zobec, Marco: Seite 178 (alle), 179 (alle), 180 (alle), 181 (alle)

Die Fotos auf den Seiten 40/41, 54 oben links, 54 oben rechts und 117 unten links von Philipp Unterweger entstanden im Englischen Garten in München und dürfen mit freundlicher Genehmigung der Bayerischen Schlösserverwaltung in diesem Werk veröffentlicht werden.

Die Zeichnungen auf den Seiten 33, 35, 72 unten, 85 oben links, 102, 103, 105 unten links, 105 unten rechts, 106 (beide), 113, 114, 133, 144, 175 (beide), 202 oben (betrifft nur die Zeichnung ohne Label; zum Label selbst siehe in der linken Spalte unter Kommunen für biologische Vielfalt e. V:) und 206 fertigte Siegfried Lokau aus Bochum-Wattenscheid nach Vorlagen der Autoren bzw. der angegebenen Quellen.

Alle anderen Abbildungen einschließlich des Umschlagbildes stammen vom Herausgeber des Werkes.

## Register

Die in diesem Buch enthaltenen Empfehlungen und Angaben sind von den Autoren/Autorinnen mit größter Sorgfalt zusammengestellt und geprüft worden. Eine Garantie für die Richtigkeit der Angaben kann aber nicht gegeben werden. Autoren/Autorinnen und Verlag übernehmen keinerlei Haftung für Schäden und Unfälle. Bitte setzen Sie bei der Anwendung der in diesem Buch enthaltenen Empfehlungen Ihr persönliches Urteilsvermögen ein.
Der Verlag Eugen Ulmer ist nicht verantwortlich für die Inhalte der im Buch genannten Websites.

**Anmerkung zur Schreibweise (Gendering):** Gendergerechtigkeit und Inklusion sind bei uns gelebte Praxis – bei der Auswahl unserer Themen, bei der Recherchearbeit, in der Gestaltung. Unsere Texte meinen alle. Damit unsere Inhalte jedoch gut lesbar bleiben, verzichten wir in diesem Werk auf die jeweilige Mehrfachnennung oder Anpassung der Schreibweise bestimmter Bezeichnungen an die weibliche, männliche oder diverse Form. Wir bitten Sie dafür um Ihr Verständnis.

**Bibliografische Information der Deutschen Nationalbibliothek**
Die Deutsche Nationalbibliothek verzeichnet diese Publikation in der Deutschen Nationalbibliografie; detaillierte bibliografische Daten sind im Internet über http://dnb.d-nb.de abrufbar.


Wollgrasweg 41, 70599 Stuttgart (Hohenheim)
E-Mail: info@ulmer.de
Internet: www.ulmer.de
Projektleitung: Mark Ellenberger, Birgit Schüller
Herstellung und Umschlaggestaltung: Verlag Eugen Ulmer
Satz: Fotosatz Buck, Kumhausen
Druck und Bindung: FINIDR
Printed in Czech Republic

ISBN 978-3-8186-2225-1